陸軍服制の識別

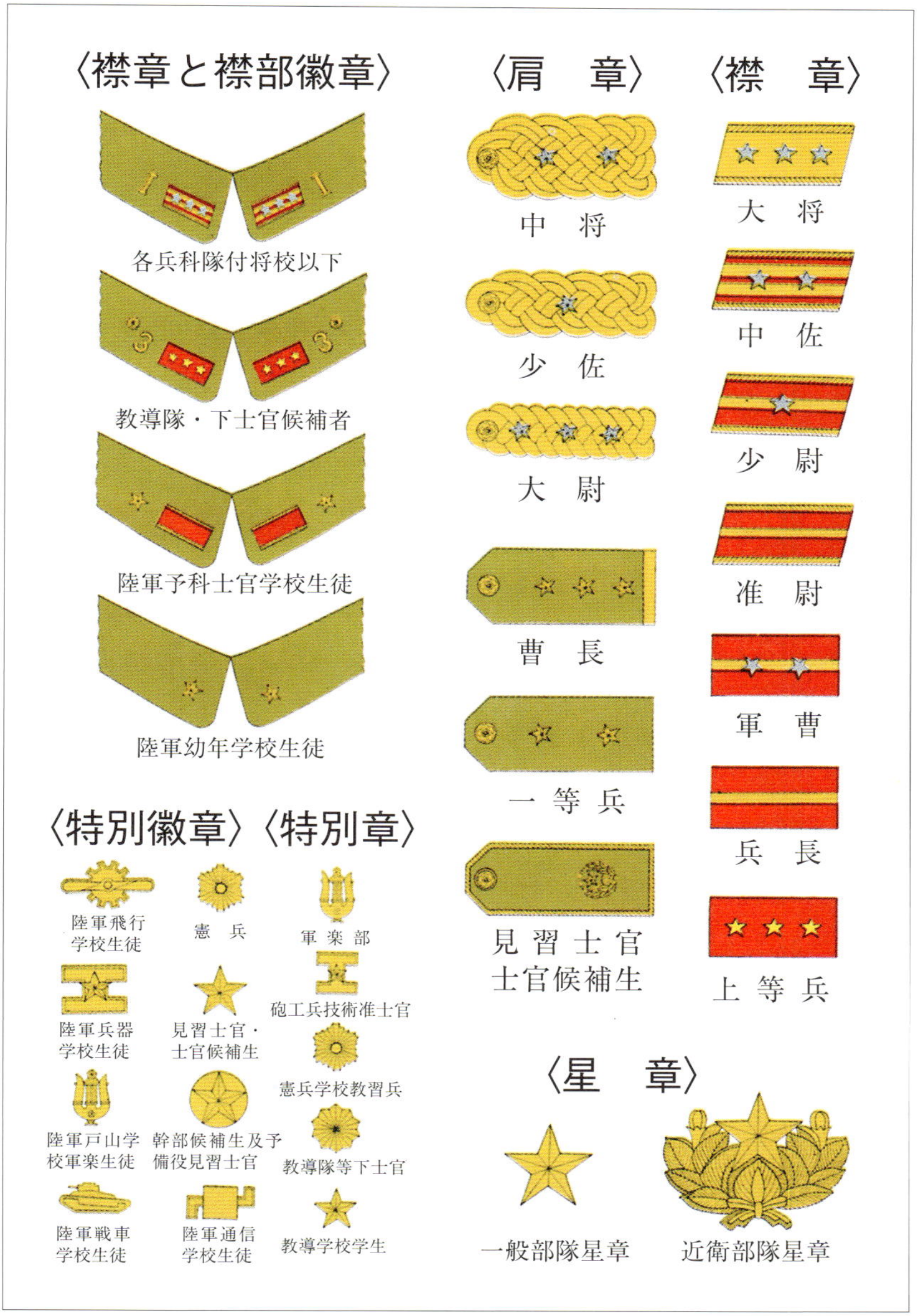
〈襟章と襟部徽章〉
各兵科隊付将校以下
教導隊・下士官候補者
陸軍予科士官学校生徒
陸軍幼年学校生徒
〈肩　章〉
中　将
少　佐
大　尉
曹　長
一等兵
見習士官
士官候補生
〈襟　章〉
大　将
中　佐
少　尉
准　尉
軍　曹
兵　長
上等兵
〈特別徽章〉〈特別章〉
陸軍飛行学校生徒
憲　兵
軍楽部
陸軍兵器学校生徒
見習士官・士官候補生
砲工兵技術准士官
憲兵学校教習兵
陸軍戸山学校軍楽生徒
幹部候補生及予備役見習士官
教導隊等下士官
陸軍戦車学校生徒
陸軍通信学校生徒
教導学校学生
〈星　章〉
一般部隊星章
近衛部隊星章

〈懸　章〉

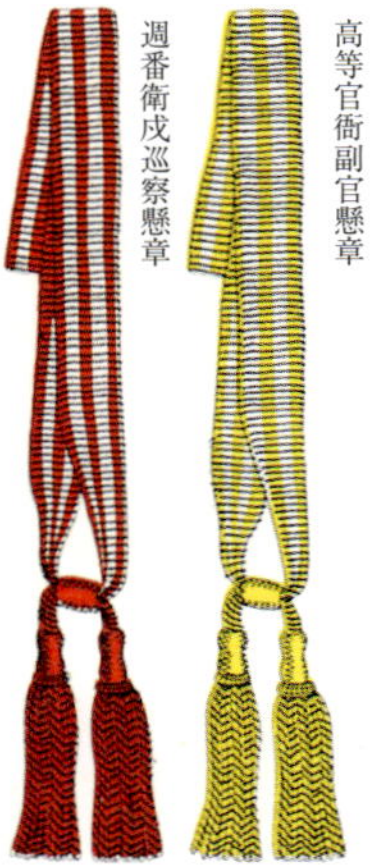
週番衛戍巡察懸章
高等官衙副官懸章

〈飾緒〉

参謀用（皇族付武官は銀色）

〈袖章〉

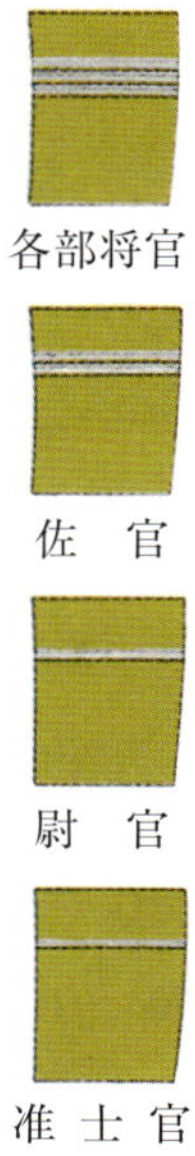
各部将官
佐　官
尉　官
准士官

〈襟　章〉

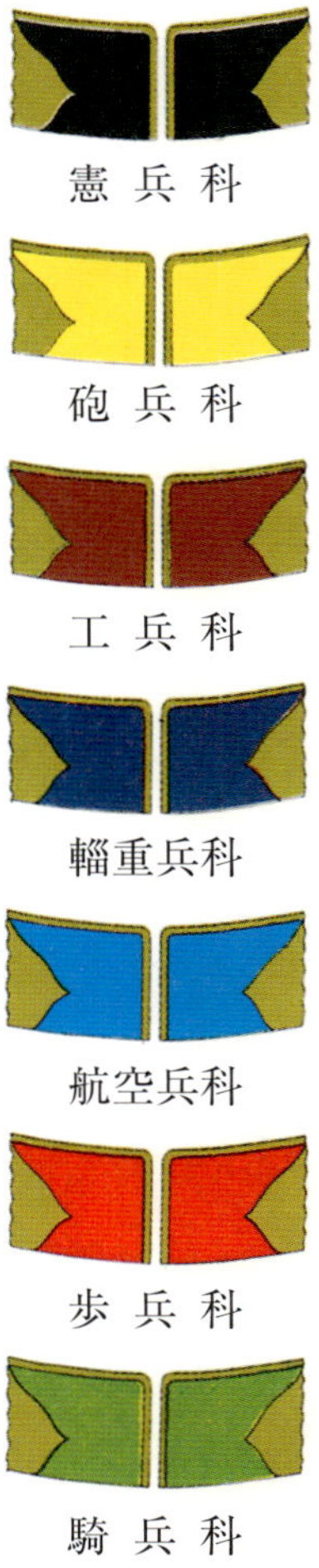
憲兵科
砲兵科
工兵科
輜重兵科
航空兵科
歩兵科
騎兵科

〈臂　章〉

伍長勤務上等兵
（後に兵長となる）
上等兵勤務者
特別射手
喇叭手喇叭長
精勤章

〈胸章〉

技術部
経理部
衛生部
獣医部
軍楽部

兵隊たちの陸軍史

伊藤桂一

新潮選書

目次

兵隊の戦史――兵隊はいかに戦ってきたか

本文挿絵　富田晃弘
付録構成　秋山　博
写真提供　麻生徹男
　　　　　毎日新聞社
〈カット　旧陸軍の「典範令」類より〉

兵隊たちの陸軍史

文庫版まえがき

このまえがきは新潮文庫版のために書かれたものだが、復刊に際し再録した。（編集部）

本書が、このたび四十年ほどの時を経て文庫化され、一言でいえば「ありがたい」という気持ちでいる。それというのも、戦争をともに戦った仲間の多くが亡《な》くなっている今、「うちのおじいちゃんは、戦争でどんなことをしていたんだろう」という疑問を抱いている遺族の方々に、本書を手渡すことができるからである。

戦争に関する本というと、将軍たちがどこそこの戦いで勝った負けたと作戦面だけを書いたものや、戦争の実情を無視したイデオロギー優先のものが多く、兵営や戦場で実際に生活していた兵隊たちの具体的な姿を伝えるものがほとんどない。

本書には、部隊史や兵士の手記など、兵隊たちの肉声を伝える多くの資料を活用しているが、そこには戦争に行った者だけが見分けられる資料の良否がある。もとより何事も完璧《かんぺき》はありえないが、私は、本書を露悪も虚飾もない正しい陸軍史として、今日の読者の皆さんにもそのまま提供できるものであると自負している。

思えば、あの戦争が終わってから二十年間ほどは、米国的民主主義に悪影響され、兵士たちが行ったことを露悪的に伝える戦史などの氾濫《はんらん》が続き、従軍した人々も戦争中のことを口にするのをはばかる状況が続いていた。

だが、ようやく一九六〇年代も後半になると、戦争中に自分たちがどのように生き、どのように戦ったかを伝えたいとする動きが各地で出てきて、手記や部隊史が多く刊行されるようになった。私が、本書を執筆したのは、こうした刊行物の成果を集成して仲間たちに知らせたいという同胞的な気持ちと、そしてもちろん後の世代に戦争の実態をきちんと伝えたいという気持ちからであった。

もともと本書は、現代史を多角的に捉《とら》えなおすために大宅壮一氏が監修した「ドキュメント＝近代の顔」シリーズの第一巻（シリーズは第四巻で刊行を休止。続巻に永六輔氏の『芸人たちの芸能史』などがあった）であり、戦争を正しく理解するための入門書として企画された。大宅氏が「一巻目のテーマは戦争。戦争ならば著者は伊藤だろう」と、戦記文学を書いていた私に白羽の矢を立てたのだった。

本文中、現代社会では避けるべき表現、用語等が含まれていることは承知しているが、当時の兵士の言葉遣いや心情の偽らざる記録として、これを諒《りよう》とされたい。

本書が、戦争や兵隊の実態、実情を理解する一助となればまことに幸いである。

平成二十年六月
伊　藤　桂　一

昭和二十年八月十五日の印象
――序に代えて――

帝国陸軍は、昭和二十年八月十五日に、徴兵令公布以来、七十三年目の歴史を閉じたが、この日、私は一個の兵隊として、中華民国上海《シャンハイ》郊外の草原の一角にいた。

そのとき中国本土だけでも、約七十万の兵員が戦務に就いていたはずである。私もまたその中の微小な一単位だったが、それでも軍務実役六年六カ月に及ぶ、古参の兵長であった。

その日私は、兵隊としても、人間としても、終生忘れがたい、敗戦当日の光景をみることになった。もちろんそこは実戦場ではなく、私たちはアメリカ軍の杭州《こうしゅう》湾上陸に備えて陣地構築中だったのだから、戦闘場裡《り》にあった部隊所属の兵隊ほど、劇的な感銘を覚えたわけではない。むしろ平穏な戦場の日常の一端で、敗戦――という歴史的現実をうけとめたわけである。

上海―南京《ナンキン》―杭州を結ぶ江南三角地帯は、アメリカ軍の上陸必至とみて、中国各地の余剰部隊（むろん余剰の兵員のいるわけはなかったが、ともかく）を続々とその地区に集結させ、連日陣地構築に専念していた――といっても、地面に戦車壕《ごう》や蛸壺《たこつぼ》を掘っていただけで、本格的な爆撃を食えば、みるまに崩されてしまうはかない施設でしかなかったことは、だれよりも兵隊自身がよく知っていた。しかしかれらは、懸命に、炎熱を冒して、その作業に挺身《ていしん》していたのである。

私は連隊本部の糧秣《りょうまつ》班にいて、主として副菜等（雑穀や魚菜類）の調達に当っていた。このころは日本軍の使用する中央儲備《ちょび》銀行券は、日本の敗戦を見越して、すさまじいインフレ状態を呈し、たとえばタマネギを仕入れるにも、午前と午後とでは価格が違っていた。因《ちな》みに、八月十五日直前の相場で、タマネギ一キロ五万元であった。日本流にいえば、五万円出しても一キロのタマネギしか入手できなかったのである。しかもそのタマネギさえ一日中自転車で駈《か》け廻り、直接農園主と交渉し懇願し、即金で買い込まねばならなかったのである。一個連隊の兵員は五千数百に膨張していた。次々に新規の部隊が配属されてくるからである（通常一連隊の兵数は約三千五百である）。

部隊は、草原のあちこちに、バラックの兵舎を建てたり、民家を接収したりして分宿していた。八月十五日の真昼、私が、兵舎を出て草むらの間の道にさしかかると、

部隊本部へ命令受領に行った軍曹が、深刻な表情でやってくるのに会った。軍曹は私とすれ違うとき、

「おい戦争に敗けたぞ。いま《ま》、天皇の詔勅が下った。もう戦争は終りだ。敗けて終ったんだ」

といい残して、急ぎ足で去った。

真夏の草原――は、いちめんキリギリスが鳴きしきっていた。果てもない草原を埋めるキリギリスの声――の中で、私は自身の耳を疑った。はっきりいって敗けるとは思っていなかったのである。

中国に限っていえば、七十万の兵員は、それぞれ七十万の感慨を、その日に身に受けたはずである。私も微小な一単位ながら敗戦の印象を強烈に身に受けたが、正直にいって、敗けた――ときいたとき、電撃的に身に覚えた感慨は、決して悲壮なものでも立派なものでもなく、きわめて私事的で滑稽《こっけい》な「ザマみろ」といった想《おも》いだったのである。そうしてそれにつづく「これで軍隊はなくなったのだ」という、天にものぼる心地の、解放感であった。南北戦争が終り奴隷《どれい》が解放されたときに、奴隷たちがおそらく感じたに違いないような、思わずも発する歓呼が、私のうちにもあった、といわなければならない。

私が、自分を、七十万の中の微小な単位、といったのは、私を除いた六十九万九千九百九十九の兵員は、もっと別な感銘をこの日に受けたかしれない、と思うからである。しかし私は私で、自分の経験を率直に語るよりほかはない。日本の敗戦を嘆き、草原の一角で、滂沱《ぼうだ》と涙を流し、ために天日は曇った――と記せばよいのかもしれないが、敗戦の悲愁感が私の身に棲《す》みつくのは、ずっとあとのことであって、敗戦当日は、身も軽く草の中の道を歩きたいほど、爽快《そうかい》な解放感に酔っていたのである。

私のこのときの感情は、いかに綿々とそれを記しても短い紙数では書き切れず、かつ語弊を招くことも多いだろう。それにこの本は私の述懐を記すためのものではない。ただ私は、私もまた、帝国陸軍最後の兵隊の一人であった、というその証明書のつもりで、この記念すべき日の記憶を、少々、この一冊の前書きとして認《したた》めておきたいと思ったからである。

兵隊の世界は、複雑で混沌《こんとん》としていて、一部の左翼公式主義者のみるような、単純なものではない。むろん兵隊が被害者であることに間違いはないが、といって被害意識だけで存在しているのでもない。六年六カ月たっぷりと兵隊をやって、上海郊外の一角で敗戦の刻《とき》を迎えた私にも、実をいえば「兵隊とはなにか」ということはよくわかっていなかった。ただ、自身が兵隊であった、という認識と、そしてその日の、自身だけの感懐があったにすぎない。それを簡略に記して、一個の（多分に弱兵かもしれない）兵長の真実を伝えたいと思うのである。

軍隊からの解放感に歓喜しつつ酔った――という私の事情は、直接的なものと間接的なものと両方ある。その一つは軍隊という、不合理な組織全体への反感である。もっともこれは、軍隊からいえば逆に私は歓迎されざる兵隊であり、従って甚だ進級が遅れていた。軍隊に嫌われたのは初年兵時代における私の抵抗のせいであり、その祟《たた》りが、終戦時まで尾を引いたのである。同年兵はたいがい伍長《ごちょう》か軍曹になっていた。どっちにしろ大差はないようだが、下級兵士の階級の問題には微妙なニュアンスがあって、各自の置かれた立場で軍隊観が違ってくるのである。私の場合は、六年六カ月にわたる下積みの意識があり、それを不当な待遇とする怒りがあり、敗戦によって軍隊の瓦解《がかい》したことは、軍隊に怨《うら》みを果たしたような想いもあったのである。といって私は自ら省みて、軍隊に非協力的であったわけではなく、戦務についてからは実に献身的に自身の使命感には忠実だった。なぜなら戦場においては、古参の兵隊によって、兵員の連帯感の、きわめて重要な部分が支えられていたからである。かりに十名の一個分隊中に私自身が存在していたとすれば、兵員の大半は私より若く年期の浅い兵隊である。としたら、日常生活から戦闘行動にいたるまで、私はつねに責任ある生き方をせねばならぬことが要請されたのである。それのみが、自分より目下の兵隊の損傷を少なくする、唯《ただ》一つの方法だったからである。従って私もまた、軍隊への見解はともかく、兵隊の単位としては、多くの古参兵がそうであったように、自身の可能性を尽くして、事に当って来たわけであった。

下積みだが、やるだけはやってきた。という自身への誇りは、私にも、他の古参兵なみにあったのである。そして同時に、むやみに威張り散らすだけの将校（軍上層部を含めての）に対する反感も、多くの古参兵なみにあった。だから軍が崩壊し、当然この階級差も崩壊してしまったのをみると、内心快哉《かいさい》を叫ばずにいられなかったのである。実をいえば六年六カ月の間、兵隊としての私は、敵——である中国軍と戦った、という意識より、味方——である日本軍の階級差と戦ってきたのだ、という意識の方がはるかに強かった。陰湿にして不当な権力主義に、古参兵がいかに悩まされたかは、五年か六年隊務についた者は身にしみてわかっているはずである。

この階級差の問題は、別に兵隊と接触の多い下級将校に限ったことではない。部隊の上層部に対しても同様だった。終戦の直前、私たちの部隊は、歴然と二つの生き方に分けられていた。一つは寸暇も惜しんで陣地構築をしている兵隊たち、他の一つは、寸暇を惜しんで宴会の楽しみに耽《ふけ》っている部隊長と上層部将校たち——である。労働の汗を拭《ぬぐ》っている兵隊たちの眼前を、宴会用に呼ばれた上海の芸者たちが、軍用トラックの背にゆられて、部隊本部の建物へ急いでいたのである。しかも連日である。多くの兵隊は「お偉ら方のすることだから」と思って、別にそのことに不満も持たなかったようだ。本来それが軍隊というものの姿だったのであり、兵隊たちは兵隊たちの伝統の中で、それを学んで来たのである。

私にしても、そのことに抗議しようと考えたわけではなく、またそれの出来る筋合いのものでもなかった。しかし一つだけ考えたのは、この土地でこの部隊長の命令によっては絶対に死なないぞ、ということであった。アメリカ軍が上陸してくれば、玉砕以外に方法のない防禦《ぼうぎょ》態勢である。それなら部隊長以下防禦に専念して、一同潔《いさぎよ》く死にたかったし、それが兵隊全員の願いであったといえる。しかし上層部の風紀の紊《みだ》れが、否応《いやおう》なく眼につく職場にいた私には、最後の死場所においてさえ、兵隊はいい気持では死ねないのか、というやりきれない憤《いきどお》りの情だけは、とどめ得なかったのである。

兵隊が戦場生活を六年七年とやってくれれば、家郷や肉親知己を恋うような甘い感情は消失する。彼が考えるのは、できるだけいい死場所で、いい死に方をしたい、ということである。その思想に徹することによってのみ、日々を生きる活力が生まれるのである。一種の「戦争人間」化してしまうのである。だから一面きわめて純粋になり、きたない行動をみると非常に腹を立てたりする。私にもまた、こうした古参兵の頑固さと素朴さが、いつしか身についてしまっていたのだろう。――というわけで、私にとっては、兵隊として、不幸な場で、敗戦当日を迎えた、ということになるだろう。

ここで、敗戦当日の朝のことについて少々記すと、朝起きてみると、付近の民家がいっせいに青天白日旗を高々と掲げていた。私たちはそれをみて、今日はこの辺の何かの祭日なのかな、とのんびり考えていたのである。むろん戦争に勝ったのだから最高の祭日には違いないが、敗けると思わない私たちには、それはめずらしくふしぎな光景であったといえる。

しかし、ともかく戦争には敗けたのである。

私は軍曹の行ってしまったあと、しばらく草の道に立って、鳴きしきるキリギリスの声をきいていたが、そのとき、どういうわけか、平素昵懇《じっこん》になっていた楊《ヤン》――という中国人を訪ねたくなった。楊は、野菜のことでは私がいちばん世話になった商人で、六十位だが人柄もよく気楽につき合っていたのである。楊は、私のいた兵舎から、一丁ほど離れた高粱《コーリヤン》畑の中に住んでいた。たぶん私は、日本の敗戦を、楊がどう思っているか、同時に、日本軍の一員である私に、彼がどういう眼を（今は勝利者である中国人として）向けるか、に興味を抱いたのだといえる。

それで私は、ひとりで、高粱畑の間の細い道を縫って、楊の家へ行った。家の前にはテーブルと椅子《いす》がいくつか出ていて、楊はのんびり椅子にもたれ、細君が子供を抱いてさし向っていた。私が高粱畑の間からひょっくり出てくると、楊は、うなずくようにして私を招いた。私は笑いながら楊に近づき「とうとう日本も敗けましてね」と冗談のようにいいかけるつもりだったが、いざ楊に向けて歩き出すと、笑うどころか、泣きそうな表情になってくるのが自分でわかり、仕方なくそのまま近づいて、何となく楊に頭を下げ（全中国人にあやまってでもいるような悲壮な気がそのときした）、それから、

「楊さん、日本は敗けました」

と、ごくまじめにいった。楊は、

「敗けたですねえ」

といって、明らかに同情するように私をみたが、そのほかは、平常の楊となんら変るところはない。やがて楊は私に、もし困ったことでもあって隊を逃げるようなときは自分に頼ってほしい、できるだけのことはする、といった。私が礼をいうと、そのあと楊は、もし都合がついたら、拳銃《けんじゅう》を一梃《ちょう》と弾丸を少々都合してもらえまいか、と

私に頼むのである。

「日本が敗けて軍隊がいなくなると、すぐに土賊が出てきます。今度は自分で守らなければならないのです」

楊はそれを、事務的に解説するようにいった。つまり楊にとっては、日本の敗戦も、その後に起きるであろう混乱も、冷静に事務的にみているので、一個の兵隊の心情などには関知しておれなかったのである。

私は拳銃を都合することを約し、楊に西瓜《すいか》をよばれて帰った。

夜は、兵舎のぐるりで、いっせいにクツワムシが鳴いた。昼はキリギリス、夜はクツワムシ、それらの群鳴の中で、それらの挽歌《ばんか》に包まれて、日本軍の一単位である歩兵第百五十七連隊も、静かに劇的に、その命脈を尽きたわけであった。

その晩私は、クツワムシの声を子守歌として、実にのびのびと寝たのである。日本軍及び日本国に課せられる苛酷《かこく》な運命を思うよりも先に、まず、六年六カ月にわたる、休みなき緊張の連鎖から、とりあえず自身を解放してやりたかったのである。私は自身にいいきかせた。

「お前は、多くの仲間に対して恥じることのないように、とにかくできるだけのことはやってきた。そうして幸いにも生きのびている。また考えてみれば、恵まれた条件の中で戦争の終りを迎えている。なにも不足をいうところはない。他の土地では、話にならぬ苦境の中でようやく今日の日を迎えた兵隊たちが無数にいる。そして、兵隊には、遂《つい》に兵隊にしかわからない心情があるはずである。軍隊はほろぶにしても、かつてお前が兵隊であった、という事実の歴史はほろぶことがないだろう」

——と。

私たちは有利な地点に身を置いていたため、敗戦後の五カ月目には、アメリカ軍の上陸用舟艇《しゅうてい》に乗せられて、上海の港を発《た》つことになったのである。呉淞《ウースン》の集中営にいる間、部隊は手持の糧秣《りょうまつ》を以《もっ》て、まず充分な給養をとることができたし、日本軍の管理に当った湯恩伯《とうおんはく》軍も、大国の襟度《きんど》を示してくれたことは、ぜひ記しておかなければならない。

私たちの、敗戦の悲痛感がはじまるのは、日本のどこかの港に上陸してからである。私たちは佐世保《させぼ》に上陸したが、そこには、かつて私たちを見送ってくれた人々の影も歓呼もいたわりもなく、いたずらに蕭々《しょうしょう》として冬の海風が吹き荒れていただけである。そうしてアメリカ軍に駆使されている日本人の港湾係が、同胞たちの持ち帰ったわずかな荷物を、邪慳《じゃけん》にこじあけてはほうり出している姿があったことである。兵隊への扱いにしても、余分な人間が何しに帰ってきた、という眼でしか遇されなかったし、この敗兵に対する日本人同胞の蔑視《べっし》は、その後どの土地へ行っても、変ることはなかった。世界の戦史を通じて、これほどみじめな帰還をした軍隊は、たぶん大東亜戦争における日本軍をおいて他にはなかったはずである。ほろんだのは、日本軍でも日本国でもなくて、日本人の民族感情であったことを、復員兵たちは身にしみて実感したわけである。

事実、日本軍（としての意識）は、その後もほろんだわけではなかった。というより、日本兵の真の意味の戦いは、復員の当日からはじまった、ともいえるかもしれない。かれらには、武器もなく階級もなかったが、国家や民族の危急のために戦う、という意識だけは、戦争の勝敗にはかかわりなく、その身に残っていたのである。もちろんそれは、かれら復員兵同士の呼応の中にのみ生きている思想であって、おそらく他の世代には理解も同調もしてもらえぬ性質のものであったろうが、かれらは左顧右眄《さこべん》することなく、復員当日から自身らの道を歩きはじめている。かりに軍隊に対する、その矛盾への大いなる不満があったとしても、すでに解体したものへの怨嗟《えんさ》はすてて、より広い世代感の上に立脚することを求めた、といえるのではないだろうか。そうしてたぶんかれらは、かれらの同士の最後のひとりまで、戦争——と、その渦中にあった自身の意味を、決して放棄することはしないはずである。

軍隊は、そしてまた戦争は、巨大に過ぎる歴史的現象であって、一個の兵隊の小さな頭では判断できない意味をもっている。ただ兵隊にとってわかっていることは、軍隊及び戦争の中を、ともかく白熱して生きた、生きねばならなかった、ということだけであろう。そしてこのことは、日本建軍以来の、すべての兵隊に通じる心情であるはずである。

私においても、その心情に変りはない。私たち兵隊が、独走する軍閥政治の権力の犠牲にされた世代、と自らを嘲《あざわら》うことは容易である。しかしその生活の実質には、私たちにしかわからない深く重い意味がある。日本の軍隊は、わずか八十年にも満たぬ歴史を刻んだだけでほろんだが、私自身、ほろびゆく軍隊の一角に存在した人間としてその歴史を思うとき、理非をこえた、格別の感慨を覚えざるをえないのだ。

建軍以来の日本の兵隊たちが、軍隊や各種の戦場で、どのような生き方をし、また生活感情を持ってきたか、ということは、その伝統の末端につながる一員として、私にはさまざまに興味ある研究課題だったわけである。たまたまここに、兵隊たちの生活の歴史をたどる筆を進めてみようと私が考えたのは、ひと通り日本の兵隊の歩みをたどり終えたあとに、もういちど自身の幻を、あの上海郊外の一角、草原のほとりに立たせてみたかったからである。そうして自身が、終始兵隊であったことの光栄を、再び、認識してみたかったからである。

私もまた、多くの中国本土よりの復員兵と同じに、軍隊や戦争、他民族に対する考え方が、温健であり、かつ公平である。これは南方諸域にあった兵隊、または北方で苛酷な拷問《ごうもん》を浴びた兵隊よりも、風土や環境に恵まれていたためであろう。しかし、兵隊の生活の歴史をたどってみるには、やはり、温健で公平、ということが、ひとつの執筆者の資格として必要ではないか、という気がしている。なぜなら、歴史を裁くものは、やはり歴史でしかないからである。それを信じ、つとめて狭量な私見をすて、私たちのはるかな先輩、徴兵令に一喜一憂した、建軍初期の仲間のことから、私は触れてみたいと思うのである。

解説上、多少は、堅苦しい法制にも触れなければならないが、この点は諒《りょう》とせられたい。法制類は最低限必要以上のことは記さないつもりであり、なによりも兵隊の実感に触れることを願い、あるいは私たち兵隊を理解しようとしてくれる人たちのためにも、資料の一助となるよう、戦場の生活に重点をおこうと考えたものである。もとより不備は免れがたいと思うけれども、兵隊の心情を語るについては、すべて忠実を尽くしたいと思うものである。

兵隊の誕生

——軍隊はいかに組織されたか

1　軍隊のはじまり

(一)徴兵令の制定

徴兵令は、明治六(一八七三)年一月に発せられている。これによって日本全国のあらゆる階層の青年たちは、兵役に応ずる義務と権利を有することになった——というのが、すべての「軍隊史」「兵制史」が記すところの定義である。たしかにその通りである。しかしそれは表面の定義であって、裏をさぐれば、別な意味がないわけではなかったのである。

徴兵令以前の軍隊は、みな士族の軍隊(藩兵)であり、禁闕《きんけつ》(皇居)の守衛に任ずる御親兵にしても、強藩が提供した藩兵である。つまり一般庶民は、軍隊というものには縁がなかった。ということは、いかなる場合にも、戦闘行動による「死」からは

免れていたのである。一般庶民を戦闘行動に駆り出す、法律も組織も存在しなかったのである。

けれども徴兵令以後、軍制の拡充に伴って、一般庶民は兵隊として続々と徴募せられ、数多《あまた》の戦闘行動に参加して来ている。正確にいえば参加させられて来ている。そうして昭和二十年八月十五日に、夥《おびただ》しい犠牲者を抱えながら敗亡の刻《とき》を迎える。まさに、万骨枯れ果ててしかも一将も功成らず、である。徴兵令公布以後の七十余年間、庶民の兵隊たちはなんのために、その忠誠と勇武を尽くして来たのだろうか。

ここで、もし徴兵令が公布されていなかったならば——などというつもりはない。忠誠も勇武も、庶民の兵隊の栄光であることはたしかだ。ただ、徴兵令の蔭《かげ》にある意味に眼を向けておかないと、長年月、黙々と耐え、働き、戦い、傷つき、死んで行った「愛すべき悲しき兵隊」の群像が、明確に描けないのである。

慶応三（一八六七）年末の、王政復古の大号令によって、維新の大業はほぼ完了し、爾今《じこん》、明治新政府は着々とその国家経営を推し進める。維新の大業は、名目は維新であるが、内実は、幕府と雄藩の権力争いであり、倒幕のあと、薩長を中心とする諸藩が、政治上の権力を握った。この権力の争いに、一般の庶民はなんら関係しない。庶民不在の維新であることは史実が証明している。しかし、庶民不在の維新というものがあり得るだろうか？

庶民が、維新後の国家経営に参与したのは、たぶん徴兵令にもとづく、天皇と国家への貢献だけであったかもしれない。明治新政府の施策は、国内の整備、諸産業の振興を図ると同時に、国外との交渉を深め、国力の急速な充実とともに、当然他国との勢力上の摩擦を覚悟しなければならなくなる。ここにおいて、徴兵令による、兵隊の動員とその戦力への期待が深まってくる。兵隊の戦力の利用——ということが、つねに国家経営機関の、上層部の脳裏を去来する。そしてその兵隊を動員する、という権力行使の伝統は、少なくも昭和二十年の夏まで、さまざまの権力者たちに引き継がれてくるわけである。そのためにはどうしても「天皇に奉仕する軍隊」という大義名分を樹《た》てざるを得なかった。

明治十年の西南《せいなん》の役《えき》において、庶民の兵隊は初の功績を挙げている。桐野《きりの》利秋《としあき》は「百姓町人どもが」と庶民の兵隊を嘲《わら》ったが、西郷隆盛とともに城山に滅び、熊本城を死守した庶民兵は赫々《かくかく》の武勲をあげて、新政府から「使いものになる」という賞詞を浴びる。そうして期待通り、帝国陸軍の崩壊に至るまで使いものになった。敗色濃い昭和二十年においてさえ、日本兵の戦闘力そのものは決して衰えてはいなかった。誇るに足る民族的伝統を申し分なく示したのである。ただ問題は、権力への奉仕、あるいは、権力に利用されたものではなかったか——ということである。

徴兵令の太政官《だじょうかん》告諭中に「其《その》生血ヲ以《もつ》テ国ニ報ズル」という文章があり「血税」という文字の解釈をめぐって騒動が各所に起きたが、これは血税を、文字通り「生血をしぼりとる」と考えて恐れ狼狽《ろうばい》したからである。しかしこの民衆の錯覚は、現在の時点で冷静に判断してみると、案外に当を得た解釈であったかもしれないのである。なぜなら大血税を納めつづけた「天皇の軍隊」は、究極において「民族の軍隊」乃至《ないし》「自由のための軍隊」のために、崩壊させられる運命に見舞われたからである。真に「民族のための軍隊」であり得なかった兵隊たちの不幸の原点は、この「徴兵令」にあったというべきかもしれない。

(二)兵役の制度

徴兵令とそれに伴う兵役制度は、時勢の進展推移につれて、しばしば改正されてきている。この徴兵制の発案者は当時の兵部大輔《ひょうぶたいふ》大村益次郎、制定の尽力者は山県有朋《やまがたありとも》である。山県は外遊中、普仏戦争で普国(プロイセン＝ドイツ)が勝った一因は徴兵制度にあるということを見聞し、その必要を痛感していたのである。(松下芳男『日本軍事史実話』）

大日本帝国憲法第二十条には「日本臣民ハ法律ノ定ムル所ニ従ヒ兵役ノ義務ヲ有ス」とあり、兵役法第一条には「帝国臣民タル男子ハ本法ノ定ムル所ニ依リ兵役ニ服ス」とある。この兵役制度の要点を左に記しておきたい（これは昭和十七年二月現在のもので、終戦時までほとんど変改はない）。

〔兵役ノ区分及用途〕

一、兵役ノ区分

兵役ハ之《これ》ヲ常備兵役（現役及予備役）、補充兵役（第一及第二補充兵役）、国民兵役（第一及第二国民兵役）ニ分ツ。

二、兵役ノ用途

1　現役兵　軍隊ニ入リテ教育ヲ受ケ戦時部隊ノ骨幹タルベキモノトス。（日中戦争前にはこれが「教育ノ為《ため》軍隊ニ入営スルモノニシテ、軍ノ骨幹タルベキモノトス」となっていて「戦時」の文字はない）

2　予備役兵　戦時ノ要員タルベキモノトス。

3　補充兵　第一補充兵ハ現役兵ニ欠員ヲ生ジタル場合之ガ補充ヲ為《な》シ、又必要ニ際シ之ヲ召集シテ所要ノ教育訓練ヲ施シ、以テ戦時ノ要員ニ充《あ》ツルモノトス。第二補充兵ハ戦時若《もし》クハ事変ニ際シ必要ニ応ジ召集シテ戦時ノ要員ニ充ツルモノトス。

4　**国民兵**　戦時若クハ事変ニ際シ、必要ニ応ジ之ヲ召集シテ戦時ノ要員ニ充ツルモノトス。

〔服役年限及就役区分〕

兵役ノ区分		服役年限 陸軍	服役年限 海軍	就役区分
常備兵役	現役	二年	三年	現役兵トシテ徴集セラレタル者之ニ服ス
常備兵役	予備役	十五年四月	十二年	現役ヲ終リタル者之ニ服ス
補充兵役	第一補充兵役	十七年四月	一年	現役ニ適スル者ニシテ其ノ年所要ノ現役兵員ニ超過スル者ノ中所要ノ人員之ニ服ス
補充兵役	第二補充兵役	十七年四月 但シ海軍ノ第一補充兵役ヲ終リタル者ハ十六年四月		現役ニ適スル者ノ中現役又ハ第一補充兵役ニ徴集セラレザル者及海軍ニアリテハ第一補充兵役ヲ終リタル者之ニ服ス

国民兵役	
第一国民兵役	年齢四十年迄	予備役ヲ終リシ者及軍隊ニ於テ教育ヲ受ケタル補充兵ニシテ補充兵役ヲ終リタル者之ニ服ス
第二国民兵役	年齢十七年ヨリ四十年迄	戸籍法ノ適用ヲ受クル者ニシテ他ノ兵役ニアラザル者之ニ服ス

(右の表のうち、昭和八年現在では、服役年限が、予備役五年四月、後備兵役十年、となっている。改正により後備兵の呼称がなくなったのである)。

〔徴　集〕

其ノ一　通　則

一、**徴集**　徴集トハ兵役法ノ定ムル所ニ従イ壮丁ヲ簡抜シテ現役兵又ハ補充兵ト為スヲ謂《い》ウ。徴集ハ陸海軍ノ別ナク陸軍大臣及内務大臣之ヲ統轄《とうかつ》ス。

二、**徴兵適齢**　戸籍法ノ適用ヲ受クル者ニシテ、年齢二十年ニ達スル者（前年十二月一日ヨリ其《そ》ノ年十一月三十日迄《まで》ノ間ニ於《おい》テ）ハ、特ニ規定アル者ヲ除ク外徴兵検査ヲ受クルヲ要ス。此《こ》ノ年齢ヲ徴兵適齢ト称ス。

其ノ二　徴兵検査

壮丁ヲ徴集スル為ノ検査ヲ徴兵検査ト謂ウ。之ガ為主要ナル事項左ノ如《ごと》シ。

一、徴兵適齢者ノ調査　市（区）町村長之ヲ行イ壮丁名簿ヲ作製ス。
二、徴兵検査期日　毎年四月十六日ヨリ七月三十一日迄ノ間ニ行ウヲ例トス。
三、身体検査　聯隊区《れんたいく》司令官監督ノ下ニ徴兵医官体格等位ヲ決定ス。
（検査は越中　褌《ふんどし》使用で行われた。以後軍隊はすべて越中褌使用である。この検査時に関東軍、特に独立守備隊を志願すると、徴兵官から甚だほめられたものである）。
四、壮丁ノ身上調査　壮丁名簿記載事項ニ関シテ兵事官、支庁長、市（区）長之ヲ行ウ。町村長ハ徴兵署ニ出席シ徴兵官ノ諮問《しもん》ニ応ズ。
五、選兵　聯隊区司令官ハ壮丁ノ身材、芸能、職業等ヲ考慮シテ兵種ヲ決定ス。
六、抽籤《ちゅうせん》　特別ノ規定ニ依リ抽籤総代人ヲ定メ体格等位及兵種毎《ごと》ニ之ヲ行ウ。
（甲種合格の場合も、定数以上のときは、この抽籤で兵役を免ぜられる。俗にクジのがれと呼んでいた）。

其ノ三　体格等位ノ判定及兵役区分ノ標準

甲種　身長一・五二メートル以上ニシテ身体強健ナル者

乙種
〈第一〉身長一・五〇メートル以上ニシテ身体甲種ニ次グ強健ナル者
〈第二〉身長一・五〇メートル以上ニシテ身体第一乙種ニ次グ者
〈第三〉身長一・五〇メートル以上ニシテ身体第二乙種ニ次グ者
（以上）現役ニ適ス

（甲種・乙種共に、以前は一・五五メートル以上であった）

丙種　身長一・五〇メートル以上ニシテ身体乙種ニ次グ者及身長一・四五メートル以上、一・五〇メートル未満ノ者ニシテ丁種及戊種ニ該当セザル者　国民兵役ニ適スルモ現役ニ適セズ

丁種　身長一・四五メートル未満ニシテ身体精神ニ特別ノ異常アル者　兵役ニ適セズ

戊種　疾病《しっぺい》中又ハ病後其ノ他ノ事由ニ因《よ》リ甲種又ハ乙種ト判定シ難キモ翌年ハ甲種又ハ乙種ニ合格ノ見込アル者　兵役ノ適否ヲ判定シ難キ者

其ノ四　徴集延期

一、兵役ノ適否ヲ判定シ難キ者ニ就テハ徴集ヲ延期シ、爾後適否ヲ決定シ得ルニ至ル迄。

二、徴兵検査ヲ受クベキ者刑法ノ適用ヲ受ケツツアルカ、或《あるい》ハ之ニ類スル場合其ノ事由止ム迄。

三、徴兵検査ヲ受ケタル者現役兵トシテ徴集セラルルニ因リ、家族ガ生活ヲ為スコト能《あた》ワザルニ至ルベキ確証アルトキ。

四、徴兵検査ヲ受クベキ者ニシテ勅令ノ定ムル学校ニ在学スル者ニ対シテハ、勅令ノ定ムル所ニヨリ年齢二十六年迄（この条項は大東亜戦争末期に崩れ、学徒出陣の風景を現出した）。

五、徴兵適齢及其ノ前ヨリ帝国外ノ地ニ在ル者（勅令ヲ以テ定ムル者ヲ除ク）ニ対シテハ、本人ノ願ニ依リ事由止ム迄。

〔召集及簡閲点呼〕

一、召集

召集トハ帰休兵、予備兵、補充兵又ハ国民兵トシテ在郷スル者ヲ兵務ニ就カシムル為軍隊ニ召致スルコトヲ謂ウ。而《しか》シテ召集セラルベキ人ヲ応召員ト称ス。

二、召集ノ種類左記ノ如シ

1 充員召集　動員ニ方《あた》リ諸部隊ノ要員ヲ充足スル為在郷軍人ヲ召集スルヲ謂ウ。

2 臨時召集　戦時又ハ事変ニ際シ必要アル場合ニ於テ臨時在郷軍人ヲ召集シ、若クハ平時ニ於テ警備其ノ他ノ必要ニ依リ帰休兵又ハ予備兵ヲ召集スルヲ謂ウ。

3 国民兵召集　戦時又ハ事変ニ際シ国民兵ヲ召集スルヲ謂ウ。

4 演習召集　勤務演習ノ為在郷軍人ヲ召集スルヲ謂ウ。又充員召集ノ演習ヲ為スノ目的ヲ以テ、充員召集ノ手続ニ準ジ実施スル演習召集ヲ特ニ臨時演習召集ト謂ウ。

5 教育召集　教育ノ為補充兵ヲ召集スルヲ謂ウ。

6 帰休兵召集　在営兵ノ補欠其ノ他必要アルトキ帰休兵ヲ召集スルヲ謂ウ。

三、簡閲点呼

簡閲点呼ハ予備役ノ下士官兵及補充兵ヲ参会セシメ之ヲ点検、査閲、教導スルヲ目的トス。簡閲点呼ハ国家有事ノ際ニ処スル在郷軍人ノ用意如何《いかん》ヲ点検、査閲シ、所要ノ教導ヲ為スヲ主眼トシテ執行スルモノトス。之ガ為簡閲点呼執行官ハ在郷軍人参集ノ状態、心身ノ健否、軍事能力ノ保持及軍事思想普及ノ程度、服役上ニ於ケル義務履行ノ確否等ヲ点検、査閲シ、以テ有事ノ際ニ処スル在郷軍人ノ国家ニ対スル責務ヲ熟知セシメ、其ノ本分ヲ実行シ得シムル如ク指導スルモノトス。現役将校ヲ配属シアル学校ニ於テ教練ヲ受ケアル学生生徒ニ対シテハ、当該学校ニ於テ配属将校ヲシテ之ヲ執行セシムルコトヲ得ルモノトス。

2　軍隊の成り立ち

(一)軍隊の制度

明治四年の廃藩置県によって、藩兵は解散したが、このとき東京、大阪、鎮西、東北の四鎮台が置かれ、鎮台兵は旧藩士を徴集してあてられた。翌年、兵部省は陸軍省と改められ、御親兵は近衛《このえ》と改称された。徴兵令制定時の兵科は、歩、騎、砲、工の四科で、翌年輜重《しちょう》兵科が出来、はじめて「軍隊」なる名称も生まれ、一般民衆から徴集された兵隊は、東京、仙台、名古屋、大阪、広島、熊本の六鎮台で教育を受けることになった。この時の兵力は、近衛隊を合して、一万二千余人である（鎮台が師団と改称されたのは明治二十一年である。歩兵旅団の称はこれに先立って明治十七年の軍拡時である）。この後軍制は、改革と拡張を重ねて、日清戦争前には——

師団七個（近衛及び第一〜第六師団）
要塞《ようさい》砲兵隊一個連隊と一個大隊
警備隊一個（対馬《つしま》）
憲兵隊六隊（東京、宮城、愛知、大阪、広島、熊本）
屯田《とんでん》兵（屯田歩兵四大隊及騎、砲、工兵隊各一個）

これらの諸隊に属する平時の人員、六万三千三百六十八人となっている。

日清戦役後も軍備の拡張はつづき、明治三十一年には十三個師団、日露戦役後の明治三十九年には十九個師団に膨張してゆくのである。

（屯田兵——というのは、明治八年、開拓次官黒田清隆の献言によって、北海道に置かれた兵農を兼ねる土着兵のことをいう。対露国防と開拓を兼ね、同時に失業士族の救済ともなった。しかし、開拓に関する限りは失敗している。〈松下芳男『日本軍事史叢話』〉）

〔軍旗と軍人勅諭〕

軍旗（連隊旗）がはじめて授与されたのは、明治七年一月二十三日、近衛歩兵第一連隊、同第二連隊に対してである。軍旗は、連隊では、天皇の象徴として絶対的な尊厳性を持つようになり、軍国主義の浸透に比例する。

軍人勅諭は明治十五年一月四日付で公布されている。これは兵隊の聖典としての意味を持ったが、熱情のこもった名文といえるかもしれない。これと対比して、昭和十六年一月八日公布の「戦陣訓」を考えると、興隆してゆく軍隊の姿と、衰退し果てた軍隊の姿とが、明瞭《めいりよう》にうかんでくるから奇妙である。「戦陣訓」については後述したい。


兵隊の徴募は、師管、連隊区の区分によって行われたが、これによって、東北、中国、九州等各地区編制の軍隊に、当然郷土色が出てくるようになった。いわゆる郷土兵団と呼ばれるものである。

軍隊の組織（隷属の関係）も、時流とともに推移してきたが、その完成した形の概要を図示すると次頁表の如くになる。

陸軍の最高機関の構成は次々頁の如きものである。

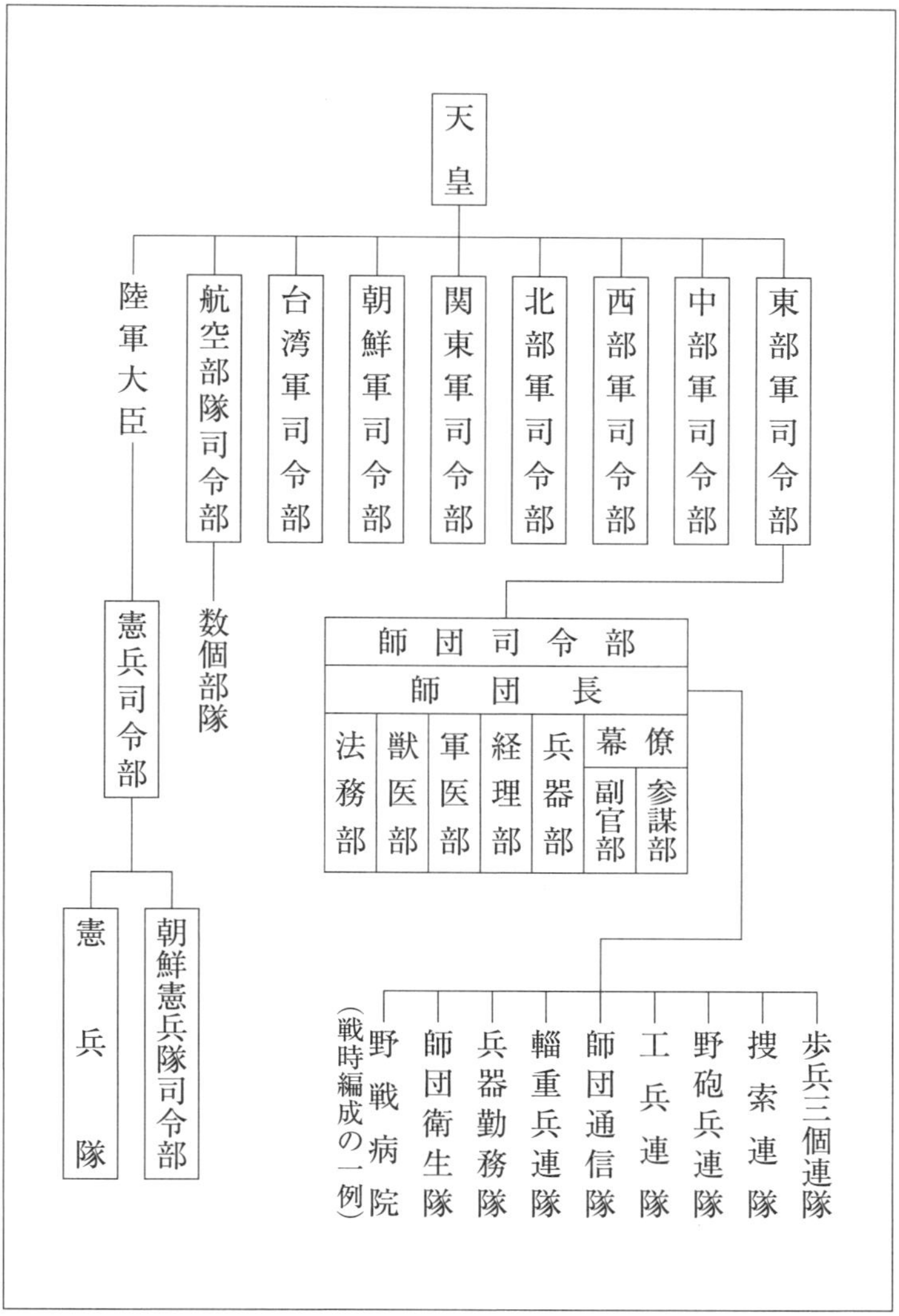
天皇
陸軍大臣
航空部隊司令部
台湾軍司令部
朝鮮軍司令部
関東軍司令部
北部軍司令部
西部軍司令部
中部軍司令部
東部軍司令部
憲兵司令部
数個部隊
師団司令部
師団長
法務部
獣医部
軍医部
経理部
兵器部
幕僚
副官部
参謀部
憲兵隊
朝鮮憲兵隊司令部
歩兵三個連隊
捜索連隊
野砲兵連隊
工兵連隊
師団通信隊
輜重兵連隊
兵器勤務隊
師団衛生隊
野戦病院
（戦時編成の一例）

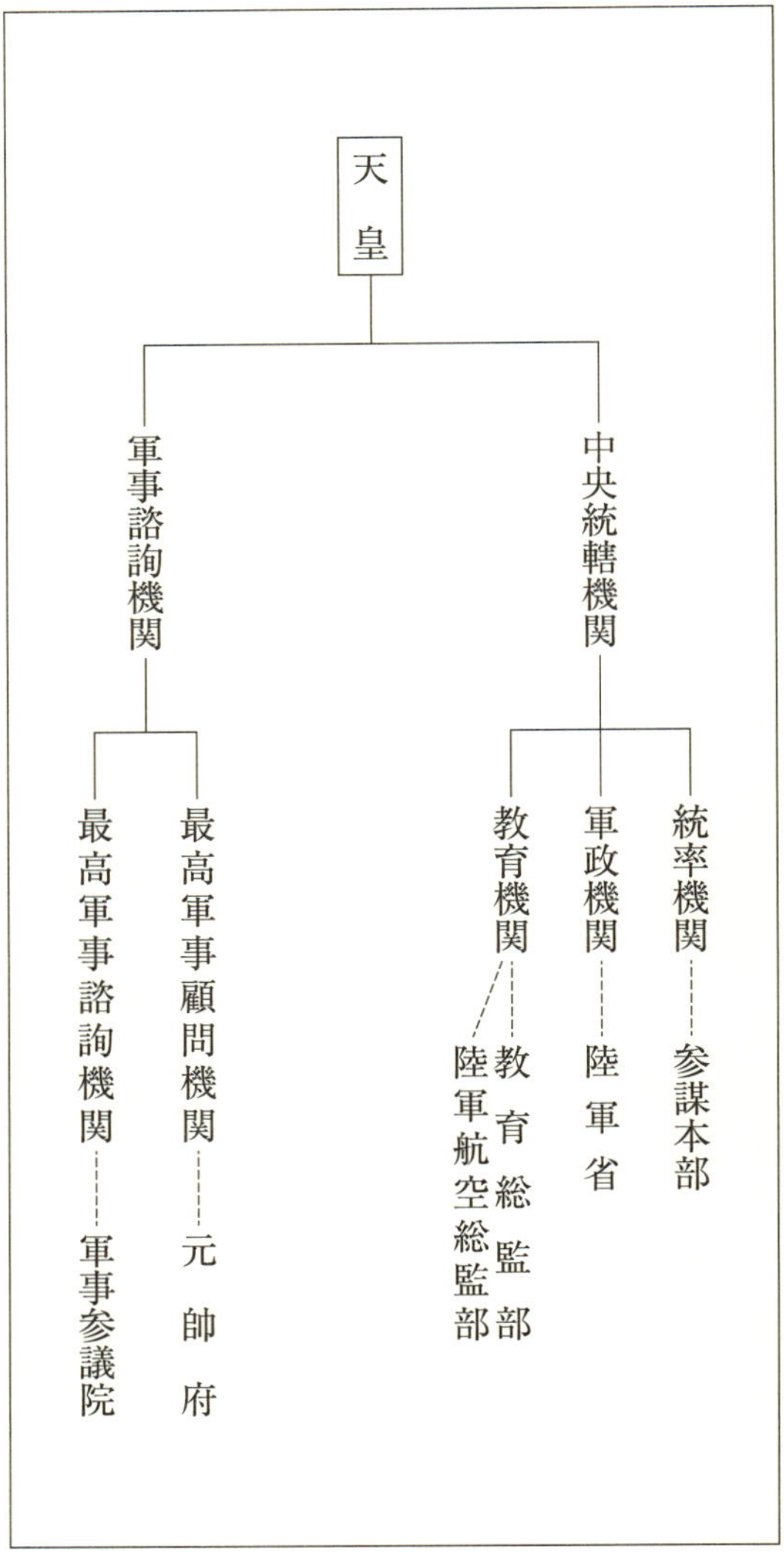
天皇
中央統轄機関
統率機関
参謀本部
軍政機関
陸軍省
教育機関
教育総監部
陸軍航空総監部
軍事諮詢機関
最高軍事顧問機関
元帥府
最高軍事諮詢機関
軍事参議院

(二)動員と復員

〔動員の行われるとき〕

「作戦要務令」の冒頭(綱領第一)に「軍ノ主トスル所ハ戦闘ナリ」とあるように、軍隊のすべては戦争の際に備えて準備されている。その戦争へ向う態勢をとることが動員で「学校教練必携」は動員を「平時軍隊ノ人馬材料ハ戦時ノ所要数ヲ充足シアラザルノミナラズ、新ニ各種ノ戦時機関ヲ整備スルニアラザレバ戦闘力ヲ充実シ得ザルモノナリ」と定義している。

動員についての業務の内容は、ほぼつぎのようなものである。

1　在郷軍人の召集事務(動員令をうけた師団が平時編制を戦時編制にきりかえるための充員召集)

2　馬匹の徴発、購買事務(騎、砲、輜重ともに動員初期には民間の馬匹を徴発した。隊用馬はよく訓練されているのでつとめて原隊に残置した。初年兵教育用の大切な兵器だからである)

3　戦用諸材料の整備(貯蔵品の交付、製造、徴発、購買等)事務(動員時には出

動兵員に対し、最良の兵器、被服等が支給される）

〔平時編制と戦時編制〕

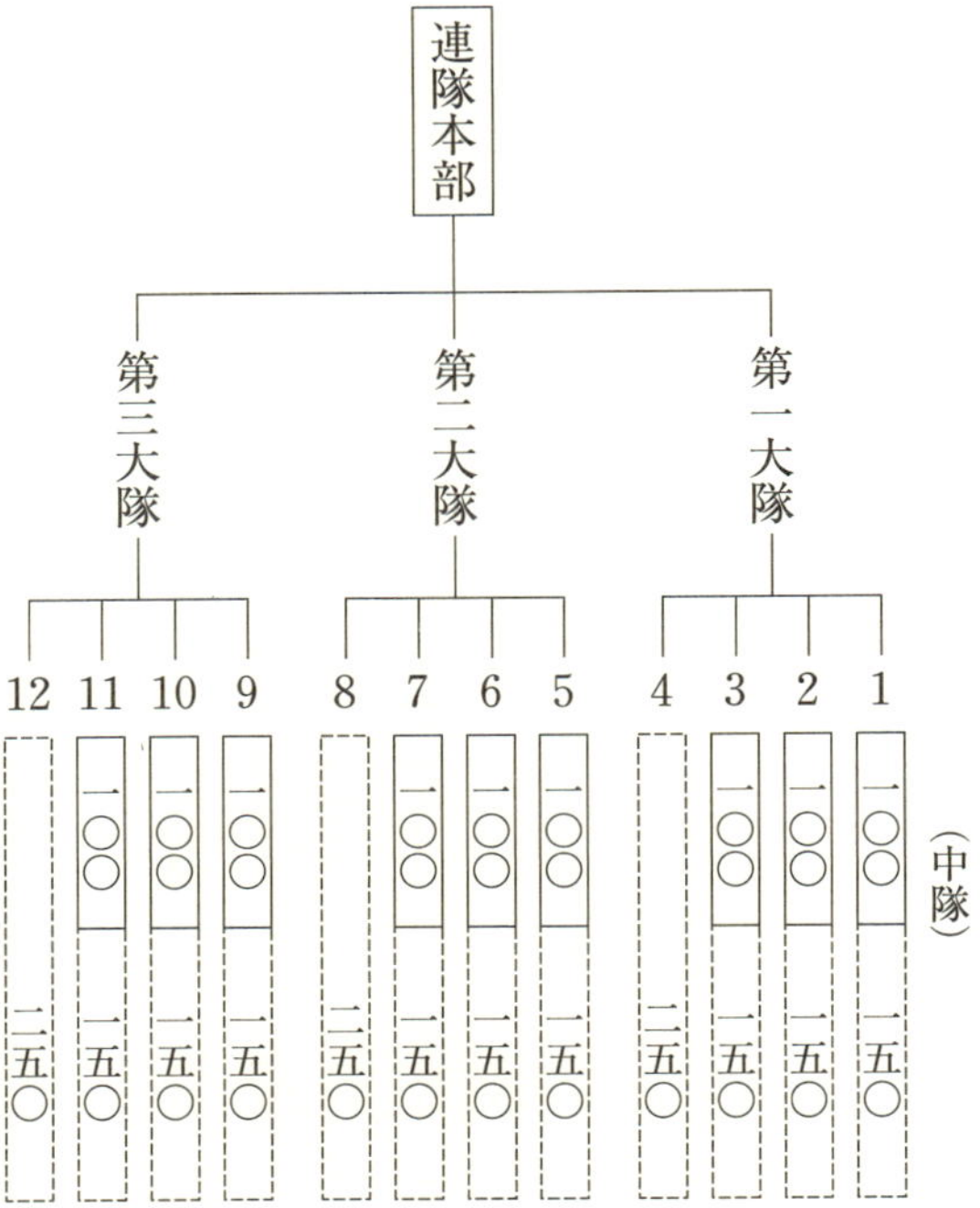

平時の一中隊一〇〇名が戦時は二五〇名に増員される外、一中隊増設となる。

この他、機関銃隊も同様増員される。

（点線は増員分）

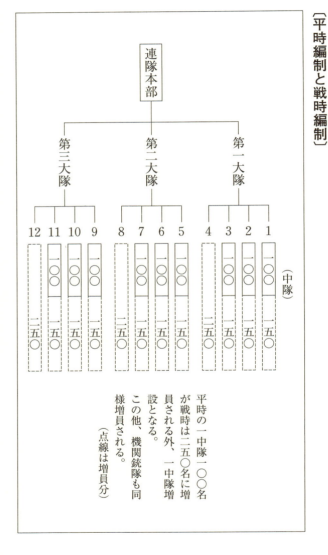

通常・平時における一師団の所属兵員は一万人であるが、これが戦時になると、二万五千人に増員される。二年制の軍隊では、初年兵と二年兵と各五千名宛《ずつ》として一万名、すでに予備役に入っている既教育兵（在郷軍人）を三年度分召集すれば、二万五千になる。むろん、死亡、病気、事故等が一切なく、順調に毎年五千名ずつ入隊、除隊しているものとしてである。

平時編制の歩兵連隊が、戦時編制に膨張する事情を前頁に図示してみた。

前頁の表では、一個大隊三百名が一千名に増員されているから、戦時の一個連隊の総兵力は、ほぼ三千五百から四千位ということになるのだろうか。もっとも師団そのものに甲装備乙装備の別もあるので、定員が明確にきまっているわけではない。

原隊（師団）で、機敏な行動力を持つ、独立混成旅団の編制されることがあるが、これは総兵力一万に満たない。この場合、基幹は歩兵大隊である。

（独立混成旅団編制の一例）

○旅団司令部

独立歩兵大隊五個

旅団通信隊

同　砲兵隊

同工兵隊

動員によって召集される兵隊は、もちろん「陸軍管区表」によって、ほとんどは自身が教育をうけた、なじみのある部隊へ入隊することになる。連隊を単位にとれば、予備役も現役も先輩後輩の間柄であり、しかも郷土を同じゅうしている者同士だから、話題も多く、人情も通う。戦場での一致団結力の強いのもこのためである。いわゆる、郷土兵団の名誉をかけて戦う、という気風もそれによって醸成されるのである。

もっとも、兵団の郷土性も、大東亜戦争が深まるにつれて、徴募兵員の地区的な不同も多く、しまいには、手当り次第に集めて編制する、というようになっていった。

平時編制が、ほぼ理想的な形で戦時編制にきりかえられ、かつ増設師団が順調に、その郷土性を保持しつつ誕生できたのは、おそらく昭和十六年までであろう。十六年までには五十一個師団ができているが、いずれも個性ある師団として、戦史にもよくその戦歴をとどめている。十九年以後の編制は次第に不備、間に合わせ的になり、二十年に入っての内地や満洲での急造師団は、正確には軍隊といえない面も多かった。中身が竹光の帯剣、水筒も竹製、というのでは戦国時代の雑兵《ぞうひょう》? みたいである。

また各師団の戦力が、昭和十二年以降に漸次低下してゆく過程を、現役兵の徴集率でみると

昭和十二年までは15%（甲種30%の半分）
昭和十六年までは51%（第一、第二乙種まで現役兵）
昭和十七・八年　60%（右に同じ）
昭和十九・二十年90%（第三乙種以上全部現役兵）

ということになる。大東亜戦争における兵員の要求が、いかに大きく、かつ深刻であったかがわかるというものである。

因《ちな》みに昭和十七年大阪編制の「第六十八師団（檜兵団《ひのき》）」の兵員の出身地構成をみても、本拠の大阪出身は全体の約四十パーセントで、あとは和歌山、宮城、新潟、静岡、兵庫、福岡、天草、鹿児島と錯雑していて、これでは大阪兵団的気風も稀薄《きはく》になる。

〔隊内の動員業務〕

各連隊には平時も動員室という小機関が準備されていて、つねに動員計画に応じられる態勢をとっていた。陸軍省から師団へ、師団から連隊へと廻ってくる動員計画により、人員の割振り、兵器、物資の調達手配をする。また動員されて出征した部隊の留守業務もここであずかる。つまり兵隊の「軍隊手帳」に記される事項は、この原隊の動員室に保管されている兵籍名簿にも記入されてゆくわけである。ここでついでに触れておくと、動員業務のみでなく、軍隊内部の諸事務は、きわめて合理的に緻密《ちみつ》に出来ていて、民間の事務機関よりも充実し、ゆきとどいていた。これはちょっとふしぎに思われようが、要するに時間と手間をかけてたんねんに事務方式を築いてきたからであろう。

部隊に動員令が下ると、短い期間に出動準備を整えるので、大多忙の状態を呈する。このうち、もっとも実感のこもるのは付刃《ふじん》である。付刃というのは、軍刀や帯剣に刃をつけることで、今までは刀先を削ってあったものが、鋭く磨《と》ぎ出されて渡されると、いよいよ死生の間に身を置くことになるのだ、という緊迫感を覚えるのである。

兵器、被服も良質のものが交付される。小銃は、平時は真銃（実戦携行用）と演習銃（俗に零番銃と呼んでいた。製造番号の頭に零の刻印されてある古銃で、菊の御紋章が削られていた）の二梃《ちょう》を預かっているが、この真銃に油脂を塗り込め、それを白帯で隙間《すきま》なく巻く。

日米開戦前後までは、隊内にいる者には、何泊かの休暇が与えられ、それぞれの郷土にもどって、別れを惜しむことができた。むろん、面会も許された。しかし、戦況がきびしくなるにつれて軍は神経質になり、事毎に秘密に行動することを強いた。しかし、大っぴらにやってみても、所詮《しょせん》は同じことだったのである。

〔出陣の前後〕

連隊の出動準備が完了すると、連隊長の軍装検査がある。これが終ると、部隊がいよいよ出陣するための儀式「命課布達式」が行われ、軍旗に忠誠を誓い、部隊長の訓示を身にしみてきくわけである。出発前には、隊伍を整えて、部隊守護の神社へ参拝し、武運長久を祈ることも慣例となっていた。

出動部隊の見送りがもっとも盛んだったのは、戦えば勝っていた日中戦争時代で、出征列車の停車駅には、愛国婦人会や国防婦人会の襷《たすき》をかけた婦人たちが、湯茶の接待などをしてくれたものである。きびしいが明るい見送りの風景であり、兵隊たちはこれによって、慰撫《いぶ》激励されることが多かった。

このころは、外地への出航はたいがい宇品《うじな》港からだったが、出航の前夜は外出が許可され、兵隊は、これが見納め抱き納めになるかもしれない大和撫子《やまとなでしこ》を求めて、付近の遊女町へ出向いたものである。そうして翌朝は、輸送船の船艙《せんそう》に詰め込まれて、故山をあとにしたのである。

動員出旅に際して、騎、砲、輜重《しちょう》等の兵科は、乗用馬や輓馬《ばんば》（砲を曳《ひ》く馬）や駄馬の輸送にも当らなければならなかった（内地勤務の兵隊でも、この馬輸送の使役兵として参加すると、たとえそれが一カ月未満であっても、その戦争に従事したとみなされて、従軍徽章《きしよう》だけは貰《もら》えたのである）。

かりに部隊が、釜山《プサン》に上陸して、朝鮮を北上して中国大陸に入った場合は、山海関通過のときをもって、戦場に入ったことになり、その記録が、まず軍隊手帳の第一行目を飾るのである（後述の兵隊の履歴書参照）。

前述した見送りのことであるが、明治三十三年の北清《ほくしん》事変に広島部隊が出征したときは、人々はほとんど無関心で、ろくに見送り人もなかったという。戦争の規模の小さいためもあるが、昭和期に入っての軍国調ムードの盛りあがりと、やはり比較して考えるべきかもしれない。

〔兵隊が動員を喜ぶとき〕

軍隊という世界は、いったん目立った失策があると、その記録がどこまでもつきまとい、爾後《じご》、いかに努力しても、その汚点を修正することができない。従って模範兵であっても、一度外出時に遅刻して、あやうく営倉入りだけは免れたとしても、それによってそれまでの善行は帳消しになり、そのあとは執拗《しつよう》に罪の追及がつづくのである。進級や褒賞《ほうしょう》の対象からは、完全に外されてしまう。

しかし、一つだけ、自己の位置を回復する手段があるとすれば、それはその隊で編成される新設の出動部隊に参加することである。この場合は、全員が一様に、白紙の状態でスタートに立つことになる。軍隊もまたそれを許容するわけだ。かりに、戦場にまで汚点を背負って行ったとしても、内務生活と戦場生活では、すべてに価値標準が異なっている。一度や二度営倉入りした経歴があっても、戦場で軽機関銃の二、三梃も分捕れば、まず間違いなく部隊長からの賞詞はもらえるし、進級にもプラスする。従って、原隊で成績の悪い兵隊が、動員によって心機一転、張り切って戦場へ出向いて行く例は稀《まれ》ではない。

もう一つ、一般的に兵隊が戦場へ赴くことを喜ぶ？　とすれば、それは軍紀がゆるむことであろう。戦争――という苛酷《かこく》な状況はあるにしろ、内務生活にみられるような、息苦しい規律はない。神経が負担に耐えかねる拘束もない。陰湿な内務生活より、はるかに解放感のあることだけはたしかである。もっともこれは、在隊の若い兵隊（現役兵）の心情であって、これが応召者になると、妻子に別れる、という悲劇を超えねばならないから、ひとり身の現役兵のようにはいかない（筆者は昭和十四年に、二年兵のとき、北支に出動したが、同年兵のだれもがさっぱりした表情になっていた。

内務生活には退屈していたのである）。

〔部隊の呼称と兵団文字符〕

戦時編制の連隊は、連隊長の名前をとって××部隊、というふうに呼ばれた。この部隊――という呼称は大隊以上であり、部隊長と呼ぶのは大隊長以上である。中隊と小隊は××隊という隊号だけになり、中隊長に対しては、中隊長、または隊長と呼ぶ。小隊長以下は、小隊長、分隊長、と呼ぶ。上官を呼ぶには原則として殿という敬称を付したが、戦場生活が長くなり、相互の馴染《なじみ》が深まると「隊長」「分隊長」と略称もした。この場合「隊長」と呼ぶのは中隊長だけである。

平時においては、中隊長は兵員とあまり馴染はなく、班長（戦時の右翼分隊長）をもっとも身近に感じるが、いったん戦場に赴くと、中隊長の存在が俄然《がぜん》重要になってくる。集団としての戦闘単位は中隊であり、中隊兵員はすべて中隊長の人格識見の感化を受ける。このため、中隊長の人間性や経験の如何《いかん》によって、中隊の兵隊は、その運命を左右せられることもしばしばであった。

昭和十五年八月以降の編制部隊には、防諜《ぼうちょう》上の必要も兼ねて「兵団文字符」というものがついた。軍隊で通常兵団と呼ぶのは旅団と師団である。従って旅団、師団ごとに兵団文字符（単に兵団符号、固有名、または防諜名とも呼んだ）がついた。たとえば、本来は歩兵第百五十七連隊を、中支派遣南部部隊（部隊長南部外茂起大佐）と呼んだのが「鵄《とび》三〇六四部隊」と呼ぶようになったのである。

この兵団文字符は、だれが考えたのかわからないが（兵備部の案）殺伐な軍隊にしては、めずらしく美的な感覚でつけられている。実際は郵政省案の郵便番号制ほどの効果さえなかったと思うが、しかしこれで、兵員一般の心情に潤《うるお》いを与えた効用は甚だ大きかった、と思われる。また、名称もよく考えられている。

一例をあげると、近衛第二師団の「宮」は皇宮から、第四師団（大阪）の「淀《よど》」は淀川から、第三十六師団（弘前《ひろさき》）の「雪」は風土感から、第四十師団（善通寺）の「鯨」は四国の捕鯨漁業から、第百十師団（姫路）の「鷺《さぎ》」は白鷺城から、という連想も湧《わ》いてきてたのしい。もっとも、なぜついたかわからない名もあるし、しまいには師団が増設されすぎて一字の名詞がなくなり、二字になっている。善通寺編成の第五十五師団は、はじめ「楯《たて》」と呼ばれていたが、昭和十八年末（編成は昭和十六年秋）に「壮」と改称されている。これは「楯」の一部（堀井兵団長の南海支隊）が、グァム島からニューギニアに赴いて大損耗を来《きた》し、のち本隊に合流したとき、防禦《ぼうぎょ》的印象を与える「楯」を攻撃的な「壮」に改めたものである。従って兵団文字符が、単なる部隊の秘匿《ひとく》名以上の意味をもっていたことは、これをみてもわかるのである。

いずれにしろ兵隊たちは、この兵団文字符という、それぞれに美しい名のついた部隊にあって、善戦敢闘をつづけることになったのである（兵団文字符等については、巻末の付表を参照）。

〔復員の行われるとき〕

復員（出師準備解除）というのは、戦時の態勢より平時の態勢に復することである。

復員業務としては、

1 在郷軍人の召集（服役延期）解除
2 馬匹の除役
3 戦用諸材料の復旧、徴発物件の解除

などであり、軍隊も平時編制にもどる。

もちろん右は、戦勝または仲介国の調停による停戦の場合で、大東亜戦争のように壊滅的敗戦では、復員業務も満足には行われなかった。けれども大敗戦の割には、最善をつくした復員業務が行われているのである。これは立派なことといわなければならない。

昭和二十年一月現在、軍は、本邦以外（外地）に在る軍人軍属の留守宅の調査を行い、その原簿によって、戦後もなお、営々として復員業務、戦没者叙勲業務が行われていることをみてもそれはわかる。この留守名簿の記載人名数四百数十万に及んでいるという。戦後一時さかんであった「尋ね人」についても、この「留守名簿」の役立った功績ははかりがたいものがある。

兵営生活の実態

——入隊から除隊まで

1　初年兵の生活

第七十五圖

(一)兵営生活のうつりかわり

明治の建軍から昭和の軍隊の解散まで、その歴史はわずか七十余年に過ぎないので、兵隊の兵営における生活状態に、特筆すべきほどの推移や変化があったとは思われない。

兵隊は、徴募されると、観念して(あるいは張り切って)入営し、所定の教育を受けることに精励し(あるいは精励させられ)、二年制、または二年制の兵役を終ると除隊して行った。戦争がはじまるとまた召集され、観念して(あるいは勇躍して)戦場へ赴き、いったん戦場に赴くと、驚くべき勇武を示した。

兵隊たちは、つねに「お国のため」という合言葉を信条として、非条理な軍隊内務生活に耐え、また苛酷《かこく》な戦場を、生き、戦ったのである。「天皇のため」という、もっともらしい押しつけの修飾語は、兵隊は好まなかった。がまんして、きき流していたか、出世のための手段として同調したかである。といって「民族のため」といった大袈裟《おおげさ》な表現にもなじめない。「お国のため」――という言葉には、覚悟と諦観《ていかん》が同時に存在し、また、その言葉の裏には「おふくろのため」「好きな女のため」という、兵隊各自の解釈による思いがかくされていたのである。きびしい軍律や課された運命の中を、どう生き抜くか、という兵隊の知恵の集約されたものが「お国のため」という言葉なのである。「国のため」ではなく「お国のため」という敬語のなかに含まれる兵隊の感情の微妙なニュアンスは、たぶん「お国のため」に働いた者でないと、実感的にはわからないかしれない。

平穏無事、気ままな生活をすてて、軍隊生活をさせられることは、大半の人々にとっては、少なくも厄介なことではあったろう。

徴兵懲役、一字の違い、腰にサーベル鉄ぐさり

という明治初期の歌をみても、厭軍《えんぐん》的な思想がくみとれる。もともと軍隊は戦争のためにあるのだが、といって軍隊と戦争を同一に考えてはならない。ここではこれを詳述する余裕はないが、大東亜戦争時の古い兵隊の中にも「戦争はいくらでもやるが、

軍隊は嫌いだ」という考え方の者もたくさんいた。矛盾しているようだが、かれらには真理として通用したのである。

明治十一（一八七八）年八月二十三日の夜、近衛砲兵大隊の兵員が、俸給の削減、西南役の論功行賞の遅れなどを理由として大暴動を起したことは「竹橋事件」として、軍事史には必ず記されている。この当時はこのような事件の起り得る（または起し得る）ほど、軍隊内務の規律も充実していなかったためであろう。しかし、その後は急速に軍隊の機能も整い、軍備の拡充につれて、軍事的な規律もきびしくなる。徴募された兵隊は、一定の枠の中にはめ込まれ、否応《いやおう》なく教育され、天皇の名のもとに、すさまじく服従を強いられることになる。

従って、明治から大正、さらに昭和へと移ってゆく兵隊の兵営生活史の中で、たとえば竹橋事件に類するようなできごとは一件もない。すべて、黙々と、服従し、訓練されてゆく歴史の継続である。そして兵隊の第一年目、即《すなわ》ち初年兵の生活が、もっとも苦渋に満ちたものであったことは当然である。

（二）内務班の生活行事

〔入営時の風景〕

徴兵検査に合格すると、やがて「現役兵証書」が送られてくる。兵科、入営先、入営日時などが指定されている。平時においては、通常、徴兵検査を受けた年の翌年の一月十日が入営日であったと記憶する（日中戦争勃《ぼっ》発《ぱつ》前後のころである）。

入営者は付添人とともに兵営の前に集まり、ここで所属中隊を指示され、隊内に入って規定の身体検査を受け、軍服に着《き》更《が》えさせられる。入営時に着てきた衣類は、付添人が持って帰るし、付添人のない場合はのちに郵送する。

入営が終ると、中隊長は付添人に挨拶《あいさつ》をして、預かった壮丁は、責任をもって愛育、りっぱな軍人にするから安心してほしい、というようなことを述べる。入営者は、ともかく恰好《かっこう》だけは兵隊になったところで認証式に臨む。これは、入営者が一人ずつ、中隊長並びに中隊幹部に対して、自身の出身地姓名を名乗り、兵隊としての第一歩を認めてもらうことである。

「軍隊内務令」第三百三十九には「入隊及除隊ハ軍隊ニ於ケル重要ナル行事ナルノミ

入営時の風景（日中戦争の終りごろ）

ナラズ兵ニ在リテハ其《そ》ノ一身上ノ転機ナルヲ以《もっ》テ準備ヲ周到ニシ最モ整正厳粛ニ行ヒ兵営生活ノ終始ニ意義アラシムルヲ要ス」とある。

〔中隊の構成〕

「軍隊内務令」には、連隊長以下の職務について記されているが、内務班も中隊毎《ごと》に編制されているので、ここでは中隊長以下の職務その他を解説的に述べておきたい。一つの内務班は、戦時編制になると一個の小隊となる。初年兵は、入営と同時に、中隊という集団を認識させられ、同時に所属する内務班で兵営の日常を学ぶわけである。

〈中隊長〉「中隊ヲ統率シ軍紀ヲ振作シ

風紀ヲ粛正シ部下教育訓練ノ責ニ任ジ」云々《うんぬん》と内務令には記されているが、要するに中隊の中心である。平時においては、兵隊とあまり接触はない。中隊長の階級は大尉《たいい》か古参の中尉で中隊長室におさまっている。中隊長室に接続して中隊事務室があり、ここは中隊事務から兵隊の差出書翰《しょかん》の検閲までやる。この事務室は戦時には中隊指揮班となり、戦闘間は中隊の指揮の核心となり、非戦闘間（駐屯時）には中隊の事務（特に功績関係の仕事）をする。

〈中隊付将校〉少尉または見習士官で、初年兵教育の教官であり、馬匹、兵器、練習用具、陣営具（天幕など）及び被服等の業務の責任者になっている。しかし業務の実務は、曹長か古参軍曹が当っていた。これらの将校は戦時には小隊長要員となる。平時は、兵隊とは中隊長同様あまり馴染《なじみ》はない。

〈准尉《じゅんい》〉准尉は、兵隊と幹部将校の中間にあって、一種の媒体的な立場をもっていた。それは准尉は十分に兵隊や下士官の苦労をなめて累進《るいしん》して来たので、比較的苦労人が多く、兵隊感情はむろん、軍隊の事情に精通していたからである。見習士官は将校待遇だが、准尉は下士官上級者としての待遇である。つまり旧称である特務曹長の位置に変りはなかった。従って、戦時には、ぐっと兵隊の立場に近づき、そのよき理解者となり、中隊長を核とする幹部将校群と、対立的な考え方をする者もあった。准尉と

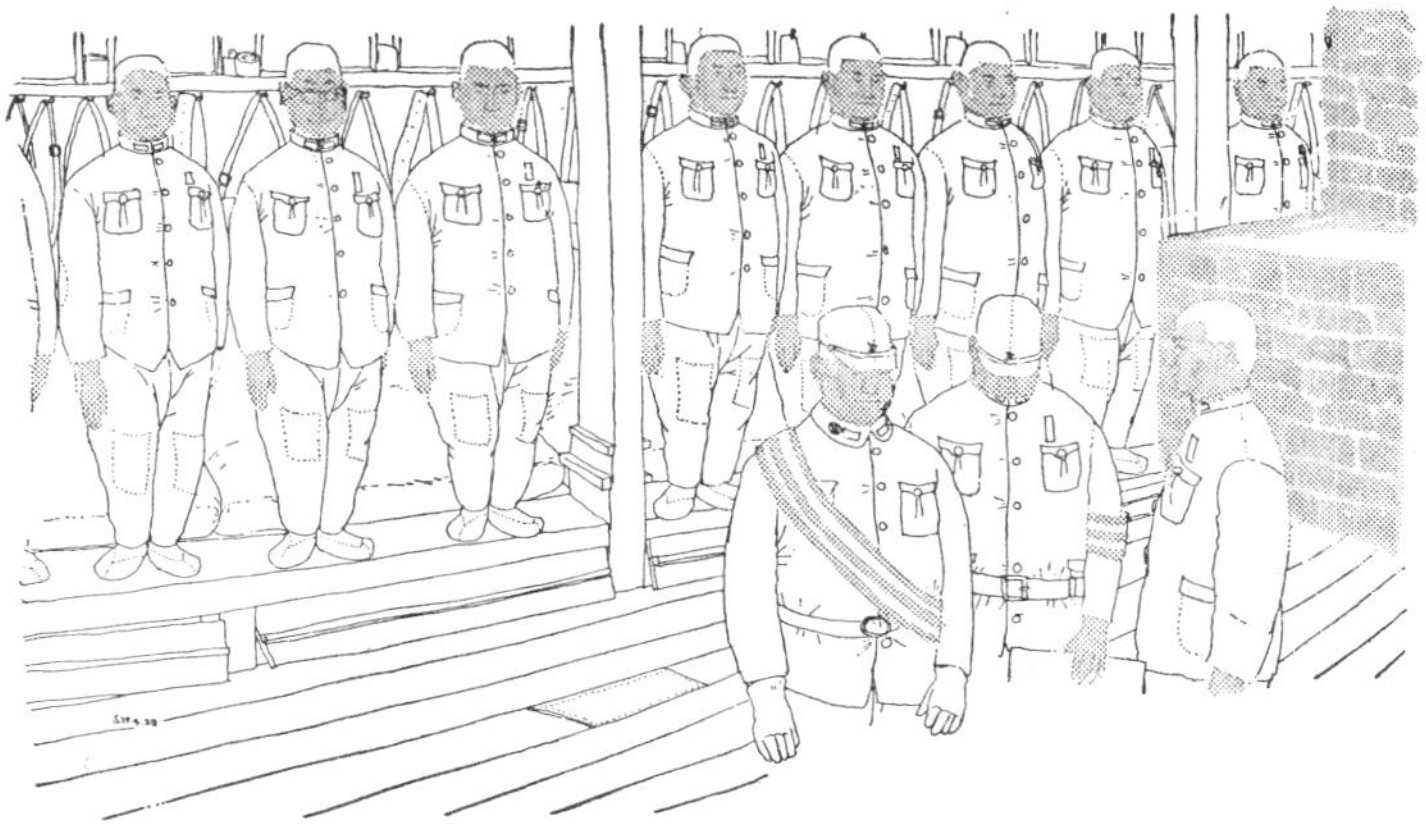

日夕点呼

古参の曹長にはきわめて優秀な人材が多く、そういう人たちはへたな小、中隊長より、はるかに指揮能力をもっていたのである。

　平時における中隊事務一般にしても、指導の責任はほとんど准尉にあった。兵隊と交渉が深く、かつ兵隊がけむたがったのは、人事係の准尉である。これは人事とともに、賞罰、休暇等に強い発言権をもっていたからである。営内で人事係准尉に顔をみられると、翌日必ず衛兵勤務につけられる、といった冗談が二年兵の間ではよくいわれたものである。

〈曹長〉命令の受領、伝達のほか、経理事務や、兵器、被服等の実務に当っていた。兵隊の教育に当ることはほとんどなかった。

〈内務班長〉教育に、内務の指導に、兵隊にとってもっとも身近な存在がこの内務班長で、軍曹が班長、ほかに伍長《ごちょう》が二名ほど、班付下士官として存在した。軍曹という階級は三等級まであったので、在任期間が非常に長かった。従って平時にも戦時にもいちばん使いものになった。軍隊の主力は、具体的な意味で、あるいは軍曹群にあったといえるかもしれない。内務班長としての軍曹は、自身もよく働き、人間味のある者が多く、軍曹に教育されることによって、兵隊は有形無形の多くの恩義を受けたのである。軍の主力というのは、そういう意味もある。

〈初年兵係上等兵〉二年兵の最右翼の上等兵がこれに任じ、班長を補佐して訓練に当る。ただし、あまり内務の干渉はしない。二年制軍隊で、この初年兵係をつとめると、除隊時に伍長勤務(のちの兵長)になれた。

〈古兵と戦友〉古兵というのは、二年目の兵隊が、一等兵の階級でいる場合をいい、上等兵になると、初年兵からは「上等兵殿」と呼ばれた。初年兵が二年兵になると、つぎの初年兵が入隊する直前には、だれでも一等兵に進級した。それでないと初年兵と区別がつかないからである。

兵営では鉄の寝台を並べて寝ていたが、初年兵は一名乃至《ないし》二名が、特定の二年兵に預けられ、これと寝台を並べて寝た。この一グループが、お互いに〝戦友〟という間柄なのである。古兵は初年兵の私的制裁をするとき、その初年兵の戦友である二年兵に、制裁を行う旨《むね》の諒解《りょうかい》をとったりした。それでないと感情上、もつれることもあったのである。ときにはその制裁を、戦友である二年兵自身が振りかわることがあった。そのほうが血が通うし、少々でも残酷さを軽減できるからである。もっとも衆目の環視があるから、みえすいたことはできず、泣いて馬謖《ばしょく》を斬《き》る思いのあっただろうことはたしかである。

〔営内における日課〕

日常生活の基本である一日の日課は、つぎのようなものである。起床時間は夏季と冬季では一時間違う。要するに、明るくなるまでは寝かさない、というのが兵営生活の建前である。

〈一日の日課〉

区分	行事	時間	日常生活ノ概要
午前	起床	五、〇〇—六、〇〇	起床後直ちに服装を整え寝具を整頓する。

区分	項目	時刻	内容
午前	日朝点呼	起床直後	班内（室内）に整列し、週番（日直）士官立会の下に、内務班長の指揮で人員の検査を受ける。この際診断を受けたい者は申出る。点呼後内務班の掃除、兵器、馬匹の手入を行い、朝食までの間、射撃予行演習、銃剣術、又は乗馬等の訓練を行う。朝食後、日課演習整列の準備を行う。
午前	朝食	六、三〇—七、三〇	
午前	演習	午前八、〇〇—午後四、〇〇	入隊当初は主に営内で、軍人としての心得、軍人勅諭の精神等を学ぶ。（患者は医務室で診断を受け、週番下士官は連隊本部で会報を受領）徒歩教練（乗馬教練）等各兵科の訓練がつづく。時には夜間演習も行う。
午前	診断　会報　昼食	一〇、〇〇（会報）　正午—午後一時（昼食）	
午後	入浴	四、〇〇—七、〇〇	全員毎日入浴し、保健、衛生につとめる。
午後	夕食	五、〇〇—六、〇〇	演習終了後直ちに兵器、馬匹の手入。その他受持区域の清潔整頓をする。
午後	休憩	六、〇〇—八、〇〇	学科の自習、家郷への通信、又は酒保へ出かける。
午後	日夕点呼	八、〇〇	日朝点呼と同じ。命令、会報等伝達される。

午後	消灯	八、三〇―九、三〇	不寝番以外の者は全員就寝。なお勉強する者は中隊事務室等をかりて行う。
備考	一、この表のほか、時に臨時点呼、不時点呼、非常呼集、防火、防空演習等が行われることがある。 二、中隊ごとに週番制があり、週番司令の指揮に属して、営内各区域を巡視警戒する。週番士官、週番下士官、週番上等兵、厩週番上等兵等である。(士官は懸章、下士官以下は腕章をつけている)		

右の日課は、すべて、ラッパにはじまりラッパに終る。ラッパだけが、生活のなかの音楽？　なのである。

(三) 初年兵の第一日目

軍隊では、軍隊内部以外の一般社会人を「地方人」と呼んでいた。入営第一日目の初年兵は、いわば兵隊と地方人の中間のような存在であろう。軍隊では第一日目を地方人的に遇し、第二日目には突如として兵隊扱いにする。こういうことは、他の社会では絶対に見られないことであろう。

〔被服と兵器の授与〕

初年兵は、入営前に、各二年兵の手によって、彼に支給されるべき被服や道具類の準備がすっかり整えられている。軍隊では被服の寸法を兵隊に合わせるのでなく、兵隊を寸法に合わせるのだ、といわれている。従って入営時に渡される被服がたとえ身に合わずとも、一応はそれを着せられることになる。入営時に渡される被服や物品の類《たぐい》は大要次のごときものである（入営の年代、または兵種により多少異なる）。

〈軍帽〉　儀式、外出用のものと、日常用の作業帽とがあった。戦闘帽は日中戦争勃発以前には用いていない。

〈軍服〉　儀式、外出用の第一種軍装（一装）と、演習用の二装。

〈外套《がいとう》〉　冬用と雨外套。雨外套は防水してあっても容赦なく雨水は浸透した。形式的なものでしかなかったようである。

〈作業衣袴《いこ》〉　白の作業衣である。

〈寝具〉　毛布、掛布（毛布をふとんのように包む）、敷布、枕《まくら》、蚊帳《かや》（蚊帳は数人用である）。

〈靴〉　歩兵は軍靴《ぐんか》。乗馬部隊は長靴。いずれも外出用、演習用の二足。ほかに営庭で穿《は》くゴム製の営内靴。室内で穿くスリッパ。

〈巻脚絆《きやはん》・靴下〉　靴下は足型に合わさず、単にズンドウに作られていて、廻しながら穿けた。便利である。乗馬隊には手套《てとう》が支給された。

〈雑品〉　洗濯石鹼《せっけん》、兵器手入具一式、服手入具一式、馬手入具一式（乗馬隊）等。

〈小銃と擬製弾〉　明治三十年前後までは、五連発村田銃を用いたが、一部では三十年式五連発銃が支給されていた。日露戦争当時は三十三年式歩兵銃、大正、昭和の時代はほとんど三十八年式歩兵銃を用いた。騎銃は三十八年式と四十四年式である。擬製弾というのは演習用の模型小銃弾で五発ずつ、実弾と形は同じに組んであった。

〈帯剣と帯革〉　いわゆるゴボウ剣である。戦場で突撃のときは、これを銃に装着する。四四式騎銃は、銃に細身の剣が付されていて、止めボタンを押して、立てたり倒したりできた。帯革は演習時、前後に薬盒《やくごう》（弾薬入）をつける。

〈水筒〉　北清事変までは柳製のものを用いたが、事変中外国軍隊のものをみて、爾後《じご》真似《まね》てニュウム製のものを造り支給した。

〈手箱〉　木製のもので、棚に置き、中に軍隊用書籍（典範令）、軍隊手帳、来翰《らいかん》、歯磨道具などをしまった。本来は私物箱だが、随時検査されるので、余分なものは入れておけない。

〔言語動作の注意〕

初年兵は、入隊と同時に、態度、言葉遣いを改めねばならない。第一日目は大目にみて何もいわないが、便所へ行くにも大声で「何某《なにがし》、便所へ行って参ります」といい、帰ると「何某、便所へ行って参りました」と報告する（但《ただ》しこの習慣は、一カ月ぐらいのうちには、自然に消滅する）。言語動作については、第一日目にこまごまと教えてくれるが、たいがいの者は予備知識をもって入営してきた。今度の初年兵中ではだれが優秀か――という判定は、第一日目からでもほぼ推定はできるのである。

〔美談の持主〕

中隊にひとりぐらいは、入営美談を背に負うている初年兵がいたものである。たとえば重病の母親に励まされて入営してきた、とか、海が荒れて船が出ず、敢然泳いで海を渡り入営日時に間に合った、とかいうものである。こういう美談は新聞記事にもなっていて、受入中隊でもそれを知っている。つまり彼は郷党からも軍隊からも賞讃《しょうさん》と期待の眼を向けられているので、物凄《ものすご》い緊張をせざるを得ない。他の初年兵を引き離して奮励せねばならぬ否応《いやおう》なしの責任があり、もちろん努力する。初年兵中のエリートは、中隊で初年兵係をやるか、衛生兵になるか、または旅団か師団の司令部に引き抜かれるかだが、いずれにしても出世コースをたどるのである。

〔お客さまとしての扱い〕

入営当日の食事は、軍隊としては最上のものが出る。赤飯に尾頭つきの魚その他。もっとも質素を旨とする軍隊であるから、最上といっても知れている。入営兵は緊張のためあまり食事もすすまないが、まわりで二年兵たちが親切にすすめてくれたりする。お客さま扱いだが、第一日目だけはいたわってくれるのである。

〔消灯ラッパ〕

入営第一日目の消灯ラッパは身にしみてきくことになる。これで家郷と縁が切れ、軍隊という〈無気味な世界〉での生活がはじまるのだ、という実感に責められる。兵隊は消灯ラッパの節に言葉を付して「シンペイサンハ、カワイソウダネ。マタネテナクノカヨ」と歌うが、偽りなくその通りの感慨がある。

二年兵は初年兵を、第一日目だけはいたわってくれるが、鉄の寝台に棲《す》みついている南京虫《ナンキン》たちは、変った味の兵隊が来たので、張り切って匍《は》い出してくる。班ごとに月に一回は南京虫退治をやるのだが、絶対に絶滅はできず、みるまにふえてくる。三月もすれば免疫になるが、その間は搔痒《そうよう》感に悩まされ、ときには水ぶくれになり化膿《かのう》して、医務室に入室する破目になったりする。

不寝番がときどき班内を巡視する。寝ている初年兵の顔を懐中電灯で照らすと、あわてて逃げる南京虫がみえるのである。兵営生活における南京虫と、野戦生活における虱《しらみ》は、つねに兵隊に密着して暮らす、小さき戦友？　であるのかもしれない。

(四)初年兵の第二日目以後

初年兵は第二日目になると、突如として待遇が変ることを知る。第二日目の起床ラッパを合図として、苛烈《かれつ》な人間改造の第一日がはじまるわけである。たいがいは人相のよくない古兵が、身体を横にゆするようにして「お前ら、いつまでもお客さんでいられると思うなよ」と、陰にこもって因果をふくめることになる。そうしてコマ鼠《ねずみ》の走り廻るような大多忙が初年兵たちを見舞ってくる。追い廻される大多忙の中で、かれらは敏感に、もっとも少ない痛手で、これからの一年を切りぬけるための、方途を講じなければならない。しかし、もともと、そんな方途はないのである。

〔目まぐるしい日課〕

初年兵は、起床ラッパとともに古兵の掛声で夢を破られ、あわてて服を着て毛布をたたみ、点呼がすむと一部は食事受領（食罐受領《しょっかん》）に出かけ、あとは戸外で体操をする。食事が終ると、班内の掃除や食罐洗い（食事の後始末）をやる。洗面や用便の時間はごくわずかしかない。洗面は省略できるが、用便はそうはいかない。最初のうちは用便をせずじまいに戸外に整列して、整列したまま排泄《はいせつ》せざるを得ない者も出てくる。講話や基礎教練の合間には、食事、古兵の洗濯、靴みがき、自身の身のまわりの整理等がつきまとい、被服修理や兵器手入、古兵の私用の手伝い、などが重なる。

こういう間にも、古兵たちは初年兵の挙動をよく見ていて（駅の改札係のように見ないようでよく見ている）網にかかった者が、点呼後に私的制裁を受けるわけである。

この初年兵時の生活の動態と心情については、具体的な描写をした作品があるので、それに代弁してもらうことにする（拙作『遠い砲烟《ほうえん》』からの引例）。

『石村は旋盤工あがりで、石臼《いしうす》のようにがっちりした体軀《たいく》でおそろしく短気で気が荒く、入隊当時はよく仲間同士で喧嘩《けんか》をした。些細《ささい》なことでたちまち逆上し、前後の見境もなく相手を殴った。すると必ず二年兵に制裁を受け、魁偉《かいい》な容貌《ようぼう》を苦虫をつぶしたようにゆがめ、しきりに涙をこぼした。どうしようもない口惜《くや》し泣きである。彼はまたばかげて声が大きく、並んで、廊下の空拭《からぶ》きをするとき、きびしい教育と私的制裁下の暗澹《あんたん》たる現実の中でさえ、ぼくらが失笑を禁じ得なかったほど、気合のかかった掛声を出した。ほかの者の声は、すべて彼の声に消されたのだ。廊下を拭くときイチ、ニ、と一せいにかける掛声が、彼のは房総訛《なま》りがまじるのか、エッチ、ニーエ、ときこえた。エッチ、ニーエ、エッチ、ニーエと彼はけんめいにくり返しながら任務に熱中した。

しかしそれも拷問《ごうもん》に近い仕事なので彼の一段高い掛声は次第に、エーッチ、ニィーエ、と民謡の間《あい》の手みたいな哀感と、くたびれてきたための懈怠《げたい》感に変ってきて、もうたくさんだよォ、かんべんしとくれよォ、といったふうな情感をたたえて、ぼくらの耳をくすぐったのである。そうしてしまいに彼の、エーッチ、ニィーエ、の間ののびのした声だけになり、すると二年兵が「石村、この野郎たるんだ声を出しやがって」と彼だけが代表してどなられたのだ。ぼくはずっと軍隊生活のあいだ、ときどき空耳のように、エッチ、ニーエという彼の歌のような声をきいたものだ』

〔一期の検閲〕

初年兵の教育訓練は、入隊時から満四カ月（騎兵は馬を扱うため五カ月）たつと、聯隊長《れんたいちょう》の検閲を受ける。これを一期の検閲といって、一応の卒業証明であった。この一期の検閲を境として、隊内生活は一段更新される。

左に、歩兵入営後第一年の教育年次課目の主要点を記す。騎兵、砲兵、工兵等は、このほかにその兵種独自の教育科目が付加される。

〈第一期〉入隊時より約四カ月

（術科）
各個教練
体操
射撃予行演習
距離測量
狭窄《きょうさく》射撃
小隊教練
射撃
野外演習
銃剣術

（学科）
勅諭
読法
各種兵の識別及性能
団体編制の概要
上官の官姓名
武官の階級及服制
勲章の種類及起因
軍隊内務書の摘要
陸軍刑法及懲罰令の摘要
射撃教範の摘要

（聯隊長の検閲）

〈第二期〉約一カ月半

第一期の課目

第一期の課目

中隊教練　　衛兵勤務
工作　　赤十字条約の大意
救急法の概要
（聯隊長の検閲）

〈第三期〉約一カ月半

第一、第二期の課目　　第一、第二期の課目
大隊教練　　聯隊歴史の概要
（聯隊長の検閲）

〈第四期〉約三カ月（弱）

第一、第二、第三期の課目　　第一、第二、第三期の課目
游泳及漕艇《そうてい》術　　聯隊教練
（旅団長の検閲）

〈第五期〉約一カ月

第一、第二、第三、　　同右
第四期の課目　　旅団教練
（師団長の検閲）

〈第六期〉約一カ月（強）

秋季演習

（右は基本であって、年代、連隊によって多少の変化はあったかと思われる）

なお、右の教育課目のうち、及び課目には記されてないが、特に触れておきたいものについて、少々述べておきたい。

〈射撃〉狭窄射撃というのは、ふつうの実弾でなく、狭窄射撃実包を使って、小銃射撃の基本動作を学ぶことである。この弾丸は最大射距離五百メートルしかない。正式の射撃練習は射撃場で行い、もちろん実弾を用いる。射撃場は、いくつかの標的に向って、班長や初年兵係の指導で一人が五発ずつ撃って、点数の総計を成績とする。引金をゆっくりひかせるために「暗夜に霜の降りるが如《ごと》く」などと軍隊らしい風雅な表現でコツを教えるが、なかなか当らない。俗に射撃ボンヤリといって、平常どこかおっとりした兵隊のほうが射撃の成績だけはすぐれていた。弾着は監的壕《ごう》にいる使役兵が調べて教える。白旗が左右に振られると十点、上下は九点、直立のままは八点、などときめられていた。しかしここに一つ問題があった。それは射場と監的壕とで、つぎにだれが撃つかわかっているので、ときには六点しか当っていないのに、八点の標

同一様式で建築されている兵舎

示をしようと思えば訳なくできたことである。もし射手が、班で好感をもたれている兵隊、または先々上等兵候補者に選ばれる見込があったりすると、あまり悪い点をやりたくないのは人情である。筆者は、この監的壕の使役をやっていたときそれを知り、自身のそれまで射撃成績のよかったのが、ふいに崩れた経験がある。採点の曖昧《あいまい》さに気力をそがれ張合いをなくしたのである。射撃というのは、成績だけは絶対正確だという証明がないと、まるで面白くないものである。むろん減点ということはなく、あるとすれば加点である。けれども正確を喜ぶ射手には迷惑なのだ。これは、いってみれば、魚釣りに行って、他人から魚を恵んでもらうようなものである。

〈野外演習〉　営庭での、型にはまった基礎教練の時期が過ぎて、野外の練兵場で教練をするようになると、苦しい教練にもいくらか解放感が出てくる。気のきいた班長は、要領よくやるだけの演習はすませ、あとは草地に兵隊を散開させて、帰営時間まで休ませてくれたりする。眼の前にタンポポの花などをみながら、わずかながら胸のうちに、人間らしい潤《うるお》いのよみがえってくるのを覚えるのも、こうした時である（こういう班長とともに戦場へ行くと、兵隊は班長〈分隊長〉を信じて、よく働きよく戦うのである）。

〈銃剣術〉　銃剣術や剣道、つまり武芸にすぐれている者は、必ず右翼（序列が上）になった。これは作戦要務令の趣旨に従えば当然のことである。射撃と銃剣術は中隊対抗で行われるが、銃剣術のほうに重点が置かれていた。

〈乗馬教練〉　騎兵隊では、午前か午後のどちらかに乗馬教練があった。騎兵は歩兵と違って、小銃よりも馬のほうを大切に扱う。騎兵隊の馬はよく調教されていて、乗り手の初年兵のいうことはきかず、班長の号令で動いた。初年兵当時の乗馬訓練は、つらいが救いもある。生きものに対する愛情がそそげるからである。騎兵は兵隊も裸、馬も裸馬で水馬訓練をやった。水馬は、水の中で馬の脚の立っている限りは乗馬のままだが、馬が泳ぎ出すと馬の左脇《わき》へ身をそらし、たづなだけにつかまって曳《ひ》いてもらい、馬がまた脚を立てて歩き出すとき乗馬にもどる。教練全体でいえば、騎兵は歩兵より学ぶべき負担は多かった。各兵科の中でもっとも骨の折れるのは、馬に砲を曳かせる砲兵であった。騎兵は日中戦争勃発《ぼっぱつ》直後から、次第に乗馬から車輛《しゃりょう》に編制替えが行われたが、それでも終戦時に十三個連隊の乗馬部隊が残っていた。もっとも騎兵部隊は歩兵部隊よりずっと編成人員が少なく、甲連隊（軍旗を授与されている）で四個中隊に一機関銃隊、乙連隊で二個中隊に一機関銃隊である。乙連隊は戦時の編制で兵員約六百である。

〈号令調整と軍歌演習〉　号令調整（騎兵隊は特によくやるが）は、大声で、号令をかける練習をすることである。軍歌演習もだが、兵隊の、鬱滞《うったい》してくるエネルギーを発散させる意味も多かったろう。軍歌演習の典型的なものは、指導将校を中心にして、歌いながら円形行進をすることである（次頁参照）。これをやっていると、たのしいような悲しいような、解放されているような無理に歌わされているような、奇妙な感慨がある。軍歌は本来哀歌だという解釈があるが、そうでないとしても少なくとも勇壮だとはいえない。歌っているとき、一種の感傷に似たものが、歌い手の精神の隙間《すきま》へ流れ込み、それに浸される快感があるからである。

円形行進による軍歌演習

〈秋季演習〉　これは初年兵にとってはもちろん、二年兵にも大事な、連隊の行事である。多くは富士の裾野《すその》などに遠征をして行う。騎兵や砲兵にとっては、軍馬の搭載《とうさい》輸送の練習になる。秋季演習は演習間は廠舎《しょうしゃ》に起居するが、往復の途次、地方人の家へ民宿することもある。軍隊が民宿するのは、この秋季演習の時だけで、若いきれいな娘のいる家を割り当てられ、親切なもてなしをされたりすると、帰隊したあと、いつまでも話題となる。この秋季演習は、初年兵にとっては苦しかった一年の総仕上げを意味し、二年兵はいよいよ除隊ムードに浸りはじめるようになる。このころになると、班内の暗鬱な空気（初年兵にとっての）は、いちじるしく緩和されてくる。

(五)一期の検閲後の生活

一期の検閲は、兵隊としての基本教育の完了を意味している。戦時には戦場へ送り出されてよい資格を与えられるのである。教育は二期、三期とつづくので、特定の演習日には教育を受けることになるが、兵隊それぞれに特定任務やそれに伴う配属先などがきまり、初年兵全体としての生活が多様化する。

そのうちの、主たるものについて、左に触れておきたい。

〔兵隊の出世コース〕

一期の検閲が終ると、初年兵としての序列(順位)がはっきりする。軍隊はその組織上、末端にいたるまで、順位がはっきりしていないと困るのである。

〈幹部候補生〉兵隊の中から将校になってゆく唯一《ゆいいつ》のコース。成績優秀だと二年間で少尉《しょうい》に任官する。これ以外は下士官候補志願をして、少尉候補生から任官してゆくことになるがおそろしく試験がきびしい。しかしこのコースあがりの少尉は能力卓抜で、幹部候補生少尉とはケタが違っていた。幹候少尉は玉石混淆《こんこう》で、悪いのに当ると下士官兵は辟易《へきえき》した。使いものにならぬのに階級と権力だけくっついているからである。甲種幹候は、見習士官で隊付になり、大過なければ少尉に任官するが、見習士官の襟章を「ザガネ」といって下士官兵がやや蔑称《べっしょう》的に呼んだのは、威張るだけで人間的に苦労の足りないのが多かったからである。ことに昭和十八年以降は粗悪な見習士官が氾濫《はんらん》して下士官兵は特に迷惑した。中井悟四郎参謀の『ビルマ敗戦史・純血の雄叫《おたけ》び』に見習士官のやくざぶりに腹を立てて並べて殴打する記録があるが、どこでも同じようだったのである。こういう風潮のため、少数の、よく出来た幹候将校もまきぞえをくって評価を落し、ずいぶん損をしている。幹候の乙種は軍曹で原隊へもどってくる。この本の中で軍曹賞讃の記事は多いが、この中には原則として乙幹軍曹は含んでいないことを、念のため付記しておく(少数の例外のあったことはもちろんである)。

〈下士官候補者〉　下士官を志願する者は、幹部候補生志願者のような学歴がないからだが、軍隊に対する熱情は深かった。教導学校で教育を受けて、伍長《ごちょう》で帰ってくる。教導学校は明治三十年代までは陸軍教導団と呼んでいて、関東では所在地が市川にあった。これが明治三十二年末に廃止されて、その跡が野戦重砲隊になった。この教導団廃止前は、どういうわけか伍長という職制がなく、一等軍曹、二等軍曹(伍長)と呼んでいる。下士候出身の下士官は、積極的で優秀だった。兵隊あがりの下士官ともども、敬服すべき働きぶりを示した者が多かった。教導団は下士官養成の必要に迫られて出来たものだが、これの廃止後は一時隊内で教育をやり、そのあと教導学校が豊橋その他にできるのである。「人のいやがる軍隊に志願で出てくる馬鹿《ばか》もある」という歌は、下士候出の下士官にしぼられた兵隊のはらいせの感情がこめられているが、事実は、戦場で、これらの下士官は分隊長として隊員の先に立ち、部下をいたわり、善戦したのである。指揮能力というのは、いかに部下を殺さず、いかに戦果をあげるか、にかかっている。そしてその根幹をなすのは、部下より先におれが死のう、あとにつづけ、の精神である。下級の兵隊が上官に敬礼するのは、陸軍礼法できまっているからでも、相手の学歴や階級を尊敬しているからでもない。一にその指揮能力を信じ、死ぬときは先に死んでくれる、という思いがあったからである。しかし多くの統率者は、自分が偉いから敬礼されるのだと安直に錯覚し、兵隊の期待を裏切った事例枚挙に遑《いとま》がない。ただ、分隊長である下士官が兵隊の期待を裏切ったという事例は、率からいうとほとんど無いのである。

〈上等兵候補者〉　平時の軍隊で上等兵になるというのは容易でなく、農漁村では上等兵で除隊してくると、村長や顔役が一席設けてほめてくれたものである。太田天橋のペン画集『軍隊内務班』中に大正二年の例で「七十余名の初年兵の中から、二十数名が選ばれ、その中で上等兵に昇進するのは十六名。従って修業も大変で、候補者も真剣になる」と記してある。一等兵のままの古兵は、ことごとくに「上等兵候補のくせに」といって特別にしめあげるし、また上等兵候補者だけの特別訓練も行われ、一等兵と上等兵になぜこれくらい違いがあるのか、しみじみ考えさせられるほどである。そうしてみごと上等兵に進級できた第一回目の数名を「一選抜の上等兵」と呼び、これは在隊間、その兵隊の身についた箔《はく》になる。

〔さまざまな職場〕

〈分遣など〉　通信兵はある程度の学力または頭脳を要するので、比較的優秀な兵隊が選ばれ、隊内または隊外で、特殊の教育を受けることになる。隊外へ出ることを「分遣になる」というが、伝書鳩通信兵なども隊内での教育はできない。「一に通信、二にラッパ」などというのは、軍隊生活を楽にすごせる幸運な兵隊をさしていったものだが、通信兵は楽で出世も早い。鳩通信などは野原で鳩を飛ばすのが仕事である。軍隊ぐらい運不運の差のひどいところはなく、ツキのない兵隊は、損ばかりするのである。

初年兵の楽な職場は、とにかく所属内務班を離れて暮すことにあった。師、旅団司令部への分遣をはじめ、隊内で、炊事、下士官集会所、将校集会所勤務等いろいろあった。そうした一職場の生活の実態を左に紹介しておく。（前出の『遠い砲烟』の中から）

『――ぼくには脱走（脱営）者の心理過程というものがよくわかっていた。ぼくは脱走の直前にいたからである。脱走者はおそらく思考麻痺《まひ》の状態で、無計画無感動、ふわっと全身の浮くような単純な衝動で、四周の囲みのどこかを越えるのである。もし脱走を計画的に考え得る気力が残っていたら、まず逃げるはずはないからだ。ぼくはつまりそのふわっと衝動的に身体の浮きそうな状態を耐えるのに苦しくおびえていたが、ある晩点呼のとき「来月より下士集勤務を命ず」という命令が出た。ぼくはその勤務の性質をまったく知らなかったが、すると点呼後二年兵たちは舌打ちをして「貴様がどこへ逃げても逃げきれねえんだぞ」とぼくをおどした。下士集というのは准士官、下士官が食事をする集会所のことで、ぼくがはじめてそこに出勤したとき、当番室に他隊の兵隊が白作業衣で三名いて、テーブルの上に南京豆《ナンキン》をおいて食べていた。ぼくが軍隊式に勤務の挨拶《あいさつ》をすると、かれらは笑い出し「おれたちゃ、みんな初年兵だぜ。当番長はいまいない。お前一中隊か。こっちは三、四の機関銃だ」といって、ぼくにしきりに南京豆を食うようにすすめた。下士集勤務は朝、集会所の掃除をし、食事を配膳し、それを昼、夕とくり返せば、あとは仕事がない。昼間から下士集用酒保の南京豆や甘納豆を食べてひまをつぶしていればよく、当番長の二年兵も、やることさえやっていればいいという訳で、文句ひとついわなかった。中隊の絶息しそうな息苦しさにくらべると、その世界は信じがたい悠長さで、軍隊にもこんな盲点があるのかとぼくはびっくりした。ぼくは起床と同時に下士集に駈《か》けつけ、夜は消灯後に中隊に帰ってくる。もちろんその日の私的制裁は終っていて、要するに手近にいるだれかを制裁すれば気のすむ二年兵たちは、遠く離れて勤務しているぼくのことなどまるで忘れてしまっているのである。つまりぼくにとってそれは日々の継続的な脱走と同じ効果があったのだ。ぼくはしまいに、だれがいったいいかかる幸運をぼくに与えてくれたかを考えざるをえなかったが、それは今まで私的制裁を受けすぎたぼくへの同情だったのか、それとも、もうまったく見込みなしとした中隊外への放逐の意味であったのか、よくわからなかった。さらに驚いたことに、一カ月の下士集勤務が終る日に、引き続き勤務せよ、という命令があり、その一ト月が終ると今度は将校集会所の勤務が廻ってきた。将集は下士集よりもさらに快適で、ぼくは将校用の特菜（特別給養）を食い、夜は将校が引きあげると当番兵一同で茶を飲みレコードを聴き、制裁の完了した中隊へ帰っていったのだ。下士集、将集ともに兵隊の理想郷であることがぼくにははっきり読め、ぼくに出た命令をきいて二年兵たちが首をかしげた顔つきが滑稽《こっけい》に思い返されてならなかった。そうして四カ月目に遂に中隊へ戻されるとき、三カ月分の制裁がおそらくまとめてくるだろう、とぼくは覚悟をきめていたが、それからの日常二年兵たちは、初年兵にまったく手を挙げることをしなかった。そのときはすでに十一月で、十二月には二年兵は満期除隊をする。今までいじめてきた初年兵と調停を行っておかぬかぎり、かれらは除隊の当日、トランクや靴を盗まれ、もはや地方人対兵隊という主客顚倒《てんとう》した立場で、逆にいじめ抜かれなければならないのだ。しかし気のいい初年兵たちは、優しくなった二年兵を今度は自分から奉《たてまつ》りいたわり、きわめて歓迎すべきムードが兵営内に満ちていたのである』

〈工務兵〉 工務兵は、ある程度、入営前の職業を参考にしてきめられる。銃工兵は、小銃、銃剣等の修理を行う。木工兵は建築やこまかい大工仕事、装工兵（靴工兵）は軍靴《ぐんか》の修理を行う。騎兵隊には馬の蹄鉄《ていてつ》や鞍《くら》を直す工務兵もある。工務兵中の花形？は縫工兵であろう。軍服、繻袢《じゅばん》袴下《こした》等の被服修理をやる。この技術は除隊してからも役に立つので割に志望者が多いが、やはりおとなしい兵隊向きである。縫工場は、兵隊だけでは手が廻らないので、付近の民家の娘たちが雇われて一緒に仕事をする。兵営内で女っ気のあるのはこの縫工場だけである。肉づきのいい娘たちが、営門から入り、営庭を横切って、縫工場へ行く姿は、兵隊たちの眼の保養となった。

〈勤務と使役〉 勤務には衛兵勤務、厩番《うまやばん》勤務などがあり、特殊勤務もなく隊外分遣もされずにいる兵隊は、勤務が多く廻ってくる。つまり勤務要員である。衛兵勤務は表門の脇に衛兵所があり、衛兵司令（下士官）、歩哨《ほしょう》係と衛舎係（上等兵）のほかに軍旗、表門、裏門、弾薬庫等の衛兵勤務の人員がいる。一時間ずつ、立哨、仮眠、控というふうになっている。弾薬庫は営外の暗くさびしい林の中などにある。兵営生活に挫折《ざせつ》し、厭世《えんせい》観のとりことなった兵隊は、たいがい弾薬庫歩哨のとき、手頃な木の枝をさがして首を吊《つ》る。そしてときどき弾薬庫歩哨のいるあたりへ幽霊になって出るのである。衛兵勤務でいちばんきびしいのは軍旗歩哨、連隊長室の脇で身動きもできない。各歩哨には守則というものが与えられていて、これを守って警戒に当る。歩哨は哨所の位置から三十歩以外の地に行動することはできない（弾薬庫等は別である）。

使役――というのは、仕事の手伝いである。隊内には雑用が多いので、余った兵員はこれに当てられる。倉庫の片づけや営庭の清掃まである。怪我《けが》をしていたりする兵隊は舎内監視か物干場《ぶっかんば》の監視をする。留守にすると物を盗まれるからである（軍隊ではみつからないかぎりどんな悪いことをしてもよかった。奇妙な不文律である）。被服庫の使役に行くと、被服係曹長の眼をかすめて、いかに靴下などを盗むかが、兵隊の才能を示すことになっていた。しかし、兵隊あがりの曹長はこれをよく知っていて、先に一足ずつ靴下を渡し「これをやるから盗むな」といった。

2　内務生活のさまざま

兵営生活は、平凡単純な日常の繰返しで、別にとりあげる問題もないようにみえるが、こまかくさぐってゆくと、きりもなくさまざまな陰影がある。従って内務生活のいくつかのポイントにライトを当ててゆくと、軍隊というものの姿の、少しずつの断面があきらかになってゆくようである。

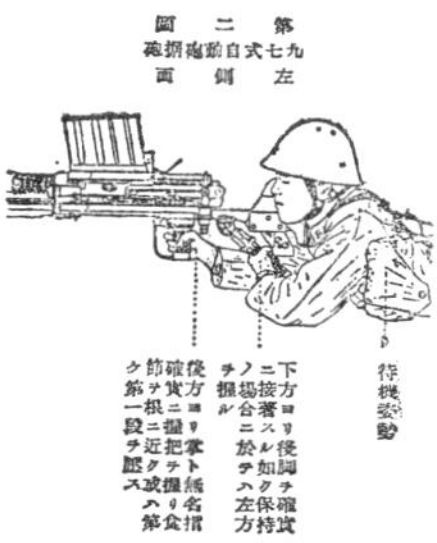

〔兵器の手入〕

兵器、特に小銃の手入は毎日やることになっていた。分解して、スピンドル油でたんねんに銃腔《じゅうこう》を洗い、部品を掃除する。銃口は明るみにかざしてのぞき込むと微小の塵《ちり》があってもすぐわかる、兵器手入を怠ったときの制裁は、小銃に向いて「三八式歩兵銃殿、何某《なにがし》二等兵は本日手入を怠りました。ここに謹んでお詫《わ》びいたします」というようなことをいわされたあと、手がしびれるまで捧《ささ》げ銃《つつ》をさせられる。

〔整頓〕

与えられた被服類は、棚の上に整然と並んでいなければならなかった。少しでも整頓が悪いと下へ崩されてしまい、演習から帰ると、あわてて軍服類を畳み直す、ということになる。古い兵隊の中には、整頓のうまさで上官に認められている者もあった。ほかになにも才能がないときは、せめて整頓でもよくやって、目立つようにしよう、と心掛けるわけである。服類の折目のこちら向きになるところに板を入れて畳むと、きちんと折目が揃《そろ》うが、これだけの手間をかけて整頓をやる兵隊は、班には一人か二人しかいなかった。みんな、仕方なしに整頓していただけのことである。

〔異色の兵隊〕

二年兵の中には、初年兵を制裁する係と、頃合をみて調停役をつとめる係と、我関せずで押通しているのと、三通りに大別できた。二年兵の中には、頭の荒れるのを防ぐために、ひまがあると数学の勉強をしていたりするのがいた。これはうまい方法である。二年兵の中には、仲間からも軽んじられ、初年兵からも何となく甘くみられる、至極お人好《よし》の兵隊もいた。明治時代の兵隊は、学歴があると一年志願兵（自費で百円を前納、一年間入隊し、士官候補生と一緒に特別教育を受け、軍曹で除隊、またはさらに三カ月、これは官費で継続し、予備役少尉に任官する）になったので、兵営生活者はほとんど尋常小学卒で、高小卒はめずらしかった。その後一般に教育程度がたかまり、昭和期には、兵隊の知的水準はかなりあがっていた。兵種の中では輜重兵《しちょう》がもっとも水準が高かった。これは戦場で輜重特務兵を指揮する単独任務を負わされるからである。日中戦争勃《ぼっ》発《ぱっ》後は動員がはげしく、大、連隊長クラスより、はるかに学識の高い兵隊もいたことは当然である。兵隊の中の最高クラスは華族の子弟で、これだけは別待遇だった。

特有の技能会（演芸会）

〔特有の技能会〕

中隊で行う兵隊の演芸会である。月に一度位、娯楽に乏しい兵営生活を潤《うるお》すためにやった。もちろん芸のある兵隊が好感をもたれ、なにかと得をしたことは当然である。

〔面会日〕

一期の検閲までは外出できないが、面会はゆるされる。面会で困るのは、私的制裁で顔の腫《は》れあがったりしているとき、面会人のくることである。食物は班内に持込むことを許されない原則になっているが、うるさくはいわない。なにかと持ち込んで、外出せず残っている二年兵に食べてもらい、せめて少々機嫌をとっておく、ということになる。面会は面会所で行う。下士官以上は個室が与えられているので、そこへ連れ込むこともできた。相手が婦人であっても、である。面会というのは、嬉《うれ》しくもあり、有難迷惑なところもある。面会人を通じて隊外事情と接することは、気持に、感傷的なひるみを与えるからである。

〔郵便〕

郵便物は日夕点呼のとき、来信のあった者の名が読みあげられ、中隊事務室へ印鑑をもって取りに行く。発信はまとめて班長経由で責任者の認可を受けて発信される。

〔員数〕

支給された兵器、被服類は、いつ検査されても、支給された員数が合っていなければならなかった。たとえ営内靴（ゴム靴）でも同じである。この員数というのは軍隊式の員数のことであって、もし靴が片方しかなかった場合は、これを二つに裂いて並べ、一足分としておくとそれで通った。つまり上下に裂かれたゴム靴は、片方は裏がなく、片方は上の方がない一足分、としてみてくれるのである。しかし二つに裂けないもの、たとえば銃口蓋《じゅうこうがい》（銃の蓋《ふた》）などは別にしまっておいて、仮のものをハガキ用紙などでつくり、本物は検査のときにのみ使用した。いよいよ足りぬときは、よその中隊へ盗みにゆく。またよその中隊からも盗みにくる。ことに食器などは、洗い場で洗っているとき、スリのように巧みに盗まれることが多かったし、盗むことも多かった。毎日がこうして盗み合いの生活のようで、緊張もし、当惑もするが、一面、うまくやると愉快でもある。民間製の擬似製品もまじり込んでいて、これでも検査の時は間に合った。この員数を合わすことを、つまり盗んでくることを「ガメてくる」といった隠語を用いた。ただ、こうした兵営独自の風習も、昭和十三年を限りとして趣を変えた。日中戦争による動員が激しくなり、各連隊とも、のんびり員数検査などしていられなくなったからである。

〔休日と外出〕

休日には外出が許可される。但《ただ》し初年兵のうちは、とかく遠慮をしなければならなかった。歩兵は衛戍《えいじゅ》地内を出ることができず、朝食後から日夕点呼まで、と時間もきまっていた。衛戍地域というのは、その連隊の警備区域のことである（これには詳細な衛戍令というものがあってきめられている）。騎兵は衛戍地に拘束されず、時間内に帰営しさえすればどこまで行ってもよく、外出時間も起床時から夜の十二時まであった。騎兵連隊では休日の外出を「臨時外出」と呼んでいた。外出のとき、班長に次のような挨拶《あいさつ》をする。

「陸軍二等兵何野何某は本日お蔭《かげ》さまをもちまして臨時外出をいただきただいまより行って参ります。ここに謹んでご挨拶を申し上げます」

直属上官（中、大、連隊長）には歩行中も停止して敬礼せねばならないが、外出の時は中隊長だけに申告する（直属上官以上は申告という）。この外出の挨拶は、二年兵全員にもやるのが原則で、それが泣きどころだが、この点は相身互いで、二年兵もあまりうるさくはいわなかった。外出時には木片の「外出証」をもらい、衛生具を所持しているかどうかをきかれる。騎兵は歩兵より優遇されていて年に一、二度外泊の休暇もあった。この時は冬は外套《がいとう》を夏は雨外套を折りたたみまるくして、肩にかけるのが正装である。着ずに持って歩く。要するに「恰好《かっこう》の良さ」を重んじていたようなフシがある。

〔衛生検査・休養〕

衛生検査は身体検査で素裸で行う。軍隊ぐらい人を裸にして検査するところはないが、ことに初年兵においてそうである。性病検査は必ず行う。性器を強くにぎってしぼるのだが、性病が発見されると、成績はガクンと落ち、その連隊にいる限りまず絶対に一等兵以上に進級しない。軍隊の、物を盗んでもみつからなければよい、という考え方は、いくら女遊びをしても病気にならねばよい、という考え方に通じるのである。案外合理的なのかもしれない。

兵隊の病気には類別があり、一等症は公病。主として戦傷などで外科関係。マラリアは公症として扱われたときもある。一等症は病院でもいたわられ、それがもとで除隊になるときは一時金又は年金が下賜《かし》された。二等症は内科系で、ふつう入院者の大半はこれである。三等症というのは故意の疾患で、性病もこれに含まれる。明治・大正ごろは性病にかかると「私儀×月×日○○遊郭××楼にて娼妓《しょうぎ》○○より悪疾貰《もら》い受け恐縮 仕《つかまつ》り 候《そうろう》」といった始末書を中隊長宛《あて》に出す。すると連隊命令が出て「爾今《じこん》○○遊郭××楼娼妓○○を買うことを禁ず」と全員に示達された。いったん性病になると自分と相手の女のことが連隊全部に知れてしまう。この制裁は相当こたえるから、たいがいは観念して挫折《ざせつ》してしまう。もっともなかには病気持ちの兵隊で、衛生検査がくると「引っ込ませとくか」といって治淋《ちりん》薬など服用して検査を通過してしまう豪傑もいた。

隊内での治療は、演習できないのが「練兵休」、医務室で休養させるのが「入室」。騎兵隊ではこの間に「乗馬休」というのがある。

〈俸給と貯金〉

兵隊は、いくら兵隊でもそれだけでは絶対やってゆけぬくらい、安い俸給しか貰えなかった。もっとも一期の検閲までは外出もないので金はあまり要らない。しかし酒保で飲食する費用もバカにはならぬのである。俸給は十日目ごとに支給され、二等兵で一円二十七銭（昭和十五年まで）だった。俸給は一、二等兵は同額である。戦場へ赴くと、これに戦時加俸その他がつき、十日目ごとの支給額七円八十銭程度であった。

平時の兵営生活をしている二等兵は、わずか月額四円足らずの俸給中から、貯金をし、なかには国元に送金する者もいた。泣かせる美談である。もっとも軍隊の貯金奨励の気風に督励されたためもある。よく貯金すると成績があがるので、面会時に金をもらって貯金に廻す要領のよい兵隊もいたが、軍隊は金銭入手の経路は不問にし、貯金額のみを問題とした。昭和十五年に、下士官兵の給料が三割方あがったのは、日中戦争の戦果を反映してのことであろう。それでは明治後期ごろの兵隊の給料と物価の釣り合いなどはどのようであったのだろうか。

北清《ほくしん》事変従軍の藤村俊太郎老の手記を読ませてもらったとき、明治三十七年ごろの面白い記述があった。このとき老は任官後五年の軍曹で、一等給十二円をもらってい た(これは月額である)。藤村軍曹は病気療養先で貧家の一少女と知り合い、その少女を女学校へ通わせるために、毎月五円を与えている。当時は寄宿舎費三円、月謝一円で通学できたのである。米一升十銭、酒一升十二銭、広島—東京間の汽車賃五円という時代であった。一軍曹が少女の向学心に協力した、という美談は、同時に、そのころの軍隊の、素朴さ、悠長さをも物語っている気がする。大正、昭和と進むにつれて、兵隊一般の気風も、国際情勢や世相を反映して、次第に現実的になり、人間性を貧しくしていったのではないか、という気もする。

軍人給料（基本給）一覧 (昭和20年)　　　単位（円）

階　級	等級	金　額	階　級	等級	金　額	階　級	等級	金　額
大　将		(年) 6,600	〃	3	1,470	曹　長	1	75
中　将		5,800	中　尉	1	1,130	〃	2	70
少　将		5,000	〃	2	1,020	〃	3	35
大　佐	1	4,440	少　尉		850	〃	4	32
〃	2	4,080	軍楽大尉	1	2,150	軍　曹	1	30
〃	3	3,720	〃	2	1,900	〃	2	26
中　佐	1	3,720	〃	3	1,750	〃	3	23
〃	2	3,360	同中尉	1	1,540	伍　長		20
〃	3	3,000	〃	2	1,390	兵　長		13.50
〃	4	2,640	同少尉	1	1,240	上等兵		10.50
少　佐	1	2,640	〃	2	1,120	一等兵		9.00
〃	2	2,400	准　尉	1	1,320	二等兵	甲	9.00
〃	3	2,220	〃	2	1,140	〃	乙	6.50
〃	4	2,040	〃	3	1,020	教化兵		8.00
大　尉	1	1,860	〃	4	960			
〃	2	1,650	見習士官		(月額) 40			

兵隊の給料について、参考までに、終戦時における、給料額の一覧表を掲げておく(見習士官以下は月額だから注意。軍楽隊及び曹長の二等給から高額なのは、営外居住を許可されるためである。なお、見習士官は将校勤務。教化兵というのは服罪中、及び服罪後の任期間に在る兵)。

さらに「戦地増俸」の一覧表をも付記する。

戦地増俸　(月額・円)

大　　将	545
中　　将	480
少　　将	410
大　　佐	345
中　　佐	270
少　　佐	200
大　　尉	145
中　　尉	115
少　　尉	105
見習士官	50
准　　尉	110
曹　　長	85
軍　　曹	34
伍　　長	27
兵　　長	18
上 等 兵	14
一 等 兵	12
二 等 兵	12

この他戦場では「出戦手当」(上等兵以上)などがついた。職業軍人は汽車半額、税金なく、ボーナスもあり、悪い職業ではなかったのである。

〔罰則と営倉〕

隊内で受ける刑罰のうち、重い者は営倉に入れられる。入倉者が出ると、その入倉者を出した中隊から、別に営倉歩哨《ほしょう》を提出しなければならない。入倉者が犯す事故のうち、もっとも多いのは、外出時、帰営時間に遅れることである。これは騎兵連隊での経験であるが、外出日は帰営時間の十二時までは班の兵隊は（勤務関係以外は）起きている。そして、だれか未帰営者がいると、至急手を打たねばならない。電車事故なら証明書をもらってくるし、また本人が電話をかけてくるからよいが、そうでない場合は同年兵をあわてさせる。方法としてはだれかが公用外出を願い出て外出し、途中で外出者をつかまえ、公用外出同伴者として引率してくることもある。これである程度の遅刻はごまかせた。また、衛兵所に出向いて、衛兵司令に頼み込み、閉門時間を少しずらしてもらう、という無理な手段をとる。軍紀一点張りのようでいて、妙に気のきいているところも軍隊にはあったのである。ついでにいうと、外出先からの物品の持込みは許されなかったが、あらかじめ内部の同僚と打ち合わせておき、塀の破れや植込みの間から、物品を授受することもできたのである。

営内から脱走者が出ると、非常呼集で総員が起されて捜索に当る。捕えられた兵隊は、いったん入倉させられ、憲兵隊へ引渡され、軍法会議に廻されるのである。そうして服役後また、元へもどって残りの軍務をつとめねばならない。軍隊で一たん入倉すると、これは決定的にうかばれない。その代り入倉してきた兵隊には暗い箔《はく》がつき、もし彼がやぶれかぶれで戦闘的にケツをまくってしまえば、ふしぎなことだが、軍隊は彼に何もいわなくなる。つまり、彼は完全にみすてられたのであり、豚を飼っているに等しい見方をされる。そのかわり、機会があると、必ず隊外へ合法的に放逐される。たとえば戦場にいる部隊から補充員の請求がくれば、まっさきに出されるのである。こういう兵隊は、戦場部隊でも嫌われるから、別な部隊へ転属させられ、そこからまたよそへ転属させられ、というふうに、渡り鳥の兵隊になる。軍隊にも、人情や味わいはある。だがこうした「渡り鳥兵隊」には、どこへ行っても救いも安住の場もないので、ますます殺伐になり、遂には上官暴行のようなことをやって、処分されるか、乃至《ないし》は長い刑期のいい渡しをうけることになる。軍隊はみすてた兵隊を、みすてたふりをしながら、つとめて悪い方向へ苛《か》酷《こく》に追いやる。追いつめて崩壊させてしまおうとする。従ってこういう兵隊は、どこかの地点で、身をかわす転機をもたないと、うかばれないのである。戦場ならそういう機会は案外に多いが、兵営生活内においては、絶望的に方途はない。

〔典範令〕

軍隊における教練その他のテキストで、ポケットに入れ、携行しやすいように、ほとんど袖珍《しゅうちん》版である。「歩兵操典」「射撃教範」「軍隊内務令」などというのを、総括して典範令といったのである。軍隊では典範令以外の私物の書物の手持は、いちいち許可が要ってうるさかった。この典範令は、戦場では使用しない。実戦本位だからである。面白いのは「九二式電話機故障修理法」などというカバーに表題を自記した典範令関係の小冊子があったりして、兵隊が秘蔵し熟読していたことである。むろん中身はフウフウハアハアの春本である。

典範令に使用されている軍用文は、簡にして要を得て名文であるといえよう。「軍隊内務令」中の第八章起居及検査の第一節起居及容儀の項をみると、次の如《ごと》くで、一種の軍隊的リズムもある。

第百四十七　兵営ニ於《お》ケル起居ハ教育、勤務ト相俟《あいま》チ軍人ノ修養ヲ完《まっと》ウシ軍人タルノ資質ヲ完成スベキモノナリ故《ゆえ》ニ上官ハ全幅ノ注意ヲ此《ここ》ニ致シ克《よ》ク節制ヲ保チ放縦ニ陥ルヲ戒メ寛厳其《そ》ノ宜《よろ》シキニ従ヒ和気靄々《あいあい》ノ裡《うち》軍紀厳正ナル軍隊家庭ノ実ヲ挙グルヲ要ス品性ノ陶冶《たうや》、心身ノ鍛錬等モ亦此《またこ》ノ間ニ期セラレザルベカラズ

〔戦友愛〕

戦友愛というのは、本来は戦場における、弾雨下の辛酸の下で生まれてくるもので、連帯感を支える感情である。この戦友愛というものを分析追求してゆくだけで、兵隊や戦場世界の実状はほとんど解明されてくる。内地の兵営生活における戦友愛的要素の一つは、初年兵同士の同病相憐《あわ》れむといった感情的つながりであり、もう一つは、自分を庇護《ひご》してくれる戦友との、恩誼《おんぎ》的な感情である。初年兵にとって、戦友――という名称でわりあてられた二年兵だけは、いってみればかれらの防波堤になってくれる存在であり、品物を失くして当惑したりしているとき、相談すればどこかでみつけて来てくれる相手である。こういう身近な庇護者がいなかったら、初年兵生活は全く暗澹《あんたん》たるものなので、こういう便法が講じられたのであろう。自分の戦友である初年兵が、やむなく制裁されざるを得ないときは、二年兵の彼はどこかへ身をかくしているものである。また、制裁された初年兵に、懇々といいきかせる役目も二年兵の戦友が負うている。

初年兵が、夜間演習で遅く帰って来て、疲れた身体を寝台へもぐり込ませようとすると、床の中に必ず、酒保で買った饅頭《まんじゅう》などが入れてある。二年兵のいたわりである。従って初年兵も、二年兵が勤務中のときや、演習に出て酒保へゆけぬようなときは、適宜に食べものを買いととのえておく。兵営生活での人情の交流は、たぶんこの、戦友同士のいたわりあいがもっとも深いだろう。

〔兵営の食事〕

軍隊の食事は「軍隊調理法」というテキストを基本にして、栄養やカロリーを計算しながら、炊事場で調理される。ただ、味についてはなんの規定もない。ということは、軍隊の食事に、美味なものはなかった、といえるのである。戦中派世代が食味能力に欠けるところ多いのは、この軍隊炊事の影響もあるかしれない。

炊事の責任者は糧秣《りょうまつ》委員（将校）であるが、実際の仕事の権限と推進力は連隊内の最古参の軍曹の中から選任される。この職場は出入り商人との接触が多く「炊事軍曹を三年やれば倉が建つ」という言葉があったほどである。つまり出入り商人と組んで巧みに糧秣魚菜を操作すれば、兵員の数が多いのだし、みるまに蓄財できるわけである。軍隊という組織を利用した悪商人は、明治初期の山城屋和助のような大物から、連隊出入りの小物にいたるまで無数に存在したといえる。商人は、世間知らずの軍人をだますことは容易なのである（もっとも、炊事軍曹にはそういう弱味をもつ者もあった、といっているだけである）。因《ちな》みに、主食は兵隊一人一日米六合、馬一頭一日大麦四升と規定されていた。兵隊の食事は一汁一菜が建前である。だいいち一人分の食器は、飯碗《わん》、副食皿、汁碗の三つしかない。たまにカレーライス（どう考えてもうまいとはいえない）が出ると、兵隊は昂奮《こうふん》した。平常、いかに粗食かがこれでもわかるのである。

兵営内の食事分配風景

〔軍旗祭〕

軍旗祭については、つぎの記述を引用させていただこう。（太田天橋ペン画集『軍隊内務班』）

『楽しみの一つに軍旗祭がある。軍旗が親授された日の記念日で、一日休んで祝いをするのである。午前九時に式がはじまる。日清日露の戦いで、風雪に破れ、弾丸につらぬかれた軍旗を正面にして、連隊長の号令で「捧《ささ》げ銃《つつ》」の礼を行い、分列行進をする。各式が終ると、あとは解放されて、自由に楽しむ。各中隊は、いろいろの催し物や飾りつけをして、来観者を歓待する。中でも人気のあるのは、兵隊さんの角力《すもう》で、元気のよい若者が相うつ姿は、なかなか壮観である。夜ともなれば、飲めや歌えやの大騒ぎ』

〔郷土性〕

兵営生活、及びそれに引きつづく戦場生活の上で、兵隊の生き方をさぐるについての、もっとも大切な手がかりは、部隊及び兵員の郷土性を知ることであろう。本来日本人は郷党意識が強く、都会住いをしていてもすぐに県人会などを組織したがるし、未知の人と話していても、相手が同郷とわかると急に親近の情を示し出す。この気風はもちろん軍隊においても変らない。一つの連隊は、ほぼきまった地区から初年兵を徴募して補充するのだから、同中隊に、同村同部落の者が一年先に入営してきている、というようなことはよくある。かりに私的制裁でも、同村同部落の後輩を自らの手ではやれない。むしろ蔭《かげ》になり陽なたになりして、生き方の支えをしてやるのが人情というものである。

こういう見方からすると、当然、郷土意識のつながりやすい地方ほど軍隊内部の人情はよく、あまり郷土性のない、東京、大阪などの部隊は、相互の親しみがうすい、ということになる。しかしそれでも、その部隊自身のもつ、風土性というものは存在する。

郷土兵団という名称は、この、兵隊気質の郷土性を母胎とする言葉である。日本の兵団を大別すれば、東北、関東、関西、中国、四国、九州などということになろうが、これは大別であり、かりに四国兵団でも、高知連隊と愛媛の松山連隊とでは気風がかなり違っている。戦場で、敵の陣地を攻めるにしても、犠牲をいとわず強攻することを好む部隊と、慎重に計画してゆっくり攻める部隊とがあり、さらにそれに指揮者の性格や能力の反映が加わるので、問題はむつかしくなる。この点がよくわからないと、正確には戦史や戦記はいじれないことにもなる。

日本人は、どこそこの部隊は強かった、などというい方をしたがる。兵隊が戦場で敢闘した理由の一つは、郷土の名誉のために、ということがある。戦争の終ったあと、語りつがれ、評価されるであろう郷土兵団の噂《うわさ》について、死すともその栄光を守りたい本能が発揮されたとみなければならない。

この文章では、別に、郷土兵団の強弱優劣を比較するつもりもないし、またできもしない。ただ、戦場生活を含めての、ある程度の兵団の映像を描いておくと、それはそのまま、内地の兵営生活を描くようすがともなる、と考えられるからである。つまり郷土兵団の非常に概括的な性格判断をしてみたいわけである。

高田の歩兵第五十八連隊では、営内における私的制裁というものなど、ほとんどなかった、という話を耳にしたことがある。確認したわけではないが、おそらく東北や裏日本の部隊では、東京、大阪のような私的制裁のあり方ではなかったと思う。かりにあっても、よく人情の通った上でのそれではなかっただろうか。

昭和十三年に満洲で張鼓峰《ちょうこほう》事件のあったとき、国境の一陣地から、前線へ数名の警戒兵が出された。ところが命令を出した将校が、命令を出したことを忘れてしまった。いつまでも交代が来ない。それで歩哨は適宜に判断して陣地に引き上げてしまったが、東北出身の初年兵がいて、これは引き上げなかった。東北兵はいわれた通りを守るので、飢死しても命令のないかぎりその場から離れない。ところが敵の陣地からソ連軍の将校を先頭に数名の兵隊が出てきた。ふいに出てきたのである。東北初年兵はどうしたかというと、ソ連将校に敬礼している。将校には敬礼せよ、と教えられていたので、敵味方なく敬礼したのである。ソ連将校が答礼していった。もちろん身ぶりをまぜてだが、日本軍陣地に降伏したい、というのである。それで初年兵は、ソ連軍将校他数名のソ連兵を、自陣地に案内してきたのである。捕虜にしたのでなく、案内なのである。

この話は、嚙《か》みしめると、さまざまな味が出てくるが、こういう兵隊は東北兵団にしかいない。こういう兵隊は私的制裁しても張り合いがないし、また二、三年兵になっても、こういう兵隊は下の者を制裁しないだろう。命令を出したら、必ず解除を忘れぬこと、という一条を、東北兵団の指揮者が守るのは、部下兵員の純朴さを知るからである。戦闘の際、こういう部隊が、特に守備に強いことは自明の理である。

一般の世評では、強いのは東北と九州の兵団ということになっていた。九州兵の勇敢さは熊襲《くまそ》の子孫であり、南国特有の多血性、純朴な地方性から来ている。東北ほどの粘り強さはないにしても、素質はよい。もっとも九州といっても、熊本と鹿児島が中核になる。宮崎は風土気候の温雅温暖に作用されてのんびりしているし、大分は長年大友氏治下でその開国的政策とかキリスト教を許したとか一風変った先進的な歴史も持ち、中津市から福沢諭吉の出ていることなど考えると商売人的な県民性を感じるし、兵員の質にしても熊本、鹿児島には譲らざるを得ないだろう。熊本人は竹を割ったようなからっとした性格、鹿児島人は西郷南洲を誇る独自の地方色で、小柄だが敏《びん》捷《しょう》な薩摩《さつま》隼人《はやと》の伝統に恥じない。

福岡連隊は、炭鉱従事者（遠賀《おんが》川沿岸）が多く「川筋気質《かたぎ》」といわれる、気の荒さ、人情仁義の厚さが個性となる。それに佐賀の葉隠精神が支えとなるので、理屈ぬきの行動性を尊び、第六師団の気質に対抗し、久留米《くるめ》編成兵団の名を売っている。久留米兵団は、天皇への忠誠一辺倒、という筋金入りの将校ばかりがいて、強兵を指揮した。ビルマ健闘の「菊」（18Ｄ）と「竜」（56Ｄ）は、ことにその名も高い。

久留米編成の第三十七師団は、運城（北支）からカンボジアのプノンペンまで直線距離にして四五〇〇キロを歩いている。この部隊の兵員は、歩きながら、連れている牛のふと股《もも》を剣でえぐりとり、それを焼いて昼食の菜にした。陣地攻撃をするとき、正面を見すえて応戦するので、戦死者はほとんど眉間《みけん》を射抜かれていた。この師団所属の一連隊は、命令をききまちがえて、師団全部で攻撃して取るべき敵城（祁《き》県）を、一個連隊だけで攻めて取ってしまった。こういう気質を兵営生活に置き直すと、当然、強兵たるべき訓練——として、私的制裁もまたきびしかろうし、初年兵の、それに耐える能力も強い、ということになる。

またも敗《ま》けたか八連隊——といわれるのは大阪の兵団である。筆者はかつて、大阪兵団を弁護したことがある。弱いのでなく、合理的なのだ、とそのときに書いた。第三十四師団が作戦時、道路上で疲れて休止していると、前方二百メートルぐらいの地点へ、一団の中国軍が山から下りてきた。日本軍に追われた敗走部隊である。こういう場面に遭遇したら、いかなる部隊でも、これを攻撃捕《ほ》捉殲滅《そくせんめつ》するだろう。そのために作戦行動をしているのだからである。しかし大阪兵はそれをみても全然動かなかった。理由は、自身も疲れているし、敵も疲れている、かりに敵を捕えてみても大局に影響はないし、また捕虜を連れるとそれだけ足手まといで骨が折れる、逃がしてやれ、と考えたのである。敗残兵の群は、身近に大部隊をみて驚愕《きょうがく》したが、その部隊が一向に無表情なので、敵か味方か判別がつかず、不審げに振り返り振り返りしながら逃げ失《う》せている。

この、大阪兵の考え方は、いま、日本が敗戦した、という立場で考えてみると、戦争を合理的にやる、ということの意味の深さもわかってくるのである。

関東兵団は、東京兵がかなりまじるので、気質的にはさっぱりしているし、兵員の知的水準も高かったはずである。兵営生活も、あくどくはないにしても、底に人情が通うというようなこともない。戦場でも兵営でも、標準的、典型的であったような気がする。ということは、どこか無性格、無特徴的なのである。筆者自身、関東兵団に、兵隊として七年間身を置きながら、その性格を、どう説明してよいか、正直にいってわからないのである。

広島編成第七十師団は、負傷者はつとめて救出したが、それについてむつかしい問題があった、ときいたことがある。というのは、一個分隊十名で行動していたとして、もし一名負傷が出た場合、これを後続部隊に任せて放置して行くとすれば、分隊の戦闘員はなお九名残されている。しかし、この負傷者を救出収容してゆくとすると、担架係に四名とられる（二人では無理である。装具もあるのだから）。すると残された戦闘員は半数に減ってしまうのだ。さらにもう一名負傷が出たらどうなるか。戦闘員はいなくなってしまうことになる。だが、救出された負傷者の身になってみれば、戦友の愛情、郷土兵団の気質に泣くだろう。そうして再び善戦すべき決意を固めるだろう。同時に、この思いは、まだ負傷していない分隊員にも、共感として伝わるはずである。問題は、こうやっていると、しまいに戦闘そのものに支障を来《きた》し、兵団の戦力に影響してくる、ということである。こうなると、負傷者の処置に対する考え方はむつかしくなり、軽々にその功罪を論じられなくなる。要するにその兵団の気風によって解決すべき問題であるといえよう。

負傷者は必ず収容する――という精神は、兵営生活においても、初年兵教育に独自の結実を挙げるに違いない。きびしさの中にも、必ず温情が流れるからである。

このようにみてくると、部隊のもつ気質、郷土性によるそれは、かなり重大な意味をもっていることがわかる。兵隊くらい運不運に左右されるものはない、というのは、大きくはこの郷土性に護《まも》られるかどうか、小さくは一中隊長の人格識見戦闘指揮能力にどう影響されるかなど、千差万別の立場の与えられ方で、幸不幸もきまってくる、ということである。

〔私的制裁〕

兵営生活から私的制裁の問題を抜くことはできない。二年制軍隊では、私的制裁のきびしさは、一年おきになる、といわれていた。つまり、きびしい目にあわされた年次の初年兵は、自分らが二年兵になったとき、ある程度のいたわりをもって初年兵に接する。つらさを思いやるからである。しかし、思いやられて、あまりいじめられず育って二年兵になった者は、思いやりがない。（経験として稀薄《きはく》なので）思いきっていじめる、ということである。これは、ある程度の真理は衝《つ》いている。自分もやられたから、今度はやり返してやると考えるだろう、と思うのは単純である。第一、仇《かたき》を討つべきいじめ手の二年兵は除隊してしまっていて、入ってくるのは何の罪もない初年兵なのである。そ

私的制裁（軍靴の手入れ不良）

れに、人間は叩《たた》かれると（苦労させられると）どうしても、いわゆる世間でいう「苦労人」になってしまうのである。

叩いて教育しなければモノにならない、という考え方が、制裁する側に、一種の使命感のように継承されているのも事実である。これは、叩かれることに耐えてモノになった、という自己擁護の情に通じている。短い時間に兵隊を一人前にする、補助手段として私的制裁を考えている面もある。だが、実際には、鬱滞《うったい》したエネルギーの発散に、大半の理由は帰するのかもしれない。外出日の翌日は制裁されることが少なかった。それに鬱滞エネルギーの作用らしく、一定の周期のようなものもあって、もう来そうだ、と思うと爆発的にくる。日課としてやっているのではなく、動物本能のようなものなのである。

私的制裁が、人間性の蹂躙《じゅうりん》であることはたしかである。しかしそれは制裁されている時点においてそうなのであって、その時期を過ぎきってしまうと、意味は違うのである。いじめられて鍛え上げられた兵隊は、耐久力があって敏感で、戦場へ出たとき境遇に早く馴《な》れる。ということは、死ぬ率が少なくなるのである。これだけははっきりしている。とすると、私的制裁は、兵隊を殺さないための、蔭の力になっていた——といういい方もできるのである。兵営でやっている基礎教練など、戦場では大して役に立たない。役に立つのは、環境への機敏な順応性、体力、がまん強さとカンの良さ、であり、戦場の苛酷《かこく》に比すれば、私的制裁などは苦痛の度合がよほど少ないのである。戦場では、弱いもの、運の悪いものから順に死んでゆく。とすれば、兵隊は、強くなるために、万全をつくして自らを鍛えねばならない。私的制裁に参っているようでは、戦場では脱落する。少なくも、脱落する率は高い。もともと軍隊というのは、兵隊を自然淘汰《とうた》してゆく組織であるのだから。

ただ、ここでいい添えておきたいことは、中共軍には私的制裁などなかったが、実によく戦った、ということである。河北省で中共軍と攻防をくり返していた日本軍部隊の初年兵が、戦闘間捕虜になったが、重傷のため日本軍に送りかえされてきた。このときこの兵隊がしみじみと、中共軍がいかに親切であったかを同僚の初年兵に語った。それをきいた初年兵は、日本軍部隊から奔敵を図ったが、途中で捕まった。事情をきかれ、それが明るみに出た。部隊では駐屯地で初年兵教育をつづけていたのだが、私的制裁が激しかったのが、それ以後（一時的にだが）非常に緩和されている。私的制裁は、従って、天皇の軍隊が思想の軍隊に及ばない、というひとつの人間的弱点を示しているようである。

〔二年兵の除隊〕

初年兵の入営が一月の時は、二年兵は十二月に除隊した。二年兵を見送り、初年兵だけが班内に残ったときの気分は格別である。なんともいえぬ安堵《あんど》感と解放感がある。むろん、少ない人員で勤務にもつかねばならず、初年兵の受入準備にも忙殺されはするが、二年兵除隊直後は、ラッパの音もひどく音楽的に快適にきこえる。「蛍の光」ではないが、二年兵を送る歌、というのがある。その一節。〝汽笛一声新橋を　汽車に容赦はあるものか　煙を吐いて別れ行く　行先いずこぞふるさとへ〟

〔満期操典〕

兵隊の歌う唄に「満期操典」と題するものがある。平常二年兵が歌うのを、初年兵はいつしかききおぼえる。そして、二年兵が除隊すると、今度は自分も歌える順番がくるのである。

この歌には、兵隊の日常感情や生活意識、自嘲《じちょう》や、はかない抵抗や、諦観《ていかん》の情がこめられている。いつごろから兵隊の間に歌われるようになったのか、よくわからないが、明治の兵営や、大正の初期には歌われていなかった。大正末期か、昭和初期の感覚のように思われる。兵隊の諷刺《ふうし》的長篇叙事詩、と呼ぶべきかしれない。各連隊で、少しずつ歌詞は違うが、大要つぎのごときものである（これは騎兵隊のもの。従って文中、騎兵〈襟の色が萌黄《もえぎ》〉がほめてある）。

文明開化の世の中で
軍隊生活知らないか
知らなきゃ教えてあげましょか
花の二十一徴兵検査
何が花やら桜やら
役場の親切ある故《ゆえ》か
親の願いがかなわぬか
私の運命尽きたのか
彼女の願いがとどかぬか
あまた壮丁のある中で
騎兵甲種に合格す
花の四月に蚊の五月
六月蟬《せみ》も鳴きはじめ

七月八月はや過ぎて
九月十月夢の間に
十一、十二は時の間に
明くれば一月十日には
旗やのぼりを押し立てて
多くの人に見送られ
可愛《かわい》い彼女と泣き別れ
あわれこの身は入営す
入営したのはよいけれど
破れ軍服身にまとい
破れ軍服いとわねど
朝も早よから起こされて
人のいやがるふき掃除

寝藁《ねわら》出しやら馬手入
腰に下げたる手拭《てぬぐい》の
かわく間もなく精励す
八時のラッパで飯を食い
食うや食わずで呼集され
五尺有余のますらおが
四角四面の営庭で
右向け左向け廻れ右
東へ向いては捧《ささ》げ銃《つつ》
西を向いては担《にな》え銃
各個教練しぼられる
七月八月なるなれば
こわい准尉《じゅんい》の勤務割
炊事当番ご苦労だ
飯あげ飯たき飯ふかし
大根切るのも国のため

週に一度の外出も
内務班長に届け出て
週番士官の許可を受け
大酒飲むな女郎買うな
悪いところに立ち寄るな
文句たらたら注意うけ
木の札もらって申告す
広い営庭かけ足で
衛兵司令に右手あげ
表門歩哨《ほしょう》に札みせて
麦飯ホテルをあとにする
葉っぱ吹き出す桜草
一番電車に乗りおくれ
二番電車は満員で
三番電車は貨物車で
四番電車は急行で

五番電車に身を乗せて
着いたところが船橋の
三田浜町へと繰り込めば
十八島田がすがりつき
あら懐《なつか》しの騎兵さん
赤の襟章は乱暴で
黄色の襟章は泥くさい
萌黄の色が虫が好く
悪いこととは知りながら
甘い言葉にのせられて
十三階段しずしずと
のぼりつめたる四畳半
六枚屏風《びょうぶ》のその中で
二つ枕《まくら》に三つ布団
足はきりりとからみ藤《ふじ》
腰は水仙玉椿《たまつばき》

へそとへそとの合ボタン
エッサエッサのかけ声で
前からゆくのが遭遇戦
後からゆくのが追撃戦
一汗かいたそのあとで
可愛い彼女のいう事にゃ
私もともと女郎じゃない
家が貧乏その故に
田地売るにも田地なし
家を売るにも家はなし
親族会議のその上で
娘売ろうと相談で
あわれこの身は三千両
たかが一円五十銭で
腰を使えの気をやれの
文句いう気はないけれど

あなたはお国に勤めの身
こんどの日曜また来てね
可愛い彼女はせき立てる
またも電車に身を乗せて
時計をみれば五分前
帰営時間に遅れぬか
バスに乗りたし金はなし
日頃きたえしかけ足で
営門めざして走りゆく

表門歩哨のいう事にゃ
三分遅れた遅刻した
衛兵司令は中隊長
中隊長は大隊長
大隊長は連隊長
一部始終を聞かされて
明日の会報にのせられて
あわれこの身は重営倉

3　二年兵としての生活

兵営生活における被害者として、まったく救いのなかった初年兵も、二年兵になると同時に重圧感だけはなくなる。身近に存在した直接的な監視者は、すべて消滅し、かわりに自分らが、優越的な立場におかれるわけである。

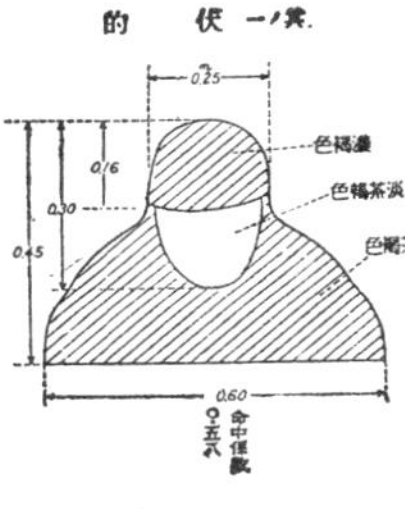

〔初年兵入営〕

二年兵としての眼でみると、入営してきた初年兵が、いかに物馴《な》れず隙《すき》だらけで、かつ、異なった環境に身をおいたための、おどおどした態度をとっているかがよくわかる。しかもかれらは無抵抗なのである。生物には弱いものをいじめて快感を覚える、という本能があるが、人間もまたその例に洩《も》れない。ただ道徳観によってそれが律しられているだけである。しかし兵営ではその道徳観に眼をつぶれる、大義名分のようなものがある。

初年兵と二年兵の世界は、実に雲泥の差がある。そうして新二年兵は、いじめ役、とりなし役、無関係役、訓練係など、その職分がおのずからにきまる。二年兵としての立場や性格によるものである。同年兵によって制裁を受ける初年兵をみていると、単にみているだけでも、自身を優越者としての快感はある。それは、制裁されるのはもうわれわれではない、という安堵感につながっている。

〔二年兵の生き方の明暗〕

二年兵には大別して二つの生き方が要求される。環境に対する順応型と非順応型（抵抗型）である。初年兵の間は上層部に二年兵がいるので目立たないが、二年兵にあがってくると、これらのタイプははっきりしてくる。順応型兵隊は、軍隊の掟《おきて》を守り、勤務から私的制裁にいたるまで、とにかく先輩の道を踏襲する。そうして、二度、三度とまわってくる上等兵への進級の機会を、うまくつかめれば、と思うのである。

非順応型の兵隊は、むろん異端者だから少数である。かれらは私的制裁などしないし、それよりも下士官以上の層との戦いの場にさらされる。かれらの非順応性は、軍隊にとっては実に迷惑であり、いかなる手段をつくしても同調させたいと思うが、同調したくないから抵抗しているので、うまくゆくはずはない。非順応兵は勤務を多く与えられ、いやな職場に追いやられ、外出を制限され、なによりも進級を除外され、兵営生活二年の間一本はくれる精勤章もくれないし、序列は最下位へ落とされる。もっとも軍隊は、兵隊の、出世したい——とする願望につけ込んでいる面もあるから、兵隊が出世を一切断念しきれば気は楽になる。一等兵で結構、と割り切れば、余分な苦労はしないですむ。軍隊には軍隊なりの盲点も抜け道もあるのである。そのかわり戦争になって在営年限が長びいたりすると、出世コースは軍曹になっているのに、片方は一等兵のままでいる、ということになる。順調な兵隊は四年やると軍曹になるのである。

二年兵になって、下士官やそれ以上の階級者と摩擦を生じるのは楽ではない。ときには初年兵の目前で、下士官や将校から制裁を受けたりするからである。私的制裁は、なにも二年兵が初年兵にやるだけのものではなく、ときには中隊長の庇護《ひご》をうける見習士官が、准尉に制裁することもある。将校と准士官の差は、一階級ではなく、もっと深いのだ。准尉のなかに、ときに、非順応兵を庇護したりする者のあるのは、階級の痛苦からくる同情があるからである。余談であるが、准尉というのは、ごく一部を例外として、軍隊では、兵隊にとってもっとも人間的に信頼できる存在なのである。准尉は、軍隊の明暗をもっともよく知っている。従って暗部にいる兵隊にもよく眼がとどくのである。

（ここで、この文章に対する責任上、筆者自身の体験に少々触れておくと、初年兵の間眼の敵《かたき》にされていじめられ、二年兵になってなお疎外《そがい》されることに腹を立て、無抵抗不服従〈勤務にだけは服する、人の迷惑になるからである〉を押し通した。朝食後は厩《うまや》の藁置場へ行って昼寝をし、昼飯を食いに戻ると、また厩へ行って夕方まで寝た。これを三カ月つづけたが、その間軍隊はなにもいわなかった。黙殺というより忘却されたのである。このとき一時的に軍隊に勝った、という気と、こんな軍隊からさえみすてられたか、という一種の自己嫌悪《けんお》も湧《わ》いた。まもなく新設部隊編成で、その一員として華北の戦場へ渡ったが、このとき〈軍隊に迎合したのではなくもっと別な考えのもとに〉心機一転、爾来《じらい》粉骨砕身した。四年兵になってから上等兵に抜擢？　され、初年兵係を命じられた。これは一准尉の庇護によるものである。この後中支の部隊でも、一准尉にいたく庇護をうけた。筆者の中にはそういう体験に基《もと》づく准尉信仰の感情がある。そうしてこのことは、兵隊各自の軍隊観は、その置かれた環境、接した軍人によって、それぞれに個人差のあることをも証明してくれると思うのである。）

〔仮設敵〕

初年兵の野外教練がはじまると、攻撃目標である陣地に敵がいないと困る。それで、二年兵が仮りに敵となって、旗で、軽機、小銃などの応戦を合図し、演習を手伝う。班で用のない二年兵が、この仮設敵の使役になる。

こういう仮設敵はのんきだが、終戦近く、軍全体がとりみだしてくると、新兵器実験用の仮設敵、というよりモルモット的役割をさせるために兵隊を用いたりした。その一例は飛行機から発射する新型爆弾で、これは仮設敵の応戦用兵器の発する、音波をたよりに飛んでくる。従って仮設敵は、新型爆弾を自陣地に射込《いこ》ませるために、目標機を撃ちつづけた。さいわい命中せぬうちに終戦となったが、平時と戦時とでは、仮設敵の在り方も相当違ってくる、という実例である。

〔満期除隊〕

平時において兵役を勤め終えれば、満期除隊、ということになる。不安や緊張感にみたされて入営した時と違って、満期除隊は、社会に出られるという心躍りに満たされるのである。たとえ端末（末端のこと）一等兵であっても、思いは同じである。

二年制軍隊を評して、もし初年兵のまま除隊できれば何よりである、といわれたこともあった。つまり、緊張の持続である初年兵を終えて、そのまま除隊したとしたら、よりまじめで社会有用の材となり得たろう、しかし二年兵の生活をしたために、かえって要領をおぼえ、人間もくずれてしまった――という意味である。たしかに軍隊は要領のいい人間の勝ち、ということもあったし、初年兵のきまじめさで社会へ送り出されたら理想的かもしれない。

けれども、初年兵、二年兵、さらに途中で動員がかかって三年兵、四年兵、帰還してまた召集兵となって軍役に服する、というような苦惨の中で、もし人間性を磨き上げてゆくことができたら、より以上に理想的かもしれない。どっちみち人間の生きる場は戦場であり、一般社会にも陰湿な制裁はある。会社や団体から疎外駆逐されて生計困窮し路頭に迷ったりするのは、軍隊の制裁より以上に深刻だ。

――以上述べてきたところは、二年制軍隊の現役兵の兵営生活に重点をおいている。これが三年制軍隊になると、三年兵は初年兵をいじめず二年兵をいじめる、という複雑な状況になってくる。しかし、兵営生活の基本的な実態は変らない。

特に触れておく必要があるとすれば、それは関東軍と予科練かもしれない。関東軍では新入兵の耐寒能力を鍛えるため、真冬、凍傷寸前まで手指を寒風にさらさせ、そのあと摩擦によって回復させる、という教育を重んじた。苛酷《かこく》のようだが、その必要に迫られたのである。日本兵は防寒衣服に着ぶくれて、ほとんど行動能力をもたないぐらいにされていても、蒙古《もうこ》兵や、北辺の中国兵などは、真綿服一枚で身軽に行動した。教育や訓練では追いつかない体質の差を、なんとか越えるべく、兵隊は苦しんだのである。

予科練の場合は、少年兵を短時日に有用の兵員に鍛えあげるため、格別にきびしい教育と訓練を必要とした。予科練については諸種の参考書もあるのでここでは触れない。ある席で予科練出身者が「在隊間時に食事を三十秒で食わされた」と話したので、その席にいた他の戦争体験者がみな驚いたが、関東軍出身の者だけは「われわれもやらされた」といって別に驚きもしなかった。どうして三十秒間に食事ができるのか、ときくと、どうしてかわからないが「食事はじめ」の命令があり「食事終り」の命令が出ると、そのときに眼の前の食事はなくなっていた、と、かれらは答えた。今では笑い話であるが、これは一部関東軍や予科練の生活の実態を語っているようである。

兵隊の戦史

——兵隊はいかに戦ってきたか

＊

農民や町人出身の兵隊が、きわめてすぐれた戦力をもっていたことは、明治の建軍も俟《ま》つまでもなく、高杉晋作の奇兵隊の行動によっても知られていた。いわば、善戦敢闘する、というのは、民族的本能なのである。これは万葉時代の防人《さきもり》以来、脈々と伝えられて、巷間《こうかん》の一庶民にいたるまで、その素質をうけついでいた、とみるべきである。武家政治の時代は、それが武士階級によって代表されていたが、明治以後の軍隊においては、すべての階層における日本人の戦力が、少なくもその伝統を顕現し、かつ守りぬいたのである。最後には敗戦したが、部分部分の戦闘状況だけをみてゆくと、いかなる地点においても、よく戦っているのがわかる。国土的、民族的団結力は、秀《すぐ》れた連帯意識で結ばれていたのである。

明治以来の日本兵は、数々の内乱や外征に動員され、戦闘の歴史を刻んできている。この動態を描くだけでも、書物にして数巻は要するだろう。しかしここでは、日本兵の動員された諸種の戦争をごく概略的にたどり、その戦争の実態の一部を示す挿話類を紹介して、戦争と、その場における兵隊の姿とを、ふりかえってみたいと思うのである。もっとも兵隊の戦闘ぶりについては、いかなる事変、戦闘においても、つねに勇戦している。この基本姿勢だけは全く変らないのである。そして戦争の規模が大きくなればなるほど、戦闘能力も強まって行ったことは当然である。

1　台湾の生蕃《せいばん》討伐

明治七（一八七四）年に、西郷従道《つぐみち》を都督とする日本軍が、台湾南部の生蕃牡丹社《ボウタス》、高士仏社《クスフス》等を討伐しているが、日本軍が外征したのはこれがはじめてで、規模の小さい戦闘ではあるが、明治軍隊の初体験としてさまざまに意義もあり、将来の参考にもなった。そうした問題点の少々を拾ってみることにする（落合泰蔵『生蕃討伐回顧録』を参考とする）。

〔琉球は日清《につしん》両属と考えられていた？〕

事件の発端を概説すると、明治四年十一月に琉球列島宮古島と八重山の漁船各二隻《せき》が、台風に遭って台湾南部に漂着した。総勢六十九名。このうち三名は、上陸出来ずに溺死《できし》し、六十六名が上陸したが、上陸と同時に生蕃の手に陥ちて、掠奪《りやくだつ》を受けたり、追われたりしながら山中を逃げまわり、結局五十四人が虐殺《ぎやくさつ》され、首を切られている。

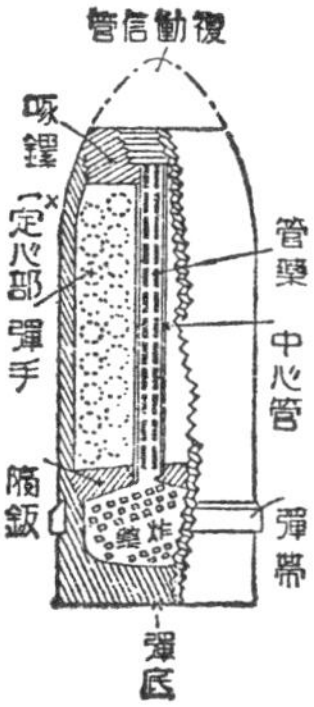

台湾には生蕃と熟蕃の区分があり、生蕃は獰猛《どうもう》な未開族、熟蕃は人の首を切るような風習はもたない、一般人となじんだ部族である。六十六名の漂着民は、人の首を切ることを最高の名誉と考えている生蕃につかまったわけで、無惨《むざん》な最後を遂げたのである。生存者が十二名いたが、それは蕃地付近の実力者楊友旺という者が身代金（品物だが）を出して助けてくれ、ようやく故郷に戻れたのである。

日本政府はこの事件を重視して、生蕃を討滅すべし、という議論が沸いたが、当時は征韓論の可否でもめているさいちゅうであり、かつ清国とも国際関係がうまくゆかず動揺していた。清国では、琉球は清領だから日本が口を出す筋合いではない、といってくるし、日本の内部にさえ「琉球は日清両属の国である、故《ゆえ》に我より琉球の為《た》めに其《そ》の罪を支那《しな》版図の地に問うは名義を得たるものでない」などという平和的な識者？　さえ存在していた。今から思うと奇妙だが、維新の創業まもなくで、国事多端だったのである。

この生蕃問題については、陸軍少佐樺山資紀《かばやますけのり》が大いに奔走している（樺山はのちに台湾総督となっている）。日本政府としては、どちらかといえば気の重い生蕃問題を、討伐に踏み切らせたのは一に樺山の力である。

〔討伐隊の出発〕

このはじめての海外出動に参加した軍隊は、熊本鎮台（後の第六師団）の歩兵第十九大隊、東京鎮台の第三砲隊、及び鹿児島からの志願兵などである。志願兵を鹿児島から集めたのは従道が兄隆盛の力をかりたからである。兵員はほとんど旧士族であった。面白いのはこのとき岸田吟香《ぎんこう》が、従軍記者第一号として参加していることである。もっとも岸田は正式には許可されなかったので、兵站《へいたん》関係をうけもつ大倉組にもぐり込んで行った。

この征台行に参加した軍艦は日進、孟春《もうしゅん》、龍驤《りゅうじょう》、東、筑波の五艦だが、排水トン数いずれも二千トン前後の小巡洋艦並でしかない。運送船は、東京丸、高砂丸等十三隻。一般に六百人以上も、兵員や徴用の雑役人夫を詰め込んだので、身動きもならぬくらい息苦しく、だれもが水ばかり飲むので水が不足し、そのため監視兵が出たがいうことがきかれず、最後には西郷都督自ら水の番をしたというから深刻である。こうした輸送船の苦しみは、明治初期から、大東亜戦争まで、全く変ることがなかったようだ。

〔生蕃討伐に奮戦す〕

討伐部隊は、五月下旬に、台湾南部、西海岸の琅璠《ロオンキヨウ》湾に上陸している。日本兵が敵地で天幕露営をしたのも、このときがはじめてである。生蕃部落は東側の山中にある。討伐隊は三方に分れて行軍を開始したが、蕃人は軽捷《けいしょう》で、隙《すき》をみては藪《やぶ》の中から撃ってくるし、道という道は立木を切り倒してふさいであり、かつ渓川には橋もないので徒渉しなければならない。山道はきわめて嶮岨《けんそ》で、砲や砲弾はとうてい運べず置き去りにした。気候は高温多湿、食物はたちまち腐敗するし、飢えと疲労に悩みながらも各隊は強行軍を重ね、蕃社へ突入し、逃げる敵を追及した。生蕃はもともと慓悍《ひょうかん》な土人だが、日本兵の勇敢な突撃ぶりには全く驚いたようである。

これによって、生蕃の各社は続々と投降してくるようになり、攻撃開始後一カ月ほどの間には、目標とした蕃社ことごとくが帰順、討伐隊は所期の任務を完了した。降伏生蕃には、友好的な扱いをした。仇を討ってやる、というような殺伐なムードはなく、すべて武士道的である。

〔討伐行の教訓〕

この討伐行では、のちの軍隊のように、兵隊が飯盒炊爨《はんごうすいさん》をやる、というようなことはなく、賄係《まかない》として大倉組がついて行き、食糧も運んでいる。兵員一人に米六合の割当であった。従って炊事道具も大鍋《おおなべ》四十枚、ほうろく鍋四枚、飯取桶《おけ》十六枚などか

討伐時に撮られた記念写真

ら、小杓子《じやくし》二百本、大杓子十六本、七輪十個、出刃庖丁《ぼうちよう》二十本、さらに大擂鉢《すりばち》四個、もろこし箒《ほうき》百本、杉割箸《わりばし》一万本などと、こまかい記録が残っている。擂鉢など携行しているのだから、のんきな戦争——と考えられ勝ちだがそうではない。討伐間はともかくとして、その後が悪かったのである。

軍は、この地にマラリアの多いことは知っていたので、キニーネは持参したが、全軍マラリア患者という事態発生で薬品が不足した。マラリアはもちろん、腸チフス等も多く、この討伐に従軍した軍人軍属五千九百九十余人中、戦傷を除いた患者実に延一万六千四百九人である。つまり一人で、二度三度と病気を重ねている。討伐による戦死戦病死等十二名、戦傷二十五名、という数字から推すと、患者数は天文学的である。

これはもちろん初の外征で、医薬品はかなり携行したものの、衛生思想がゆきとどかず、このような結果を生じたのである。一例をあげると天幕露営をすると、その周辺は野糞《のぐそ》をするために足の踏み場もなくなり、蠅《はえ》がわき、それが雨で流れる、というわけで腸チフスを培養するような非衛生なことをやっていたのである。しかしこれは、戦争というものの実態を暗示してもいる。なぜなら、はるかに後年日本軍はニューギニアにおいて、戦死傷者をはるかにこえる戦病死者、飢餓者を数えることになったからである。兵隊がよく戦いながら、しかも病疫に犯される状態はその規模の差こそあれ、生蕃討伐時代もニューギニア戦時代も変らない。これは、兵隊が負う宿命のようなものかもしれない、という気がする。

この討伐に携行した衛生材料のうち、繃帯《ほうたい》類に三角巾《きん》の名がみえる。三角巾はこの当時から使用されていたわけだが、兵隊各自に与える繃帯包ができるのは、もっと後になるのだろう。

衣服について記すと、将校は黒紺のラシャ地、下士卒は黒紺の小倉織地の衣袴を着用した。しかし徴集隊員の服装はまちまちで、絣《かすり》の筒袖《つつそで》の着物に兵児帯《へこおび》、股引《ももひき》に脚絆《きゃはん》、それに日本刀を帯びる、というような者もあった。行動間はみな草鞋《わらじ》ばきである。また駐留間、下士卒にいたるまで浴衣の着用を許されたとある。

糧食では、携帯口糧乙（乾パン）に罐詰《かんづめ》というような便利なものはない。副食物は、アラメ、ヒジキ、糸コンニャク、アジの干物、梅干、沢庵、切干大根などとあげてくると、自ら戦場での給養の模様がわかってくる。主食もだが、副食物の腐敗するのにはよほど参ったらしいが、当然のことである。駐留間、豆腐の製造をしている。懐《なつか》しいのはラムネを製造支給していることである。

2　西南の役

明治七（一八七四）年二月に江藤新平、島義勇《よしたけ》らの起した「佐賀の乱」をはじめ、熊本、秋月、萩《はぎ》に暴動が起っている。いずれも征韓論の容《い》れられなかったための不満か、欧風一辺倒の新政府に対する鬱憤《うっぷん》から発したものである。これらの内乱は、鎮台兵を派遣することによって鎮定したが、戦闘の規模も小さく、兵員の素質を吟味する材料にまでは至らなかった。

しかし、明治十年二月、篠原国幹《しのはらくにもと》、村田新八、桐野《きりの》利秋《としあき》らが率いる一万五千の精兵（旧兵及び私学校党）が、理由を構えて鹿児島を発したことにはじまる西南戦争は、鎮台兵の評価をいちじるしく高めることに役立った。西郷隆盛を総帥《そうすい》とする鹿児島軍が、最後に城山において玉砕せざるを得なくなったそもそもの誤算は、熊本城にたてこもる鎮台兵を甘くみたからである。

鹿児島軍は、先《ま》ず熊本城を陥《おと》して、全九州を勢力範囲に置こうと考え、官軍は死力

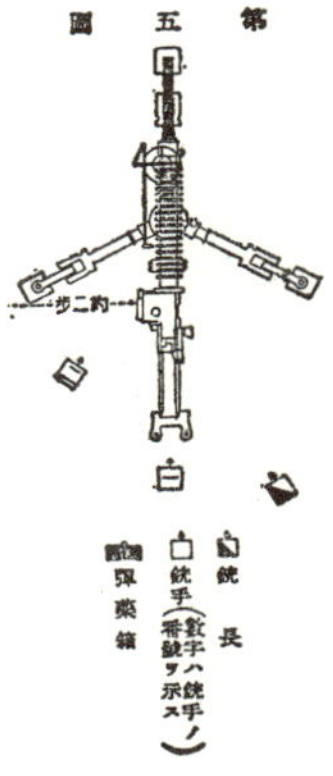

をつくしてこれを防ごうとした。熊本城にあった鎮台司令官谷干城《たにたてき》少将麾下《きか》の鎮台兵は三千七百余、常識としては鹿児島軍の壮兵を支えきれないはずであった。

谷少将は要するに熊本城を守り抜いて、官軍の援兵の来着を待てばよかったので、ほとんど城外へは出動しなかった。鹿児島軍は熊本城を攻略することは、さしたる難事とは思っていなかった。武士階級以外の者が、戦争――という苛烈《かれつ》な状態に耐え得るはずがない、と信じていたからである。

しかし、徴兵によって成る鎮台兵は、よく訓練されていて、規律も厳守、勇敢にして服従心に富み、理想的な守備戦闘を行って、実をいえば自軍の指揮者たちを感銘させているのである。もっとも鹿児島軍の攻撃ぶりには、相当不備の点もあったことを認めねばならないが、城兵を侮《あなど》った気持がそうさせたのであろうと思われる。

〔密使のはじまり・谷村計介〕

熊本城が包囲されているとき、友軍に守備状況を報告させるための密使が何名か出されている。伍長谷村計介はこの中の一人として城を脱出、途中包囲軍に捕われたが、巧みにいいつくろって逃げ、無事征討軍本営にいたりついて名をあげている。この功績が、具体的にどのような恩賞につながるかはわからないが、草莽《そうもう》の庶民が名を残すことがあるとすれば、それは戦場がもっともよい場所である、といえるであろう。その代り、つねに生命の危険にさらされなければならない。もちろん、自らは好まずとも、命令によって危険な任務を与えられることもある。

兵隊が立てる功績——には、その裏にさまざまな意味があるようだ。谷村計介は明治の兵隊の中で英雄になり得た、もっとも古い先輩といえるだろうか。

3　日清戦争

〔軍備の充実〕

年々充実を重ねてきた日本の軍隊は、日清戦争直前には、ほぼつぎのような編成をみていた。

近衛《このえ》師団（明治二十四年に近衛を近衛師団として改称）

第一、第二、第三、第四、第五、第六各師団

ほかに、騎兵七大隊、野戦砲兵七連隊、要塞《ようさい》砲兵三連隊、工兵六大隊と一中隊、輜重《しちょう》兵七大隊、軍楽隊二隊、警備隊一隊、憲兵隊六隊、屯田歩兵五大隊等である。

日清戦争の勃発《ぼっぱつ》によって、戦時編制による諸隊が続々動員され、戦後の三十年には、つぎのような常備軍隊を持つに至った。

近衛師団

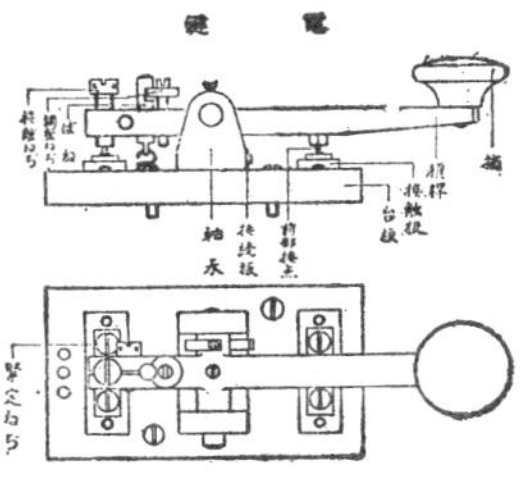

歩兵四連隊（第一、第二、第三、第四）騎兵、野戦砲兵各連隊
工兵、輜重、鉄道各大隊及軍楽隊

第一師団
歩兵四連隊（第一、第十五、第二、第三）
騎兵第一、野戦砲兵第一各連隊
要塞砲兵一連隊（東京湾）
工兵第一、輜重第一各大隊

第二師団
歩兵八連隊（第四、第十六、第二十九、第三十〈以下は翌年第八師団となる〉第五、第十七、第三十一、第三十二）
騎兵二連隊（第二、第八）〈騎兵連隊以下も第八師団分を含む〉
野戦砲兵二連隊（第二、第八）
工兵二大隊（第二、第八）
輜重兵二大隊（第二、第八）
第三師団〈第九師団新設分を含む〉
歩兵八連隊（第六、第十八、第七、第十九、第三十三、第三十四、第三十五、第三十六）
騎兵二連隊（第三、第九）

野戦砲兵二連隊（第三、第九）
工兵二大隊（第三、第九）
輜重兵二大隊（第三、第九）
第四師団〈第十師団新設分を含む〉
歩兵八連隊（第八、第九、第十、第二十、第三十七、第三十八、第三十九、第四十）
騎兵二連隊（第四、第十）
野戦砲兵二連隊（第四、第十）
要塞砲兵一連隊と一大隊（由良《ゆら》、舞鶴《まいづる》）
工兵二大隊（第四、第十）
輜重兵二大隊（第四、第十）及軍楽隊
第五師団〈第十一師団新設分を含む〉
歩兵八連隊（第十一、第十二、第二十一、第二十二、第四十一、第四十二、第四十三、第四十四）
騎兵二連隊（第五、第十一）
野戦砲兵二連隊（第五、第十一）
要塞砲兵一連隊（呉《くれ》）
工兵二大隊（第五、第十一）

輜重兵二大隊（第五、第十一）
第六師団〈第十二師団新設分を含む〉
歩兵八連隊（第十三、第二十三、第十四、第二十四、第四十五、第四十六、
第四十七、第四十八）
騎兵二連隊（第六、第十二）
野戦砲兵二連隊（第六、第十二）
要塞砲兵二連隊（下関、佐世保《させぼ》）
輜重兵二大隊（第六、第十二）
警備隊一隊（対馬《つしま》）
第七師団（北海道）
独立歩兵大隊一
独立野戦砲兵大隊一
要塞砲兵大隊一（函館）
独立工兵大隊一
屯田歩兵四大隊（第一乃至《ないし》第四）
屯田騎兵、砲兵、工兵各一隊
台湾守備混成旅団〈前記各師団より分遣〉
歩兵六連隊（第一——第六）

騎兵三中隊（第一――第三）
野戦歩兵三中隊（第一――第三）
要塞砲兵二大隊（基隆《キールン》、澎湖島《ほうことう》）
工兵三中隊（第一――第三）
憲兵隊十二隊（第一――第十、韓国臨時、威海衛《いかいえい》臨時）
（田辺元二郎『帝国陸軍史』に拠《よ》る）

右のように、日清戦争によって、日本の軍制は大きく前進、近代陸軍として脱皮しつつ、十年後の日露戦争へ向けて拡充を重ねてゆくのである。

日清戦争は、明治の陸軍が、外地へ遠征し、野戦行動による戦闘を行った最初のものである。従って、それに従軍した兵隊たちにとっても本格的外地戦の初体験であり、いわゆる第一陣の戦争体験世代が生まれてくるわけである。そうしてその戦争体験も、従来の内乱や小事件とは根本的に違っていた。多くの兵団が動員されたため、先陣争いを競う気風も、この戦争から顕著になりはじめる。

日清戦争は、明治二十七年五月の韓国南部地方に起きた東学党の暴動を契機に、日清両国が韓国に派兵、七月に至って遂《つい》に両軍衝突して戦端をひらくことになる。日本軍は成歓《せいかん》の戦闘を手はじめに、平壌《へいじょう》を攻略、鴨緑江《おうりょっこう》畔で戦い、敵を撃破して渡河、以後連戦連勝をつづけて旅順口《りょじゅん》、海城《かいじょう》、営口《えいこう》等を占領、翌年四月、清国の降伏により講和条約の調印を終った。

〔玄武門一番乗り〕

軍隊の歴史は、その表面は、作戦の経過が綴《つづ》られ、散兵戦で花と散る兵隊の業績は記されない。しかし、戦史の裏面は、実働した兵員の血と涙、喜怒哀楽の様相によって彩《いろど》られる。そこには軍神として語り継がれてゆく英雄の系譜があり、また数々の武勇談が次第に伝説的な色彩を帯びながら伝えられてゆく。日清戦争は、いわば、そうした軍隊美談の発生点といえるだろう。なかでも、平壌攻撃の際の玄武門一番乗りとして評判の高い原田重吉について、つぎのような記述がある。（兵東政夫『歩兵第十八聯隊史』に拠る）

敵軍退路遮断の方針を敵陣突入にきりかえた佐藤支隊は、第五堡塁《ほうるい》、第四堡塁をうばい、第二堡塁に突入した。清軍は堡塁をすてて城内に逃げ込み、城壁によって立見・佐藤の両支隊に反撃を加えてきた。砲兵隊はさかんに城壁に砲弾を射《う》ち込むが、砲弾ははね返ってほとんど効果はあらわれない。佐藤支隊の歩兵第十八連隊は、その砲撃の下を攻撃前進したが、砲兵の協力がないとなれば、城内に潜行して城門を破壊するか、城壁をよじのぼって突入するよりほかはなかった。突撃隊長門司少佐は、第六中隊将校斥候三村幾太郎中尉の一隊に、城内進入の位置を偵察に赴くように命じた。城壁のまがり角に通ずる小道を発見した中尉は、これを門司大隊長に報告、さらに十六名の部下をひきつれて城壁の下に達した。

中尉は城壁のまがり角に玄武門のあることを発見した。もちろん城門はかたくとざされている。中尉は部下とともに楼門にかけあがる。おりから立見支隊と交戦中の乙密台あたりの敵に発見されてしまった。はげしいねらい射ちが集中した。中尉の一隊は、やっと楼上の低いひさしに身をかくし、敵弾をふせいだ。清軍は五連発銃、味方は一連銃、しかも持っている弾薬は七十五発、このままではあぶない。十三名が苦心のすえに城内に入りこんだ。負傷者が出る。このとき、一等卒原田重吉は太田政吉一等卒とともに、三村中尉の命令をうけて門扉《もんぴ》にかけよった。山と積まれた石をしりぞけ、二人は門に手をかけた。動かぬ。原田一等卒は錠に両手両足をかけて満身の力をひきしぼって城門をひきあけた。

——これが、英雄の誕生する前後の状況で、なかなか劇的である。英雄は、戦闘の場面、確認者の存在及びそうなるための運不運によって左右される。この玄武門は、たぶん「一番乗り」の第一号であろう。これ以後兵隊とそれに関連する人々の思潮の中に、一番乗りの意識は次第に濃厚になり昂揚《こうよう》されてくるのである。そうして日中戦争ごろになると、無数の原田重吉的英雄が登場し、武勇美談は枚挙に遑《いとま》がなくなってくる。

〔軍歌になった白神源次郎と木口小平〕

この二名のラッパ手については、対照して読むと考えさせられる記述があるので、それを引用させていただくことにする。『熊本兵団戦史』（同編纂委員会編集）にはつぎの如《ごと》くある。

〈死んでもラッパを離さなかったラッパ卒木口小平の話はあまりにも有名である。無名の兵士として、その学識教養の深さにおいてなんら特記すべきものがないラッパ卒の業績が歌にまでなって伝えられたのは、一におう盛な責任感によるものである。この見上げた一兵は松崎中隊長（成歓の戦闘で勇戦戦死した松崎直臣大尉）の部下であった。〉

別な記述は『近代の戦争1　日清戦争』（松下芳男）の「豊島及び牙山《がざん》の戦闘」の項にある。

〈安城渡しの戦闘のとき木口小平という喇叭《ラッパ》手が、咽喉《のど》を弾丸に射抜かれたにもかかわらず、喇叭を口から離さず吹きつづけた、という話が伝えられ、菊間（加藤）義清の作歌「喇叭の響」という軍歌となった。筆者の幼年時代には、この喇叭手は白神源次郎といったが、どういうのかのちに、木口小平となって、小学校の教科書に現われた。木口は歩兵第二一連隊第一二中隊の喇叭手で、七月二九日の戦死である。白神は同じ喇叭手で、このとき戦死したのだという。〉

〈明治の軍歌〉

日清戦争の折に、「勇敢なる水兵」などいくつかの軍歌がうまれ、のちのちまで愛《あい》誦《しょう》されている。木口、白神両ラッパ手については一つは「安城の渡（喇叭の響）」に〝この時一人のラッパ手は／取り佩《は》く太刀の束の間も／進め進めと吹きしきる／進軍ラッパの勇ましさ〟と歌われ、「白神源次郎」には〝左手《ゆんで》に傷を押えつつ、右手《めて》に喇叭を握りしめ、吹き鳴らすなり勇ましく、露よりもろき身なれども、息ある限りは我が役目〟と歌われている。いずれにしろ両ラッパ手としては、以《もっ》て瞑《めい》すべき、というべきだろうか。

「安城の渡」「白神源次郎」両歌とも、十数節に及ぶ叙事詩スタイルの作品で、軍歌が叙事詩的に作られはじめたのは、この時期からである。叙事的な精神というのは、国家や民族がさかんな進展膨張を示している時にあらわれる現象であって、いわば民族精神の反映である。この叙事的軍歌は、日露戦争にいたって「水師営の会見」「橘《たちばな》中佐」等の傑作を生むが、軍国主義暴走の昭和初期に入ると、軍歌は叙事性を失い、遂には卑弱な軍国歌謡でお茶を濁すにいたり、遂に大敗を喫するのである。従って軍国日本の消長は、軍歌の歴史をたどっても解明される、といえるのである。

4　台湾征討

〔征討軍出発〕

台湾征討軍（近衛師団・北白川宮能久《よしひさ》親王師団長）が、台湾の北東三貂角《さんちょうかく》に上陸をはじめたのは、明治二十八（一八九五）年五月二十九日である。

日本は日清戦争によって台湾の割譲を受けたものの、台湾総督樺山資紀が淡水に上陸してそこで授受を行おうとしたが、暴起した島民の発砲によって果たせない。よって清国代表李経方と艦上で授受の事を終え、爾後《じご》、台湾の叛徒《はんと》討滅の軍を起すことになったのである。日本が台湾へ軍を進めるのは、明治七年の生蕃討伐以来である。生蕃討伐時は、台湾南端の小地域の粛清にとどまったが、今度は全域を平定せねばならなかった。

上陸部隊は、出没する敵の抵抗を排除しながら、基隆へ向っている。火砲は山砲八門、兵員は弾薬各自百五十発、携帯口糧三日分を所持している。頂双渓《ちょうそうけい》を経、三貂大

嶺の嶮《けん》を越え、瑞芳《ずいほう》でかなりの抵抗に遭ったがこれを駆逐して基隆へ入城、つづいて台北攻撃に向い、六月七日には先発隊は台北城に進攻している。

敵は南下敗走しつつあったので、これを追って部隊は新竹へ向けて出発している。この行軍の途中、部隊は基隆にある夫が新竹にいる妻に宛《あ》てて出した手紙を手に入れたが、それによると、日本軍は基隆ではなんら暴掠《ぼうりゃく》の様子がなく安心せよ、といった文意が認《したた》めてあった。軍紀厳正に平定作戦を行っていたものであったことがわかる。

台北から南下するにつれて、次第に戦況はきびしさを増してきた。出没する土匪《どひ》を相手に戦いながらの南下である。従って戦史に刻まれるような、兵隊の活躍ぶりも目立ってくる。その二、三に触れてみると——。

〔城壁の挺身《ていしん》攻撃〕

台北と新竹の中間あたりにある安平鎮は、防備が堅くてなかなか陥《お》ちなかった。砲兵隊がほとんど弾丸を撃ちつくしても城壁がこわせない。そこで綿火薬をもってこれを爆破することになり工兵隊の森田少尉が、中村軍曹、大森、横山両上等兵、嵯峨山《さがやま》伊造の四名を選抜して挺身隊となった。弾雨下、大森上等兵が接近して爆薬を投じたが破壊に至らない。つづいて中村軍曹が投げたが城壁に少々届かない。すると横山上等兵がとび込んでその爆薬を拾い、狙《ねら》い撃ちされながら城壁下に装置し、身を引く途中に発火、壁は九尺余もこわれ、横山上等兵は負傷のまま味方の位置にもどって来ている。また正門攻撃では浜名、藤田両上等兵、深井一等卒等が、挺身して爆薬で門扉を砕いている。この安平鎮攻撃で工兵隊は六人死に二十人負傷した。ふつうなら、こうして突撃路をひらいた以上突撃すべきだが、本隊は突撃せず、逆に背進して砲弾の補充を待ってさらに砲撃、日没になったという理由でその日は攻撃をやめている。そうして翌日、敵の逃げ去ったあとに攻め込んでいる。ちょっと理解に苦しむが、どっちみち勝つにきまっている、という安心感と余裕で戦闘しているように思える。しかしそれなら無理をして、挺身攻撃をさせる必要があったのかどうか。

〔三角湧《さんかくゆう》の報告使〕

台北から南へ大姑陥河が流れているが、これに沿って南下した部隊（坊城大隊）に糧秣《りょうまつ》を届けるため桜井特務曹長他三十二名の下士卒が支那《しな》船で出発した。七月十二日に三角湧に達し一日分を陸揚、翌日、さらに船を進めたとき、途中で両岸から土賊の包囲攻撃を受けた。輸送隊は苦戦に陥り、隊長戦死、江橋軍曹は部下を励まして二度突貫反撃したが、敵は四百に近く、味方は遂に十二名になった。そこで本隊へ状況報告を送ることになり、田中石松、山崎運平、水島津左衛門各一等卒、奥田角太郎二等卒の四名が選ばれた。残りの兵は四名を発《た》たすとともに、みな善戦して死んでいる。四名の報告使のうち、田中は池の中に潜むこと八時間、巧みに河流を利用して海山口に達し、友軍に連絡するを得た。他の三名は負傷したが、のちに本隊に合流している。これは輸送隊が敵に襲われた初のケースであるかもしれない。このときのことが「三角湧」（旗野十一郎作詞、鈴木米次郎作曲）という軍歌になっている。〝重き使命に石松は、忍び難きを忍ぶ草、よしあし繁《しげ》き沼に臥《ふ》し、暮るるを待つは八とき半〟と歌われている。

この三角湧付近は土匪の巣窟《そうくつ》で、坊城大隊も重囲に陥ち、小賀軍曹他三名の兵が密使として脱出を図っている。土人の服を着、油墨を満身に塗り、黒布で辮髪《べんぱつ》までつくるという、熊本城密使谷村計介よりも、もっと骨の折れる化け方をしている。

討伐部隊は、新竹を拠点に掃攘《そうじょう》戦をつづけたあと、苗栗《びょうりつ》、彰化と南進、十月九日に総攻撃で嘉義《かぎ》を陥した。このとき、玄武門の一番乗りに負けじと、北門は古田、森原両一等卒、西門は中村、若林、万田各一等卒が先登して一番乗りとなった。

嘉義の陥ちたあと、敵将劉永福が和議を求めて書信をよこしたが、その態度不遜《ふそん》であるとして、日本軍はうけつけなかった。劉が樺山総督に宛てた文中に「近頃道路の伝聞に拠《よ》れば貴国の軍律厳ならず姦淫焚戮《かんいんふんりく》至らざる所なしと」という少々気になる表現もある。敗走する土賊が相当悪辣《あくらつ》なので、その罪を転嫁《てんか》されたのか、それとも、戦況激化するにつれて、兵員間に鬱憤《うっぷん》晴らしをする風習も出たのか、よくわからない。

日本軍は台南を攻撃し、劉永福は海上にのがれ、ここに上陸以来六カ月にわたった台湾征討戦が終りを告げる。この間、大小の戦闘七十余度、将兵の損耗（斃没《へいぼつ》）千を以て数えた。敵は雑軍とはいえ、生蕃討伐などの比ではなかったのである。師団長北白川宮は、台南へ入城する前に病を得、内地へ帰還後まもなく薨去《こうきょ》された。台湾征討のもっとも大きな人的犠牲であった。

5　北清事変

〔義和団の蜂起《ほうき》〕

日清戦争のあと、日本は、露、独、仏の三国の干渉によって、遼東《りょうとう》半島を清国に還付せざるを得なかった。露、独、仏は、この恩義を売ったお返しに、清国からそれぞれ旅順、膠州《こうしゅう》湾、広州湾を租借することに成功し、英国もまた威海衛を入手した。

義和団の蜂起は、いわばこうした外国の侵略に対する反撃行動であり、従って清朝もこれを義賊視している。義和団の「扶清滅洋」の思想と行動は激烈で、各国の公使は居留民保護のため、自国軍隊を呼び、暴徒を鎮圧する必要に迫られた。日本もまた共同出兵の動議に応じて出兵することになった。明治三十三年六月である。

この北清事変出兵について、特筆すべきことの一つは、各国の軍隊に比較して、日本の軍隊が、いかに軍紀厳正、かつ優秀な戦闘力を持っているかを、実地に証明したことであろう。そしてもう一つは日本軍隊も、親しく外国軍隊と協力したことによっ

第七圖

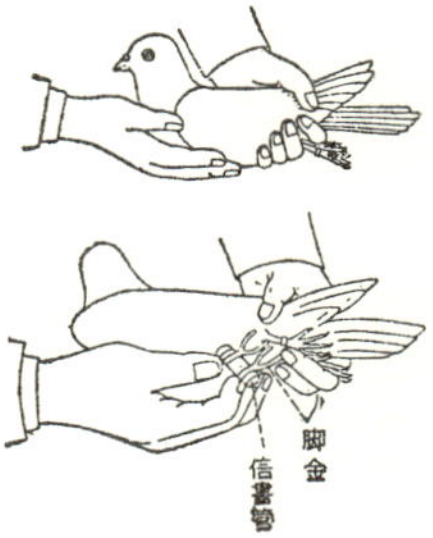

て、その装備や戦闘法などに、種々得るところも多かった、ということである。たとえば飯盒《はんごう》のようなものにしても、日本は柳で拵《こしら》えた弁当入を使用していた。水筒・天幕・靴・脚絆《きゃはん》もそうである。携帯用糧秣等においても、外国軍に較《くら》べ不備であったことは当然である。

北清事変については『ある老兵の手記』（藤村俊太郎）なる従軍記録があり、また巻末に詳細な「解説」（大山梓《あずさ》）が付載されているので、これらによって、共同出兵の模様をさぐってみることにする。

北清事変には、日本軍は第五師団を出動させた。出兵各国の兵力はつぎの如くである。

（日本軍）歩兵六千六百名　騎兵百五十名　野砲十八門　山砲三十六門　工兵四百五十名
（露　軍）歩兵三千三百名　騎兵百八十名　野砲十六門　機関砲六門
（英　軍）歩兵千八百五十名　騎兵四百名　野砲六門　機関砲四門　海軍十二ポンド砲三門
（米　軍）歩兵千六百名　海兵百五十名　騎兵七十名　野砲六門
（仏　軍）歩兵四百名　野砲六門　山砲十二門

これに対する敵の兵力は総計約四万であった。

日本軍は大沽《タークー》に上陸し、天津に入り、各国軍と協同作戦をしながら、団匪を追いつつ北京《ペキン》に入り、敵の包囲下にあった北京を解放するのだが、その間各国軍とも、とかく競争意識に駆られたのは当然であろう。

〔各国の軍隊はいかに戦ったか〕

大沽には砲台が三カ所あり、日本軍陸戦隊は強攻して第一砲台を占領、つづいて第二砲台を占領したが、占領を合図する日章旗がなくて手間どっているうち、あとから続いてきた英国軍が、自国の旗を掲げた。功績を要領よく横取りしてしまったのである。

騎兵第五連隊は、天津へ向っている途中砲撃にさらされたが、あとで露軍の誤射とわかった。満洲騎兵と間違えられたのである。露軍は、形勢不利とみると、なるべく自軍は進まず、日本軍を先に進ませるように工作している。そのくせ掠奪《りゃくだつ》専門で、目星いものは荷車に積んで運んでゆく、という徹底ぶりだ。ただ、このとき日本軍は、露軍のもつ機関銃というものをはじめてみた。この機関銃がのちの日露戦争で、日本兵を大いに悩ますことになる。

当時の戦闘詳報から日本軍の活躍ぶりをひろってみる。天津城攻撃の模様である。

「此日《このひ》ノ戦闘ハ我陸海軍派遣隊ノ全部殆《ほと》ンド出兵シ、英国兵九百、米国兵約百ノ外ハ

北清事変時に砲撃で破壊された北京正陽門

総《すべ》テ我国兵ニ係リ其《その》数一千四百余名、独リ舞台ト云《い》イテ可ナル大戦争ヲ為《な》セリ、此ノ大部隊ノ兵員ガ何《いず》レモ其動作ノ勇壮ナリシハ各国人トモ感嘆セシ処《ところ》ニシテ、殊《こと》ニ英国兵ノ如キハ非常ノ好意ヲ以《もつ》テ之《これ》ヲ迎エタリ」

「連合軍ハ七月十四日午前四時、天津城及ビ砲台ノ攻撃ヲ開始シタレドモ、清国兵ノ防戦強烈ナルヲ以テ、之ニ接近スル能《あた》ワズ。七月十五日午前四時ニ至リ、日本兵先鋒《せんぽう》トナリ、銃槍《じゅうそう》突貫ヲ試ミ、遂《つい》ニ天津城ヲ占領ス。天津砲台ハ七月十四日朝以来、露独之ヲ攻撃セシガ、同日午後十一時ニ至リ、日本兵之ヲ占領ス。日本兵ハ砲四十門ヲ、露国兵ハ同十二門ヲ分捕セリ」

ところで、天津入城後の模様はどのようであったか。

「天津城ノ陥落後、日本兵ハ厳粛ニ軍紀ヲ守リ、其行為善良ノ顕著ナルト同時ニ、他国兵ハ家屋劫掠《ごうりゃく》、放火及強姦《ごうかん》等ノ行為アリ、城市ノ内外ニ留リタル清人ハ何レモ『大日本順民』ノ文字ヲ染メタル我国旗ヲ掲ゲ、我兵ノ行為善良ニ対シ歓喜ノ至情ヲ表シ、我軍ニ服従スルノ真意ヲ示シ、且《か》ツ其敬礼ノ証左トシテ、我番兵ニ茶果・糕餅《むしもち》ヲ齎《もたら》セリ、我軍隊ハ斯《かく》ノ如ク日々清人ノ信憑《しんぴょう》及敬意ヲ博シツツアリ」

概略右の如くで、日本軍は清人及び居留一般外人のすべてから賞讃《しょうさん》を浴びたのである。こうした事情が報道されると、日本内地の民衆も、大いに日本軍を誇りとすることになる。第五師団が出征時、ろくに見送りもなかったのに、凱旋《がいせん》の時は朝野をあげて歓迎した。『ある老兵の手記』の作者は当時軍曹で従軍したが、国を出るときの見送人は債権者一人きりで、それも借金を返しておいてくれ、といってつきまとってきたのである。ところが帰還の時は、宇品《うじな》まで、十七里の道を飛ばして、郡長代理が出迎えに来ていたのである。

とにかく北清事変時における日本兵は、世界最良の精兵だったことが証明されたのである。白人兵の暴掠ぶりについては、義和団に対してのみでなく、中国民衆そのものへの蔑視《べっし》のあったことは見のがしてはならない。

6　日露戦争

日本がロシアに対して宣戦を布告したのが、明治三十七（一九〇四）年二月十日である。

日清戦争後、清国は列強の侵略の的にされたが、ロシアは特に極東進出の関心が強く、清国と内密に条約を結んで、東清鉄道の支線を延長して満洲制圧を企図、また旅順に軍港を整えて要塞《ようさい》を築いた。明治三十六年には鴨緑江一帯に軍隊を配置して、北鮮侵入の機を窺《うかが》いはじめた。日本としては、これを受けて立たざるを得ない立場に追いつめられたわけである。

日露開戦と同時に、日本軍は第十二師団の一部（韓国臨時派遣隊）が佐世保を発して仁川《じんせん》に上陸、直ちに京城《けいじょう》を占領、爾後《じご》、近衛、第二、第十二各師団の進発、つづいて第三師団、第一師団等が増派され、戦況の進展とともに派兵がつづいた。正直なところ日本としては大国ロシアに勝つ自信はなかったし、乾坤一擲《けんこんいってき》の勝負に賭《か》けたので

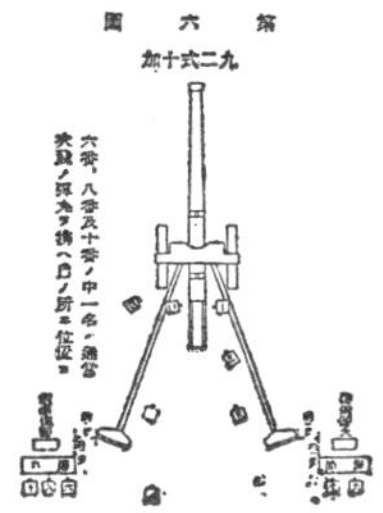

ある。それだけに前線銃後ともに熱誠をこめて戦った。

日露戦争は、精神的には、もっともよく上下一致して事に当った戦いであるといえよう。また作戦的には、大野戦軍が曠野《こうや》で激突するという、典型的な戦争であった。のちの日中戦争にくらべれば、もちろん様式は単純だが、精魂こめた戦いであっただけに、部隊や兵員の功績は、十二分に戦史のページを彩《いろど》るに足りたのである。

韓国よりの北上部隊と、遼東半島上陸部隊は、それぞれ善戦敢闘して、九連《きゅうれん》城、鳳凰《ほうおう》城、また南山、金州、得利寺《とくりじ》、遼陽《りょうよう》、沙河《さが》、さらに旅順を攻略し、翌年黒溝台を撃ち、奉天会戦で敵を総退却に追い込んだ。そうして海戦による大勝利と相俟《あいま》って、九月五日の講和条約の締結となる。

〔旅順攻撃の辛酸〕

日露戦争は日清戦争に較べると、規模もまるで違うし、戦死傷者も格段に多い。ことに旅順攻略戦において、夥《おびただ》しい兵員の死傷をみたことは、広く人々の語り草となっているところである。

旅順は周辺の山地にびっしりと堡塁《ほうるい》が築いてあり、難攻不落を誇っていた。そのうちの一つ、東鶏冠山北堡塁をみると、敵の守備兵一個中隊、八十七ミリ、五十七ミリ砲各四門、ほかに機関銃を持っている。堡塁の前には地雷を敷設《ふせつ》してあるし、三千ボルトの変圧電流を通した鉄条網もある。この堡塁の攻撃は第十一師団が分担した。

旅順は日清戦争当時には一日で陥落したので、今度も手際《てぎわ》よく片付けるつもりで、湯茶の代用にラムネを腰にさげていた兵隊もいた。ところが案に相違して敵の守備は強硬、第一回総攻撃は北堡塁を歩兵第四十四連隊が受け持ったが、地隙《ちげき》が屈折し、岩石の散らばる悪い地形で、進むに従って死傷続出、先登部隊は全滅し、わずかに第二堡塁だけは占取したが、これも逆襲に遭って全滅、全軍退却を余儀なくされている。

第二回攻撃は、攻路——と呼ぶ深い壕《ごう》を掘り進めて、敵塁に近づこうとした。しかし土質に岩石がまじるので、一日わずかに二メートルしか掘れない。さらに敵の方でもこれに気づき、地下から壕を爆破しようとして掘り進んでくる。当然いつかは爆破されるのだが、工兵第十一大隊の兵隊は黙々と掘り進み、遂に敵の爆破に遭って一団の兵員が戦死した。

しかし敵は、日本兵を倒すと同時に、自陣の鉄条網の一角をも爆破してしまい、ペトンで囲んだ堡塁の一部をも露出させてしまった。穹窖《きゆうこう》（射撃用にあけた穴ぐら）がみえたのである。日本兵は夜になって攻撃をかけ、遂にこの穴ぐらの中にもぐり込み、穴ぐら戦が展開されたが、敵の猛反撃にさらされて後退した。

日本兵は日を改めて、穴ぐらへの突撃を敢行し、堡塁の一部分を占領したが、何分にも犠牲が多く、攻めづらく、このときも攻撃は失敗した。第一回の攻撃から二カ月以上経《た》っている。さらに十日後、決死隊が出て、敵兵の話し声のきこえる地点まで進出して、爆薬をしかけて爆破、これによって堡塁正面の外壕を占領した。

こうした攻撃を、その後一カ月くり返し、犠牲に犠牲を重ねて、ようやく全堡塁を占領したのである。このときには二〇三高地で知られる爾霊山《にれいさん》も陥《お》ちていた。ともかくどの堡塁も、出血の限りをつくして攻めとったのである。

この北堡塁の攻撃は、かなり合理的な戦法で行われているが、遮蔽物《しゃへいぶつ》のない禿山《はげやま》の爾霊山を、ただ駈《か》けのぼってゆくだけの正攻法では、出血を重ねるだけにとどまっている。出血を重ねつづけ、結局出血の量だけで奪ったのだが、こういう攻撃法なら、どんな無能な指揮官でもつとまるのではないか、という疑問はどうしても残るのである。

この旅順戦のとき、ときどき休戦して戦場整理を行った。休戦交渉係が双方から出るが、これは銃を逆にかつぐことになっていた。そうして戦場整理してはまた戦い、しばしば銃弾が尽きて互いに石を投げ合うような戦闘までして、ようやく各陣地を占領したわけである。

このころはまだ、野戦看護婦というものはいず、負傷者は野戦病院の看護卒の手当を受けた。内地からの慰問袋は送られてきた。慰問袋はこのときが始まりではないかと思う。慰問団というのは来なかった。慰問団はあったが、内地の病院などを廻っていただけである。

日露戦争はきびしい戦闘がつづいただけに、部隊または個人に対する感状や賞詞などもたくさん出た。感状とか賞詞とかいうものが、兵員の間に大きな意味をもって認識されはじめたのも、この戦争から、というべきであろう。

7　シベリア出兵

日本軍がシベリアへ出兵したのは、大正七（一九一八）年八月である。北清事変の場合と似て、このときも日本軍はアメリカ、カナダ、イギリス、フランス、イタリア、ポーランド等連合軍各国の軍隊と協力し、しかも出兵数が多いので主導権をとった。もちろん善戦している。ふつうなら日本軍の栄光を世界に示した、ということになるのだが、出兵目的が明確でないのと、あらゆる意味で国家的損耗を蒙《こうむ》ったにすぎない結果になったため、あたら辛労を重ねた兵隊たちも、その巻ぞえを食ったことになったのである。けれども戦争の目的がどうあったにしろ、兵隊が、いかに戦ったか、という歴史上の事実はかわらないはずである。

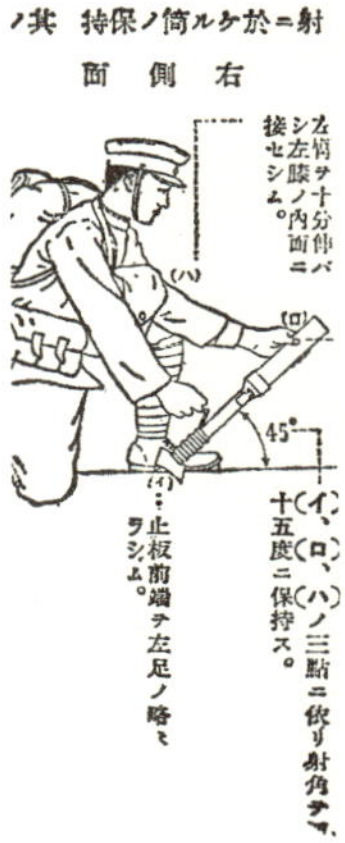

〔チェコの独立運動〕

十六世紀に、オーストリアに併合され、爾来久しきにわたって独立の悲願を失わなかったチェコスロバキアは、第一次欧州大戦の勃発《ぼっぱつ》とともに、ようやくその機の訪れたのを知った。むろん大戦には、同盟軍（独墺《どくおう》側）に与《くみ》して戦線に投入されたが、続々と逃亡してロシア領へ入り込み、そこで義勇軍を編成した。チェコ国内、または外地にいるチェコ人も、それぞれの場で独立運動に努力したことは当然である。

ところが当のロシアは、ロマノフ王朝が倒れて革命政府が出来、革命政府は独墺と単独講和をして、戦線から離脱してしまった。在ロシアのチェコ軍は、フランス戦線に赴いて連合軍側に合流することをきめたが、この大転進は妨げられた。革命政府はドイツから、チェコ軍の武装解除を行うことを要求され、それに従おうとしたからである。革命政府を支持する過激派軍は、独墺の捕虜と合流して、チェコ軍の武装を解除しようとしたため、当然ここで衝突が生じたのである。

ロシアの単独講和で動揺を来《きた》していた連合軍は、チェコ救援を名目としてシベリアへの共同出兵を企図、日本にも熱心な出兵要求が来た。日本がこれを受諾したのは、過激派軍から満鮮を守り、居留民を保護するためである。日本軍は第十二、第三、第七師団等をシベリアへ派兵した。

爾来日本軍はシベリア各地で戦闘するが、傘下《さんか》の連合軍は兵力も少なく役にも立たず、結局日本軍だけが骨を折り、出血を強いられるのである。欧州大戦は大正七年十一月に終るが、それでもシベリアでの作戦はつづいている。しかしそのうち、ソ連内部の事情も国際状勢も変化し、大正九年にアメリカはさっさと撤兵し、つづいて各国軍も引き揚げてしまう。日本軍が撤兵したのは大正十一年六月、実に足かけ五年にわたっての、シベリアでの駐留であった。

シベリア出兵の是非については、種々の論議があるが、それはここでの本旨ではない。それで、シベリア出征兵士の苦労、戦いぶりの一端に触れておきたいと思う。

〔田中大隊の全滅とユフタ戦記〕

出兵部隊は、守備と討伐の生活に明けくれたが、ときには悲惨な結果を生む戦闘と遭遇した。歩兵第七十二連隊の田中大隊がそれである。

大正八年二月、田中大隊は旅団の冬期討伐に参加し、ハバロフスクから鉄道でユフタまで進んだ。敵状捜索のため香田小隊が橇《そり》を連ねてスクラムスコエ村まで来ると、敵がそこに駐留しているのを発見した。このころの敵は農民が主で、過激派の徴募に応じたものだが、騎馬や銃猟の腕はみがいていたし、何よりも寒気に強い。香田小隊が情報を収集中、道案内のロシア人民警が誤って発砲し、そのため敵の気付くところとなり、香田小隊は激戦の末全滅した。偵察隊だから逃げればよかったのだが、傭《やと》っ

シベリア出兵でソ連内の原野を行く日本軍騎兵

た農民の橇が敵におびえて逃げ去ってしまい、雪中に置き去りにされたのである。ただ一台だけ残っていた橇に、四名の負傷者をのせて本隊へもどした。

この四名の報告により、直ちに田中大隊は救援に出発した。しかし橇がなかなか集まらず、ようやく進発して目的地の近くへ来たとき、すでに香田小隊を全滅させて、移動してくる敵の前衛とぶつかった。大隊はこれを撃破、逃げるのを急追しようと思ったが、このときも農民の橇隊が逃げ散ってしまっている。厳寒期の雪中戦では橇か馬がないと動きがとれない。すると敵の本隊が逆襲してきた。その数五千。田中大隊百五十一名は死闘の限りをつくして全員玉砕している。

このころ、別動していた同大隊の西川砲兵小隊、森山小隊も、勝に乗じた敵大部隊の包囲に陥ち、悪戦の上全員玉砕した。シベリアの雪上に、一個大隊が消滅したのである。

しかし、一人の生存者もいなければ、戦況の伝えられるはずはない。実は五人の日本兵が蘇生《そせい》し、これによって凄惨《せいさん》な戦闘の模様が報告されたのである。

そのときの生存者の一人である、山崎千代五郎上等兵が、のちに戦歿《せんぼつ》した英霊に捧《ささ》げて、まとめた一書が『ユフタ実戦記・血染の雪』である。何人かが奇跡的に生き返ったのも、あるいは厳寒が幸いしたのかもしれないが、この山崎上等兵の手記には、敵に刺殺される前後の無気味な体験の描写がある。

「――敵中に突撃した私は忽《たちま》ち七、八名を斃《たお》して、右に向き変り敵の将校らしい胸に銃剣が届いたと思った刹那《せつな》、左背部を大きな槌《つち》で力一ぱい撲《なぐ》られたような気がした。あっと思う間に敵の三角形の銃剣の先が、三寸ばかり防寒外套《がいとう》を貫いて、私の右胸部に突き出た。ちらっと剣先が眼に入ると同時に、身体中が硬張《こわば》って自由が利《き》かなくなり、そのまま雪の上に俯伏《うつぶ》せに投げ出された。すると、敵は剣を抜こうとしたが、一向抜けないので、二、三間私を引擦り廻した揚句、今度は体に足をかけて引き抜いた。その時何ともいえない気味の悪い気の遠くなるような音がした。

銃剣を抜くとすぐまた、右の肋《あばら》から胸へ突き刺し、さらにまた、右の肋から左の胸へかけて突き刺し、頭部を突いた。ズブーリ、ズブリッと突き刺されるのをかすかに覚えながら私は痛みも感じなかった。

後に軍医の話によると第一の貫通刺創は、背から胸へ突き抜けて、抜かれぬ程に背と胸の両方で肉が噛《か》みついていた為《ため》に、引摺《ひきず》り廻されたけれども少しも内臓を傷つけなかったので、もし剣尖《けんさき》が胸腔内にあったら肺臓も心臓も滅茶々々になってしまうところであったし、第三の創《きず》も心臓を二分とか三分とか避けていたそうである」

「ようやく気が付いたときは、四辺は全く暗くなっていた。私の倒れている側《そば》近く大砲の弾丸が幾つも飛んで来て爆発する。その音で私は気がついたのであろう。雪の上に俯伏して顔を雪に突込んでいた。起きようとすると防寒覆面が凍りついていて頭があがらない。それを脱する力が出ないのである。

すると、何だかゾロ〳〵ゾロ〳〵音が聞えてくる。橇の通るような音に思われるので、やっと頭を雪から外したが、背に大きな岩でも背負っているようでなか〳〵起き上れない。朦朧《もうろう》として来る気を張りながら、暗闇《くらやみ》の中を横にすかしてみると四、五間離れたところを敵の橇縦隊が走っている。森林を横切って道路を通過しているらしい。後から後から間断なく走ってゆく橇縦隊の頭上で、これも間断なく砲声が炸裂《さくれつ》している。五、六間、十間程離れたところで、敵のまん中に落ちてくるとみえて、行進が止ったり続いたりした。

〃確かに味方の砲に違いない。ああもう少し早く来てくれたら、こんな悲惨な全滅をするのではなかったものを〃

と残念だったが、非常に嬉《うれ》しくて元気が出て来た……」

それから上等兵は、戦況報告をせねばならぬ、という使命感に燃えて、雪中をよろめきつづけて、遂に友軍の位置にたどりつくのである。

右の文章を引例させてもらったのは、当時の戦況、兵隊の責任感を知ってもらうためもあるが、ほかに、死から生へもどされる実感を知ってもらいたかったからである。シベリア出征のみならず、今日迄《まで》に無数の兵員が死んでいるが、この文章はそうした兵員の〃死〃と、それを悼《いた》む人々に、なんらかの鎮魂と鎮静を与えてくれる、と思ったからである。同時にこれはすぐれた個人戦記であり、個人戦記の嚆矢《こうし》というべきかもしれない。体験者自身でなければ絶対に書けない迫真性がある。

8　満洲《まんしゅう》事変

昭和六年九月十八日の夜、奉天独立守備隊の河本中尉の率いる一隊が、柳条湖で満鉄線を爆破した。そこから六百メートル離れた地点に北大営があり、ここに中国軍兵営があった。つまり関東軍は、自らの手で自らの鉄道を爆破し、それを中国兵がやったものと思わせ、中国軍攻撃の不条理な理由としたのである。これを契機として日中両軍が衝突、事変に拡大して行き、遂《つい》には満洲国が誕生することになる。

もちろんそれまでに、二次にわたる山東出兵や、張作霖《ちょうさくりん》の爆破事件など、アジア動乱の因子はまかれてきたが、満洲事変以後、やがて大戦争に結びつく歴史の歯車が廻り出したわけである。日本軍は奉天、長春付近の戦闘、吉林《きつりん》、敦化《とんか》への進出を手始めに、チチハル、錦州、ハルビンで戦い、松花江作戦、馬占山討伐等の作戦をつづけ、満洲建国の基盤を固めたのである。

〔忠勇美談の変質?〕

事変間、関東軍将兵を中心とする日本軍はよく戦って、従来の戦場美談を一躍進させている。機関銃さえ持たなかった日露戦争当時にくらべると、戦闘の様相は根本的に変化しているし、兵隊の遭遇する境遇もさまざまである。従って戦場美談の幅も広くなる。

ここで考えておくべきことは、この事変のあたりから、軍国主義が政治的実権を駆使する傾向が強まり、同時にそれは前線で戦う将兵に、暗黙に、督戦的な志向を強いることになったことである。それは日中戦争ほどに顕著ではないが、日清《にっしん》、日露戦当時とは本質的に異なる、一つの根深い潮流を作ってゆく。もちろん前線の将兵に、戦争批判をする立場も余裕もないし、かれらは日清、日露当時よりも、一層によくその民族的本能を発揮して戦っている。これはそれだけ、日本の置かれていた国際的立場に危機感が深く、末端の兵員にいたるまで、それを認識せざるを得なかったからである。

満洲事変で勲功をあげた将兵の事蹟《じせき》が『満洲事変忠勇美譚《びたん》』としてまとめられているが、その行動の報告文をみると、軍国主義的修飾の目立つのに気が付く。軍国思想を浸透させて行こうとする悪い風潮である。軍国的思想などで色づけしなくとも、日

動員下令のもとに完全軍装で集合

本兵がよく戦うのは、西南戦争以来はっきり証明されていたことである。この軍国的督戦意識は、遂には史上稀《まれ》な愚書『戦陣訓』の発刊配布に結びついてくるのである。

以下、本事変中の美談集から、二、三を拾ってみる。これらはほんの一例であり、これから日中戦争、日米戦争にかけて無数の美談が発生する。それほど、前線将兵は粉骨挺身《ていしん》したのである。戦いぶりの潔《いさぎよ》さと、兵員それぞれの戦力という意味では、日本兵の評価は、世界の軍隊のトップクラスにあることは確実であろう。

〈単身敵陣に躍り込む
――独立守備歩兵第三大隊　井口宏上等兵〉

昭和六年十一月九日古城子の戦闘に於《お》いて敵前三十メートルまで攻撃前進したが、敵は高さ二メートル余の土壁の中に在って頑強に抵抗を続け、容易に屈服しそうにない。敵愾心《てきがいしん》燃え必勝の信念堅き井口上等兵は勇躍土壁を跳び越え、単身敵陣に躍り込んだ。敵の銃剣は一度に彼に向って来た。「小癪《こしやく》なり」と鉄腕を振《ふる》い、忽《たちま》ち数人を刺殺した。折しも飛来した敵の一弾に遂に致命傷を受けて斃れたが、其勇壮剛胆振りは全く人間業とは思えなかった。

〈上海戦のラッパ手――歩兵第三十六連隊第二中隊　向井政義上等兵〉

向井上等兵は中隊のラッパ手であり、平素は快活無邪気でしかも諸動作には規矩《きく》があった。かつて炎天下に召集兵の検閲が行われたとき、暍《えつ》病（日射病）患者の続出を来したが、彼は己の疲労と困憊《こんぱい》とを顧みずよく兵の救護につとめて表彰せられたこともあった。昭和七年二月二十五日上海第一次攻撃に際し、中隊指揮機関の一員として伝令の任に服し、午前九時五十五分頃、いよいよ中隊が突撃に移らんとするや、突撃ラッパを吹奏し散兵に伍《ご》して勇躍敵陣内に突入した。これがため中隊の士気はいやが上にも振ったのである。彼は更に追撃前進中疲労の色をも見せず連続吹奏していた。折しも不幸敵弾の為胸部に貫通銃創を受け転倒したが、彼はこれに屈せず、特務曹長を大声にて呼び「特務曹長殿、向井はなお吹きます」とラッパを口にしたまま名誉の戦死を遂ぐるに至った。「渡るに易《やす》き安城の、名はいたずらのものなるか……」この軍歌の主は二人ある。一人は日清戦争の木口小平、他は上海会戦の向井政義である。

〈名誉回復の殊勲――歩兵第十九連隊歩兵砲隊　田中健吉上等兵〉

徒《いたず》らに議論のみ多くして実行の伴わぬのが今日の青年の通弊である。然《しか》るに田中上等兵は文字通りの不言実行であって、平戦両時を問わず常に進んで上官の意図に副《そ》う如く努めた。其心裡《しんり》には少しも飾り気や諛《へつら》い気はなく純真其物であった。彼がこうする中にも一つの悩みがあったからである。〝現役当時の不名誉を恢復《かいふく》せねばならぬ〟ということであった。彼はかつて現役中ふとした不注意から処罰を受けたことがあったが、其後如何《いか》にしたら此不名誉を取り返し得るであろうかと心中ひそかに悩んでいたのであった。これがため彼の不言実行、積極的に率先して任務に努力するの決心は平素の性格に加えて更に一層の堅確さを増したのである。

昭和七年二月二十一日江湾鎮の敵を掃蕩《そうとう》するに際して、小隊長の命に応じ、言下に弾丸雨注する中を飛び出して、負傷した中山軍曹を急造担架によって救ったのも上等兵であった。当日の戦闘に於て、暗夜しかも無暗《むやみ》に飛びくる敵弾を冒し、連絡断絶の大隊本部と歩兵砲小隊の手を握らしめたのも彼であった。当時大隊本部と連絡断絶を心配していた小隊長が〝誰か大隊本部に連絡に行け〟というや、彼は言下に〝行って来ます〟と出て行った。

二月二十八日午後五時頃労働大学付近の敵を攻撃する為、曲射歩兵砲小隊長が斉家宅付近における陣地を偵察した際、伝令として随行したのも彼である。小隊長は、樹木密生して遮蔽《しゃへい》角多く、これがため上等兵に樹木の伐採を命じたが、彼はただ例の如く黙々として一意所命の任務を続行し、更に命ぜられなかった樹迄万全を期するためにに伐り拓《ひら》いた。樹木は径一尺五寸もある。小隊長は彼の労苦を察して交替せしめんとしたが〝一人でやれます〟といって依然鋸《のこぎり》を動かしていた。

翌二十九日、大隊は早朝より攻撃前進に移り、歩兵砲小隊は観測所を斉家宅西端家屋上に設け、逓伝《ていでん》によって射撃を指揮していた。彼はこの重要なる伝令勤務にも服していた。大隊は芦窩《ろか》湾付近の敵機関銃のため側射せられ前進は至極困難であった。曲射歩兵砲小隊はこれを制圧していたが、この時右方よりの側射弾のため上等兵は左腹部に貫通銃創を受け〝残念だ〟と叫んで斃れた。直ちに急造担架によって後送せられたが、架上〝天皇陛下万歳〟を三唱した。小隊長は腕を上にしたまま運ばれて行く彼をみて〝軽傷であるな〟と安心した程従容《しょうよう》自若としていたのである。彼が野戦病院に運ばれた時はすでに死期迫り、彼もこれを知ってか〝これで満足だ。少しは名誉を恢復し得たであろう〟と述べ、莞爾《かんじ》としていかにも安心したかの如く瞑目《めいもく》した。

生前の処罰の如きは彼の壮烈なる忠誠によって立派に拭《ぬぐ》われているのみならず、其不言実行によって戦友に教訓を垂れ、後昆《こうこん》に範を示し、戦闘の成果に貢献したことは偉大なる勲功である。江南の花と散った彼の英霊また永久に安らかに眠るであろう。

〈妻の激励――歩兵第三十五連隊第十一中隊　塚越小右衛門特務曹長〉

上海事変の勃発《ぼつぱつ》後一旬ならぬ二月二日動員が下令された。煮え返るような市中の混乱をよそに、明日に迫る夫の栄ある門出を励まさんとして、うら若き女性の身でありながら緑滴《したた》る黒髪を切って〝私の事は決して心配して下さいますな。戦場に臨まれたならば、めざましいお働きをして下さい〟と励ましたのは塚越特務曹長の妻女であった。日頃から剛毅なる彼ではあったが、妻の健気《けなげ》なる心情にはさすがに感謝の露が目に宿って一層堅き決心が彼の胸奥に潜められたのである。

特務曹長は幾多の戦闘に当って常に克《よ》く中隊長を補佐し、修羅の巷《ちまた》を馳駆《ちく》して給養掛としての責任を果しておった。上海第二次攻撃の日である。砲兵が大隊正面に攻撃準備射撃をやるので、大隊の正面に指向せられる友軍砲弾の観測と、敵情の監視とを兼ねて、特務曹長が雨の降るような敵弾下に、小さな掩体《えんたい》の蔭《かげ》から顔を出していた。危険ではあったが剛毅な彼は頭を引込めようとはせず、今しも〝弾着十メートル左〟〝今の弾着三十メートル遠し〟〝よし命中〟と観測をしていたが、折から敵の一小銃弾は彼の鉄帽の下を掠《かす》め顳顬《こめかみ》部を貫いた。彼は壕底《ごうてい》に倒れたが、しかし自分の負傷については一言も苦痛を訴えず、しきりにわが戦況を気遣ってこれをたずねていた。中隊長はその重傷なるを知り切に後退を勧めたけれども彼はこれを肯《がえん》ぜず、戦闘終了後はじめて野戦病院に後送された。病院に到《いた》る頃は昏々《こんこん》として眠りに陥っていたが、二月二十六日に至り英霊遂に天に昇った。特務曹長が任務の為立派なる最期を遂げ、あっぱれ帝国軍人の面目を躍如たらしめた蔭には、緑なす黒髪を切って彼を励ました妻女のあったことを忘れてはならぬ。

9　ノモンハン事件

第三十四圖
九六式輕機關銃据銃　其ノ二
左側面

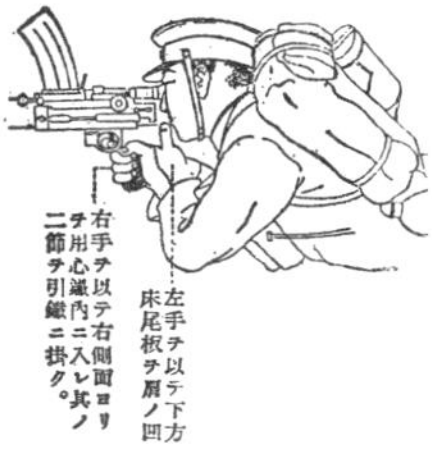

〔草原の戦い〕

ノモンハン事件は、事件——という呼び方をしているが、大きな犠牲を出している。日本軍の損失一万八千。内訳は戦死八千、戦傷八千、その他二千である。戦死でも戦傷でもなく、その他二千とは何だろうか。行方不明、つまり捕虜としてみるしかない。日本軍が経過した戦争事変のうち、これほど高率の捕虜を出した記録は他にはない。

一望遮蔽物のない砂地の上で、ソ連軍の戦車軍団を向うに廻して戦ったら、どう考えても勝目のある訳はない。当時、ノモンハン事件の戦況報道には、当局は痛く頭を悩ました。たとえば『ノモンハン美談録』の「事件の概要」にもつぎの如き表現がみえる。

「支那におけるものは主作戦にして、ノモンハン事件は、支作戦に匹敵するなり。か

ノモンハン事件当時の砂丘陣地

かる認識のもとに客観するに、ハルハ河畔の戦闘は、完全に任務を遂行せしものといわざるべからず」

「戦局を部分的にみれば、相当の打撃を蒙《こうむ》りたるようなれども、しかし、対戦車砲を有する部隊は、敵の戦車に対して何らの恐怖も感ぜざりき。わが陣地に敵の戦車の侵入を許せしは、逐次補充し来《きた》りて量的に圧倒的なりしが故《ゆえ》なり」

「さればノモンハン戦におけるソ連軍の素質は、支那軍とほぼ同様の程度のものと思惟《しい》せられ、関東軍にとりては貴重なる体験を得たる訳なり。しかも、この経験によりて、軍の機械化に対する装備の問題、或《あるい》はまた、将来戦に備えて量的準備の必要等、得難き教訓を受けし訳なれば、戦闘そのものの意義も、決して無意味ならざるなり」
「尚《なお》一言付加せんに、俘虜《ふりょ》について種々の揣摩臆測《しまおくそく》あるも、俘虜の交換は現場において行われしが、わが日本兵中俘虜となりし者は、全力をつくして力戦敢闘せし後、一時人事不省に陥り、その間に敵手に入りしものばかりにして、軍人の行動上遺憾なるものは皆無なりき」

事件のあと、関係指揮者はすべて更迭《こうてつ》させられ、詰腹を切らされた者もある。いわば敗戦責任の追及である。

ノモンハン事件に限らないが、軍は、敗戦または犠牲の大きい戦闘の発表報告はすべて事実を曇らせている。これは日中戦争当初の長城線の戦闘ごろからすでにはじまっている。軍人とて万能ではないのだから、作戦の齟齬《そご》や指揮指導の誤りはある。もちろんその尻《しり》ぬぐいは前線の将兵がやることになるのだが、それにしても事実を糊塗《こと》せず、公平に発表自省したほうが、戦歿者《せんぼつしゃ》たちの霊も慰められたのではないだろうか。

ノモンハン事件は、不毛の草原を流れる唯一《ゆいいつ》の水源、ハルハ河の争奪戦からはじまっている。このハルハ河地域の国境線は、外蒙側と満洲国側それぞれに、自国有利に設定しているので、衝突の起るのは必然である。ただソ連が、外蒙懐柔の政治的必要性から国境線紛争に大兵を傾けて割り込んできたため、日本軍との局地的ながら大戦闘を惹起《じゃっき》することとなった。昭和十四年五月初旬から九月中旬までの戦闘である。

ホロンバイル草原で、不利な条件の下に敢闘した兵員の記録を『ノモンハン美談録』から拾ってみる。対戦車戦のため、記事のニュアンスは、従来の戦闘記とはまるで違ってくるのである。戦車に対しては、小銃や軽機などは全く無用の兵器なのである。

〈戦車の鬼門――沖中出穂中尉〉

戦車――とみると、沖中出穂少尉（当時）の目は輝いてくる。敵戦車が次第に近づくと、会心の微笑が頰にのぼる。さてゆったりと機銃をとりあげる。じっと狙《ねら》いをつける。ちょうど猫が鼠《ねずみ》を狙うようである。実際沖中少尉の前へ出ると、大概の戦車は動かなくなってしまうのだった。何故《なぜ》か？　沖中少尉は戦車の機関部の急所を狙って撃つ。ただ一点であるが、その急所を撃たれると、戦車は動かなくなってしまうのである。それがまたふしぎに命中するのである。この独得な技能と熟練とをもって、少尉は何十台の敵戦車を擱坐《かくざ》させたかわからない。『戦車の鬼門』といわれるのもそのはずである。

五月二十一日の戦闘の際は、敵の戦車隊が何十台とつづいて、地ひびきをたてて押しよせてきた。沖中少尉は「よき敵御参なれ」とばかり、我を忘れて撃ちまくっていたが、目に余る戦車は後から後からとつづいて来て、とうとう八台の戦車にとり巻かれてしまった。

けれども少尉はひるまない。一梃《ちょう》の機関銃を自在に駆使して、近づこうとすると撃つ。狙いは過たず必ず急所に当る。さすがの敵も恐れをなして、遠巻きにしてさかんに撃つ。けれどもふしぎに当らない。この有様をみた友軍は「沖中少尉をうたすな」と、どっとばかりに突撃してきた。それまで少尉は一寸の地も退《ひ》かなかった。かくて『戦車の鬼門』の異名はいよいよ高くなったのである。

七月九日は、ノモンハン戦中の高潮点といわれたノロ高地の攻撃であった。二十時頃、約三十台の戦車が長蛇のように押し寄せてきた。「沖中少尉、来ましたぞ」誰かが叫んだ。「よし」という少尉の返事。じっと照準をこらして一発放つや――先頭の敵戦車はパッタリとまってしまった。これをみた友軍は思わず賞讃の喊声《かんせい》をあげたのである。

「ようし、つづいて来るやつも」再び狙いを定めて発射した瞬間――少尉は声をも立てずうしろに打倒れた。敵戦車の砲弾の破片が頭部に深く喰い入ったのである。同時に二十何番目かの敵戦車は擱坐した。少尉の最後の銃弾が命中したのである。

「惜しい勇士を殺した」部隊長はじめ知れる限りの者は、神の如きその能力と術を、今更のように愛惜して、限りない哀悼の涙を灑《そそ》いだのである。

〈生命の水に泣く——田村茂晴伍長、坂本利伍長、天津勇上等兵〉

ハルハ河岸まで敵を追いつめた頃の、ある日のことである。もう三日も殆《ほと》んど水がない。ところが百二十度の炎暑である。さすがの勇士達も水責めには閉口した。その水は河まで行かねばないが、そこへ水汲《く》みに行くのが大変である。敵はあちこちに散在しており、生命がけの仕事である。

「水汲みに行く者はないか」隊長の言葉に三人が前へ出た。田村茂晴上等兵、坂本利上等兵、天津勇上等兵（いずれも当時）。出身が同じ島根県で、仲の良い三人組である。それを知っている隊長は「やっぱり三人一緒か、気をつけて行け」三人はめいめい腰のまわりに十箇程の水筒をさげた。その恰好《かっこう》は南洋の先住民みたいだ、といいながら送り出された。三人は凹地《くぼち》へと伝わってようやく河岸へ出ようとしたとき、先頭の坂本上等兵がサッと伏した。あとの二名も伏していた。

目前二、三十メートルのところに、敵の重戦車が一輛《りょう》とまっている。指揮車らしく一名の将校と二名の兵士が車から下りて、同じように水を汲んでいるところである。

とっさに三人の考えはきまった。「将校を生捕にしよう」と坂本上等兵。「俺は二人の兵士を」と田村上等兵。「俺はその間に戦車を焼払おう」と天津上等兵。そこで将校生捕の坂本上等兵と、戦車焼打の天津上等兵が、そろりそろり這《は》い寄って行く。頃合はよしと田村上等兵が狙い撃ちした二発の銃声と共に二人の敵兵は倒れてしまった。驚いた敵将校が吸っていた巻煙草《たばこ》をすてて、急いで戦車の中へ逃げ込もうとするのを、いきなり横合から坂本上等兵が一撃を喰わせ生捕りにした。戦車の中ではもうパチパチと音がして、黒煙が表へふき出した。と、天津上等兵が中から飛び出してきた。三人はばったり落ち合った。「筋書以上にうまく行ったよ。おみやげまで持って来たのだ」天津上等兵がそういってポケットから出したのは、角砂糖にビスケットに巻煙草である。「ところがまだあるぜ」といって更に出したのは安全剃刀《かみそり》に石鹸《せっけん》箱だ。

さて、いよいよ水を汲もうとすると、敵の陣地から、一斉射撃の弾雨がふりかかってきた。それから約一時間、集中する戦車砲弾の間を巧みにくぐり抜け、陣地間近まで来た時、坂本上等兵が俯伏《うつぶ》せになった。遥《はる》か壕の中でこれをみていた戦友達は、さっと飛び出してきた。そして上等兵をかつぎ、生捕の将校をひっぱって帰ってきた。

田村上等兵は隊長の前に立った。

「田村上等兵以下二名、只今《ただいま》帰って参りました。途中、坂本上等兵は戦車砲弾を受け戦死。報告終り」

隊長をまん中にして一同、叢《くさむら》の中の遺骸《いがい》に向って整列した。戦車内から分捕品のビスケット、角砂糖、巻煙草がその前にささげられた。「線香がないから」といって、隊長は巻煙草に火をつけて立てた。紫の煙がゆるやかに立ちのぼった。かわるがわる進み出て瞑目《めいもく》合掌した。それがすむと隊長はいった。

「これこそほんとうに生命の水だ。みんな心からお礼をいって飲めよ」「有難う」めいめいお礼をいいながら、涙を流しながら、舌鼓《したつづみ》をうちながら、押しいただいて飲んだのである。

〔美談の裏側〕

大冊の美談集には、ぎっしりと将兵の勇武の状況が記されているが、しかし戦場の生活は美談だけで成立するものではない。その裏側に悲劇もある。ことに捕虜を多く出したこの戦闘においてはなおさらである。

日本軍の軍事規律の最大の欠点、少なくも非合理な点は「生きて虜囚の辱《はずかし》めを受くるなかれ」という点を強調しすぎたことである。これによって前線の将兵が、いかに無益な死を選んだかわからない。この規律は、生きて虜囚になる懸念《けねん》のない軍上層部の思想から生まれたものである。そうして最終的には、その上層部自らも虜囚の辱めを受けることになったのだが、これは皮肉な歴史のいたずらであろう。

ノモンハン事件の捕虜に関する事象を、筆者自身耳にして挿話風にまとめたことがあり（戦記作品『名を呼ぶとき』）、その部分を抜萃《ばっすい》しながら、ノモンハン事件の一断面をのぞいてみることにしたい。

満洲で敗戦を迎え、ソ連軍の俘虜となった一部隊が、カザヒスタン州カラガンダ収容所で炭鉱の労役に服させられた。日本兵は虚脱していたがドイツ兵俘虜はソ連に対する鬱勃《うつぼつ》たる敵愾心《てきがいしん》を失っていなかった。炭鉱には一般人も多くいて、労務や管理関係の仕事をしていた。日本兵たちは労役をつづけるうち、あること――に気付いた。

「ところで私たちは、ようやく炭鉱労働に馴れるに従って、俘虜監視隊の将校の中にひとり、異様な人間のまじっているのを発見したのである。少なくともそれはソ連邦の人間ではなく、といって満人でも鮮人でもなく、あえていえば日本人――のように思えたのだ。本能的にそんな気がしてならなかったのである。その男の階級は中尉で、事務担当が主だったが、月日のたつうちには、私たちとゆき合うこともしばしばあった。しかし彼はその挙動においては、一切日本的なものはみせなかったし、もちろん日本語にもなんらの関心を示さなかった。冷淡な無関心だけである。だがそれだけに逆に、その男の存在が目立ってくることになったのである。

『あいつは日本兵だな。まちがいないよ。それも九州の人間のようだ。顔見りゃ土地柄はわかるからな。一度話しかけてみてやるか』

所内でくつろぐと、その男の噂《うわさ》は、たいがいそんなふうに評定された。日本兵がソ連軍のなかにまじっているとすれば、まじり得る可能性は一つしかない。ノモンハン事件のときの捕虜である。ノモンハン事件は独ソの開戦によって停戦になったが、そのとき形式的に捕虜交換は行っている。けれどもそれは日本兵捕虜を引きとるためよりも、ソ連兵捕虜を還《かえ》すために行われたのだ。ノモンハンにおける惨憺《さんたん》たる敗北によって、実戦に当った指揮官たちは、戦死か自決か、さもなければ処刑されている。そんな状況下に捕虜がなんでオメオメ元の部隊へもどって来られるだろうか。それに日本軍は敵の装甲車や重砲によって潰滅《かいめつ》的打撃を受けたのだから、戦場にとり残されて捕虜になったという者は少なかったはずである。その少ない数の中のひとりが、この炭鉱管理隊の一員としてまじって来ているらしいのだ。考えてみれば、彼も捕虜であり、私たちも捕虜である。しかし彼は、まだ日本軍が健在なときに生き恥をさらした捕虜であり、われわれは戦い尽くしたあとに捕虜となったものだ。同じ捕虜の身ではあっても、彼には、私たちに向けて、

『お前たちも来たか。実はおれもノモンハンの時の捕虜なのだ』

と、うちあけることができない。しかも現在ソ連軍の一員として、おそらく妻を持

ち子をなしているであろう身分で、自らの恥を明かすことは、彼にとっては耐えがたいに違いなかった。そういうつもりでみるせいか、彼はつねに沈んだ表情をしていて、とかく日本兵に近づくことを避けているらしく思われた。

この元日本兵であるソ連軍将校（河杉という）は、落盤事故で一日本兵と坑内にとじこめられたときに、捕虜になったときの模様を告白する。ソ連兵の、日本兵に対する、戦場での態度が、この告白中によく出ているし、これは終戦時に満洲《まんしゅう》へ越境侵入してきたソ連兵の暴行ぶりに相通じるものがある。

「その戦闘間、潰滅して敗走した本隊にとり残され、荒寥《こうりょう》たる平原の一角で、地に頬をつけて倒れ込んでいた河杉は、ある、異様な状態のもとで、意識をとりもどしたのである。追撃を重ねてきたソ連軍の先頭部隊は、瀕死《ひんし》のままに抗戦をつづける日本兵を銃撃し、刺殺し、さらに重傷に喘《あえ》ぎもがいている兵隊をも、同様に殺戮《さつりく》しつつ、なおも前進をつづけていた。

その渦中にいて河杉は、自身の背の上に、ソ連兵の重量をかんじたのだ。それがどんな男かはわからない。その男は、河杉をすでに戦死している兵隊とみなして、その屍《しかばね》の上にがっしりと土足の片足をかけ、すでに戦いを勝ちぬいた優越感で、その場から眼につく日本兵を、死者といわず、瀕死者といわず、つぎつぎに銃撃を加えて行ったのだ。つまりかれらは日本兵に対するすさまじい戦闘意欲をもてあまし、もはやその地区での戦闘は終ってい、無抵抗の負傷者は救出して看護すべきでありながら。その煩《はん》を厭《いと》う為《ため》もあるのか、一兵残らず完全な屍にかえてしまうつもりで、いたるところに陣どり、その非情な行為をやめなかったのだ。

その行為がやんだのは、本隊が到着し、とにかく戦線の帰趨《きすう》が一段落してからである。ごく幸運に、かれらの銃撃を免れた少数の負傷者のみが、ようやくかれらの救護を受けることができたのだ。そうして河杉もまた、その稀《まれ》にみる幸運者？　のひとりとなり得たわけである。河杉は、自身の背の上に、一ソ連兵の足を置かせたがゆえに、一個の屍、というより台石の役目をしただけで、自らの肉には銃撃を受けることがなかったのだ。戦場で生きのび得る、奇怪な盲点のひとつが、そこにあったのだ」

――ノモンハン事件について、負けないような兵力動員の手を打たず、負けたからといって、指揮官たちを糾明するのは酷である。たとえば、つぎのような事例もある。

捜索第二十三連隊は、一たん戦って敗れ、再編されて、フイ高地の守備についていた。ところがそこを守りきれずに撤退したため、それが原因で第二十三師団全部が潰滅したということになり、指揮官の井置中佐は責任の所在を責められて自決している。しかし事実は、自決どころか、むしろ善戦が讃《たた》えられてよかったのである。なぜなら部隊は、日中華氏百三十度、夜は零下の戦線でまる五日五晩、食わず眠らずで戦い、戦闘ぶりも申し分なく、優勢をきわめたソ連軍をさんざんに悩まして一歩も退かなかった。が、これ以上戦闘をつづけると全員確実に餓死するとみて、指揮官は撤退を命じた。ここで考えるべきは、この再編部隊は未教育兵が多く、馬も徴発馬、乗馬するだけで十五分もかかるという状態だった。こういう部隊をもって、強力なソ連軍を五日五晩支えることがいかに至難事であったかは、少しでも実戦に当った人間ならだれにでもわかるはずである。

輸送船の船倉にスシ詰されて大陸へ向かう

結果論だが、もしつねに敗戦の責任を指揮官がとらねばならないとしたら、日本全軍が敗戦したとき、上層部の指揮者たちは、すべて自決すべきだったのである。陸士卒の仲間の常識では、部下の三分の二以上を失った場合は、部下と共に戦死し、後事は生残りの先任将校に渡す、ということになっていたようである。しかし、ほとんどそれを実行した者はない。第十八軍司令官安達二十三中将が、名将たる真価をとどめるのも、多数の部下を死なせた責任をとって、自決されたことに、大きな意味があると思われる。

大東亜戦争下の戦場生活

——極限の場における兵隊の姿

1　駐屯業務

(一)駐屯地の選定と駐屯方式

昭和十二年七月七日の夜、盧溝橋《ろこうきょう》で演習中の日本軍の一隊が、中国軍（実は中共軍の策動）の挑発にのって発砲応戦、これを端緒として日中戦争に拡大して行った。日本軍は力をたのんで続々と出兵、蔣介石《しょうかいせき》軍またこれを迎えて長期抗戦にうったえ、ここに戦線は膠着《こうちゃく》し、日本軍もまた長期抗戦の態勢をとらざるを得なくなった。中国大陸の要所に部隊を駐屯させ、あわせて討伐作戦を行う、という果てしない泥沼の中の戦争様式が執られはじめたのである。

これまでの戦争は、内地にいる人たちにも、相当程度戦場生活についての想像もついたし、また戦争が終れば（今までは戦勝ばかりだったから）互いに心おきなく前線

第三十七圖
馬絡装著ノ要領

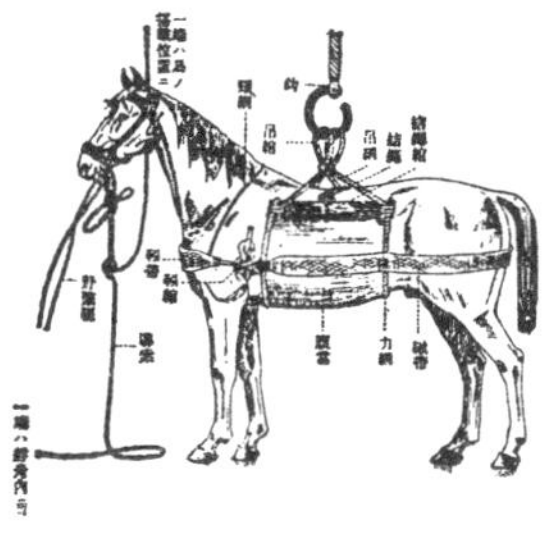

日中戦争の発火点・盧溝橋

銃後を語り合い、感情の交流もはかり得たのである。しかし、久しきにわたる戦争、それも悲惨な様相を深めるだけだった戦場生活、それに敗戦、さらに戦後の連合軍管理における生活等、さまざまのきびしい現実にうちのめされ、ここに戦場体験者は、その体験を、語ろうにも語れず、語っても理解されず、またそれをきこうともされない、という相互の断絶のままに、戦場と内地との、それぞれの歴史は乖離《かいり》してしまった。不可抗力であったとはいえ、民族にとっては不幸である。

戦後、さまざまな戦記の類《たぐい》が、その断絶を埋めたり、また、時により断絶させることに役立ったりしたが、戦場の具体的な解説書めいた記録は、ほとんど世に問われていないようである。なにぶん今次大戦の領域は広く深く長く、戦争体験世代そのものの間においてさえ、その体験度、それによる戦争観、死生観などに大きな隔たりもある。戦場生活においても、年代、地域においてひろがりがあるので、ここでは、主として日中戦争に重点をおき、駐屯や戦闘行動の実際についても、中国大陸を舞台とした。少々でも、断絶を埋めておきたい、という気持がある。

中国での駐屯は、北京《ペキン》とか南京《ナンキン》とかの主要都市に軍の基幹部を置き、各方面の都市の重要度に従って、師団、連隊、大隊等の司令部または本部をおき、鉄道沿線を中心に警備の区域を確立していた。いわゆる点と線の警備で、その間隙《かんげき》には、充分敵の浸透を許したのである。

中隊本部からは、さらに小隊、分隊等が分屯警備に任じ、中国全土に網の目のように、警備態勢が布《し》かれていたのである。そうして前線の兵隊たちは、その日常を駐屯地で送り、時に討伐や作戦に出て敵を駆逐した。

(二)駐屯生活

内地の兵営生活から戦場の駐屯地へ移ってくると、兵隊は緊張と解放感を同時に感ずるものである。内地の兵営には、きびしい拘束、一定区域内にとじこめられた生活しかないが、その代り生命に危険はない。駐屯地では兵営的な制約を条件とした建物はない。多くは学校や民家を改造した建物を兵舎とし、形式的な点呼などはあるが、面倒な検査や検閲はない。就寝起床もうるさくはいわない。その代りつねに生命の危険はつきまとう。敵地の人民が隣接して住んでいるのである。

一個分隊などで守備している小さな分屯地では、全員が家族のような生活をしている。炊事係は、ジャガイモの皮まで丁寧に剝《む》き、新婚の女房など足元にもよれない凝った料理をつくって仲間に食べさせたりする。その代り、敵に計画的に狙《ねら》われたら、全滅してしまうケースも多い。

駐屯は、戦闘行動から戦闘行動につながる間の休養の期間であるが、戦場であるから警戒勤務だけは廻ってくる。それともうひとつ、周辺地区の治安維持を図る、という重要な任務がある。この駐屯と治安維持の関係について、その意味の深さを語る、典型的な事件がある。

★東陽村事件★

河北省の無極から数キロ離れた地点に、東陽村という村落があった。この村は自警団（地主の私兵）があり、日本軍からも中共軍からも独立していた。日本軍は無極に中隊を置き、補給は川向うの晋《しん》県にある大隊本部から受けていた。

中国の農村を進軍する輜重隊

昭和十五年のことである。この東陽村へ中共軍の兵隊が数名徴税に来た。そのころの中共軍はまだ勢力が弱く、漸次工作区域を拡大しつつあった時期である。東陽村が、中共軍の勢力圏に含まれることを認め、徴税に応じさえすれば問題はなかったのだが、自警団は中共軍と相容《あいい》れず、交渉決裂した末に中共兵の交渉係を殺してしまった。

怒った中共軍はまとまった部隊をもって、武力にうったえるため、東陽村の自警団を攻撃してきた。自警団としては勝目がなく、かれらは無極の日本軍へ救援を求めてきた。それで日本軍から一個小隊が派遣された。小隊は自警団と協力して戦い、中共軍を敗走させ、乞《こ》われて東陽村に駐《とど》まることになったのである。

このことは日中親和連携の美談として各方面に紹介された。事実美談であった。自警団や村民は日本軍を信頼し敬慕した。そうなると日本軍も軍紀粛正にならざるをえない。理想的な駐屯が東陽村にはあったのである。

ところがこの小隊が、配置換えになって、別な小隊が来てから状況が変った。別な小隊の兵員は、自警団や村民とはなんの面識もないし、中共軍へ協力して応戦したという連帯感もない。掠奪《りゃくだつ》や強姦《ごうかん》行為が出はじめた。はじめは、前の小隊への義理で我慢していた村の連中も、次第に日本軍への感情の疎隔《そかく》を覚え出した。

この動揺を、中共軍がみのがすはずはなかった。かれらは巧みに自警団や村民に工作し、日本軍への離反を画策し、昭和十七年には東陽村の日本軍駐屯隊へ攻撃をかけてきた。日本軍は支えきれず無極へ避退した。戦闘はともかく、村民の反感が激しかったからである。このとき以後、日本軍は東陽村へはもどれなかった。

右の話は、中国大陸の、ほとんどの駐屯地の実態を集約している。日中戦争の敗因の一つは、駐屯業務の失敗であり、公平正確にみて、理想的な駐屯を行っていた部隊は、全中国を通じてほとんどなかったのである。もちろん表面的には問題の起らなかった土地は多い。しかしそれは単なる形式上の成功にすぎない。

日本軍の多くは駐屯地で、市場を設け、学校を開き、農事を指導したりしている。しかし大概は力による成功、つまり日中親善的風景を軍政として現出させたにすぎない。そのために、その組織内へ、敵側はいくらも潜入して来れたのである。日本軍と中共軍の勢力の交叉《こうさ》する地区の村落には、二人の村長がいて、一人は日本軍係、他は中共軍係をつとめて災厄を防いだ。また中国の保甲制度は、一村落が放火掠奪等の被害をうけたとき、多数の村落の協同体によってこの被害を分担する、という組織である。住民はゆきとどいた自己防衛の方式を守っていたのである。安易な宣撫《せんぶ》工作など、本気で受け入れるわけはなかったのである。駐屯日本軍の対住民政策は、第一に相手に全く理解が足りなかった、ということ、第二に、敵を知らなさすぎた、ということである。あくまでも力の政治に頼ったからである。

しかし、一、二の、卓見のもとに治安維持を考えた人もある。

〔治安工作の盲点——折田方式の奏功〕

第五十九師団参謀長であった折田貞重大佐の『対中共戦回想』なる小冊子に、治安工作についてのみごとな記述がある。これは自衛隊のテキストとしてごく少部数リコピーされたものであるが、ベトナム政策に悩むアメリカ軍にとっても、甚だ示唆《しさ》するところ多いかと思われる。要点だけを抜萃《ばっすい》しておく。

折田大佐ははじめに、満洲事変ごろの土匪《どひ》討伐、戦略村形成をしたころの意識で、その後の中国大陸の治安工作をしたことに根本の誤りがある、と指摘している。なぜなら満洲では民度きわめて低く、民族意識も弱く、かつ中共の組織も微弱であった。しかし中国大陸では事情全く違ったが、日本軍はだれもそのことを考えようとしなかった。バカの一つ覚えのように、匪賊討伐をくり返し、その観念から抜け切れなかったのである。

大佐は、対中共戦の作戦参謀をつづけているうち、中国民衆各階層の声が「われわれは戦乱に倦《う》み疲れている。農民大衆は貪官汚吏《どんかんおり》に搾取《さくしゅ》されて喘《あえ》いでいる。だれでもよい、われらに平和と生活の安定を与えよ」と異口同音にうったえているのを知る。そして中共の勢力が伸張してゆくのは、思想の力でも首脳部の領導のよさでもなく、具体的に民衆のうったえに応《こた》えてやるものが、そのとき中共にしかなかったからだ――と見抜く。もし日本軍がこれに代れば、さらによく日本の政策についてきてくれるはずである――と。

大佐はまず、日本軍以外の、たとえば中国人朝鮮人等の通訳、工作員の使用を全廃した。かれらは軍の威を借る暴力団でしかなかったからである。終戦時に中国要人が大佐に話したことによると「日本軍はお人好しで酒と女でもあてがえば喜んでいて、まことに御しやすかった。しかし憲兵と朝鮮人通訳はもて余した」ということである。かれらは中国人内部の弱点に食いつくからである。ことに朝鮮人通訳は最低で、日本軍の治安工作の失敗の何パーセントかの理由は、朝鮮人通訳の使用にあったとみて差支えない。かれらは日本軍の身中に寄生して、日本軍を倒すことに役立ったのである。

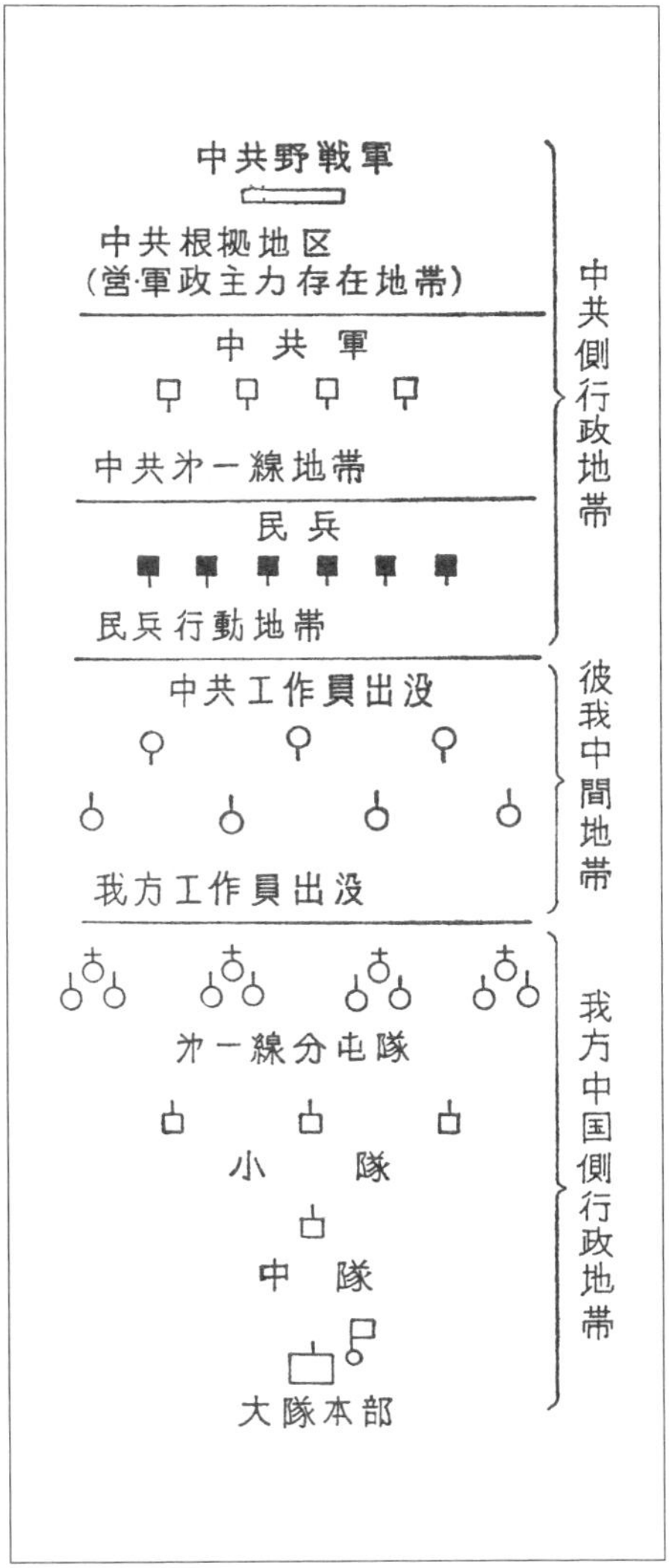

かれらにとってそれは独立運動の一環であったか知れないが、中国民衆の迷惑は甚だしく、中国人は日本軍の全く予想もつかぬほど、朝鮮人を憎悪侮蔑《ぞうおぶべつ》していたのである。

大佐はつぎに軍隊内部の人的資源を発掘して治安工作方面の利用に役立てた。軍国主義の一欠陥は、戦争にしか使えない頭の固い人間を起用したことである。長期駐屯の治安工作などは、固い頭だけでは処理できない。大佐は師団の将兵の身上明細書を調べ愕然《がくぜん》とした。

「師団内将兵のうちには、日本国内における行政司法機関等の各ポストの担当者、学者、評論家、新聞関係者、海外に活躍中の貿易業者、有力実業家等実に多士済々なるものがある。なぜ今までかかる人材を活用しなかったのか、その迂闊《うかつ》さに今更驚き恥入った次第であった。そこで将来はこの適任者だけの特殊部隊を司令部各部隊本部に設けることにして、次の事項について研究実行せしめた。

第一は適任者による彼我中国側政治経済の実態把握に当らせた。これにより各駐屯地周辺、我方と中共圏との中間地帯の一般民衆の実態が正しく把握せられ、従来我等が中国側新民会等より得たる情報が、いかに腐敗せる官僚組織、貪官汚吏によりゆがめられて報告されありしかを察知し得た。この正しき認識をもとにせる我軍の作戦活動（純軍事及治安対策等）が中共の我方への蚕食を防止し、逆に我方治安圏拡大に計り知られざるものあるを痛感した」

つぎに大佐は、情報収集の方法を改革した。百害あって一利ない朝鮮人や中国側工作員に頼ることをやめると同時に、いわゆる日本兵の斥候のような、児戯に類する行為もやめさせた。中共軍の組織は深い。これは中共地区で戦った日本兵の立場を理解するにも役立つので、彼我の分布状態を219頁に図示しておいた。

この図でもわかるように、日本軍の討伐は中共軍の工作員や民兵を追い廻すこと、またはそれに引きずり廻されることが多く、その奔命に疲れていると、隙《すき》をみて中共軍正規部隊に叩《たた》かれるということになる。しかも中共野戦軍は悠々として温存されている、というわけである。この図をみただけでも日本軍の不利はわかる。

さて大佐は「中国語をよくし、しかも工作教育を受けた便衣を着用せる勇敢なる日本軍将兵のみ、対中共作戦における斥候として任務を全《まっと》うし得ることを知るだろう」と述べ、情報収集の要諦《ようてい》を次の如《ごと》く定義した。

「対中共情報収集の最も優なるものは、我方の民心把握に基《もとづ》き、所在民衆の進んでする情報提供である。この目的達成のため筆者が企図し一部実験した事例を紹介する。駐屯地周辺の中国側有力者の子弟中優秀なる者を駐屯部隊に集め、日本語の教育或は日本の実情を書籍、映画等により啓蒙《けいもう》し、日本軍の理解に努め、時に日本軍の給与物資を配給する等、物心両面にわたり優遇して、駐屯地と所在中国部落民との一体化を図り、次第に彼らをして中国側の希望苦悩等を訴えしめ、これらについて必要ならば我方の衛生機関、経済機関等を動員して部落民の病気治療、福祉向上民生安定等に協力し、かくて所在民心の把握、引いては民衆の積極的情報提供に至らしめることとした。

またこの方法については、つぎのような狙いをもっていた。彼我作戦部隊にとっては、彼我勢力圏、中間地帯等の区別をしているが、所在民衆にとっては敵も味方もない。我方地区民衆の親戚《しんせき》故旧が、敵地区にたくさんある。殊《こと》に中国民衆の血族縁者のつながりの深さは、とても我国のそれのようなものではない。従って我方所在中国側有力者の心をとらえ、これを通じて、敵地区への連絡（作為でない宣伝）を強めんとの狙いであった」

大佐はこのほかに、経済情報や政治情報の活用につとめているし、傾聴すべき意見も数多《あまた》あるが、煩雑《はんざつ》にわたるのでこれでやめる。

前線の兵員が、このような合理的な指導の下に、駐屯業務に励むのであったら、その生活意識にも、自ずから張合いがあったと思う。しかし多くは、苛酷《かこく》な勤務と、きびしい討伐戦に明け暮れたのである。

〔住民との交流〕

一指揮官の人間性、及びそれに基いての方針が、駐屯業務にいちじるしい好結果を生んだ一例として、浙江《せっこう》省義烏《ぎう》における独歩第一二四大隊の事例に触れておきたい。大隊長は田辺新之中佐。卓越した識見の保持者であった。田辺中佐の事象については「大隊長、独断停戦す」と題する記録があるので、これも要点の紹介にとどめるが、特筆すべきはこの大隊長の在任間、お蔭《かげ》で、部下兵員が一度も戦わず、一名の負傷者も出なかったことである。

部隊の施療（宣撫工作として行なった）

田辺中佐は義烏において、対面している匪賊《ひぞく》と停戦し、匪賊の首領を心服させ、それを弟分にして、ついでに鉄道警備を任せた。匪賊が警備する鉄道だから匪賊に襲われる心配がなく、民衆がすっかり安堵《あんど》した、というユーモラスな結果になった。もう一つは商品の買入について絶対に不当に値切らなかった。これによって町の商人から意外な信用を博したのである。

任地が銭塘江《せんとうこう》河口の乍浦《チャツポ》に移ったとき、援蔣物資の流入を防ぐため、あらゆる港湾が閉鎖されている現実を無視して、乍浦を開港し、たちまち往年の殷賑《いんしん》をとりもどさせている。義烏についても乍浦についても、中国民衆との隔てを一切とりのぞき、理想的な駐屯生活を部下将兵に味わわせている。どっちみち日本が敗《ま》けるとみぬいて、根底から駐屯の方式を改めたのだが、異色の参謀として名を売った人だけに、大隊長としても秀《すぐ》れた治績を示したのである。

住民とつねに接触している駐屯地の将兵は、概《おおむ》ね、その関係がうまくゆくか、少なくも確執の生じることは少なかった。これは中国人の鷹揚《おうよう》な順応性と、日本兵自身には悪辣《あくらつ》な策謀性がなかったためである。むしろ双方を媒体する工作員や通訳に問題のあったことは前述した通りである。中国に三年五年と生活しながら、中国語に熟達した兵隊というのは全くといっていいほどいない。無理矢理相手を納得させる、いわゆる兵隊支那《しな》語を通用させた。もし、眼のある指導者がもっといたら、少なくも兵員の何パーセントかは中国語に堪能《たんのう》するようになり、驚くべき効果をあげたはずである。

兵隊支那語についてちょっと記すと、食事は「飯々的《メシメシデー》」で通じた。全く奇妙な言葉である。快々的《カイカイデー》、漫々的《マンマンデー》は中国語そのままだからよいが、性行為を「サイコ、サイコ」というのはよくわからない。兵隊がその目的で外出するとき、仲間に「さ、行こう」というのを、苦力《クーリー》などが翻訳してしまったのかしれない。「辛苦多々的、金票少々的」という兵隊語は、苦労が多くて、お金が少ない、という意味だが、薄給でコキ使われる兵隊の立場を、諦観《ていかん》的にしかも楽天的に表現していて、なんともいえぬ味がある。これは中国人の「没法子《メイファーズ》」の思想に通じる。兵隊はつねに「辛苦多々的——」とつぶやきながら、実によく働き、勤務し、行軍し、討伐した。いったい何のために兵隊たちは、あれほどもよく黙々と軍務につとめたのだろうか。落ちついて考えてみるとふしぎである。

兵隊支那語をいかに駆使しても、住民とのゆきとどいた交流はできなかったろうが、しかしときには、多くの人に伝えたい美談も眼にとまる。そうした兵隊と住民との心あたたまる挿話のひとつを次に記しておく。満洲から中支へ転戦していた自動車隊、満洲第五八六一部隊の戦友会の会報に掲載されていたものである。互いが誠実さえ失わねば、人情に国境のないことがよくわかる。

〔湖南の佳話――なこうど・佐々木但〕

「第四中隊第一小隊（小隊長佐々木少尉《しょうい》・筆者注）は、終始、中隊本部の先遣隊として別行動を命ぜられて活躍し、他の小隊とは異質の大きな功績を残したことは、自他ともに認めるところである。分遣されたところは危険も多く、難行苦行の連続で、部隊最初のはげしい空襲を経験した小隊でもあった。

この記録は、中隊本部が武昌《ぶしょう》に駐屯中、十九年の五月はじめ、第一小隊が丹桂沖《たんけいちゅう》と称する地点に派遣されたときのものである。丹桂沖というのは、岳州から数キロの平江寄りの地点にある小さな目立たない部落だと承知願いたい。

第一小隊は、ここに半年以上も駐屯して、輸送業務に従事したのであるが、到着以来、常に住民を刺戟《しげき》せず、その親睦《しんぼく》をはかることに努力したため、短いあいだに、部落民の予想以上の大きな信頼を獲得することに成功した。

たまたまこの部落の村長の息子の結婚式が行われることになった。そのときの新郎新婦は、ともに十八歳で、すでに九歳の時に結納《ゆいのう》を終り、豚一頭と綿十貫匁《もんめ》が交換されている仲だそうで、戦争中とはいいながら、部落は挙げてこの結婚式を祝福することにきめられた。そして、その仲人《なこうど》役を第一小隊長に依頼してきた。

第一小隊長は心よくこれを引き受け、豚はなくとも綿はなくともよかろうと、部下数名とともに隊の携行食糧を持参して出席し、無事に仲人役をつとめたばかりか、小隊全員が村民と一緒にこの栄《はえ》ある結婚式を心から祝ったという一幕があった。

これだけでは大した話にもならないのだが、或《あ》る夜、敵の便衣隊長袁同春《えんどうしゅん》の率いる約二百名が夜襲をかけようとして、この第一小隊をひそかに包囲にかかったことがある。この情報を知った村の幹部が、あわてて便衣隊長に交渉し、第一小隊全員の日頃の善行を伝え、部落の現在の平穏をみださないでくれとうったえて、その行動を中止させたといわれている」

この小隊は、中隊に復帰してさらに前線へ出、終戦になって困苦を重ねながら帰ってくる。今度は敗兵である。道筋なので再び丹桂沖を通過するのだが、このとき部落民全員が出迎えてくれ、宿泊した兵隊たちに最大のもてなしをしてくれるのである。敗走してくる小隊を見失わぬために、二十日間も昼夜交代で部落民が路上に不寝番に出たのだという。よくよくの心の交流がなければ、こういう佳話はうまれない。この一例は、いかなる駐屯地においても、兵隊と住民は溶け合うことができた、という可能性を証明してくれている。ただそれを行わなかっただけである。行うことが、なんらかの事情で、できなかっただけである。

通常、兵隊は、駐屯地より外へ出ることは危険とされていたし、事実そのために被害を受けた例は無数にある。しかしこれは、駐屯地の外を敵地視していたからで、この狭い考えを解放すれば、単身非武装で周辺部落を歩いても危険はなかったのである。軍隊――という優越性を棄て、一個の人間、同じ庶民として中国住民の世界に溶け込めばよかったのだ。そのためには当然中国語（特にその地方の言葉）を習得しなければならない。

一、二を例示すると、浙江省で、独歩第百五大隊の安光修治伍長《ごちょう》は、便服で気楽に住民とつき合い、自隊の分哨員《ぶんしょういん》が敵に拉致《らち》されたときも、情報はすべて住民からきいている。何でも話してくれるのである。信用が厚いのである。湖南省にいた独歩第百十五大隊の寺田太千上等兵も、フリーパスで住民とつき合い、敵が来ても住民が話をつけているので安全だったという。もっともこのため、敵と通謀しているのではないか、というあらぬ疑いを、中隊幹部からかけられたほどだったが、住民と融和する――という可能性は、以上の諸例をみても、いくらでも存在した。おそらくさがせば、これに関する佳話も多いだろう。

〔駐屯地の日常の行事〕

兵隊が駐屯地において、どのような日常を送っていたかについては、それぞれの場

駐屯地兵舎での生活

において少しずつ異なるが、筆者自身の体験から、その概要を記しておく。はじめに華北山西省の一角における乗馬隊（騎兵第四十一連隊）の小隊要員としての生活である。

民家を改造した兵舎に、一小隊ずつわかれて生活していたので、起床ラッパなどは鳴らない。不寝番が起しに来て、起きると中隊本部前で日朝点呼。終ると馬の手入をする。一小隊人員三十名に対し、馬は五十頭近くいた。馬はよく補充され、かつ損耗が少ないが、兵隊は補充が来ても、風土病などにやられ、眼にみえて欠けていった。もともとめったに補充はなかった。

馬手入のあとは食事。昭和十四年で、

食事は白米に高粱《コーリヤン》か玉蜀黍《とうもろこし》か小麦粉の団子を必ず混入した。冷凍の魚菜は朝鮮から運ばれて来た。きわめて給養は悪かった（昭和十八年に召集で中支安徽《あんき》省へ行ったとき、白米に、魚菜豊富で驚いたことがある。輸送の関係で地域により給養の格差が大きいのである）。

朝食後に病馬の診断治療を連隊本部の獣医室で行う。午前中かかる。昼食後は、陣地修理の使役、分屯隊への連絡要員として参加、伐採業務、兵器手入、洗濯等を行う。夕食のあと衛兵勤務。いたるところ土壁の破損した部落であるため、周辺に煉瓦《れんが》のトーチカと望楼を築き、望楼上に複哨で立つ。二時間立哨して、二時間仮眠、二時間控兵として起きている。日中は展望哨だけなので、夜明けになると衛兵下番。夜、ゆっくり眠ろうとすると、山麓《さんろく》の部落に敵の出たという情報があり出動。帰隊してくるともう夜明けである。その晩は厩番《うまやばん》が廻ってくる。これは半夜交代。つまり半夜仮眠できる。翌日の夕刻、厩番を申送ると、粛清討伐の予定があり編成表に名が出ている。これでひと晩つぶれる。翌日の夜、やっと眠る。次の日は衛兵勤務――というようなわけで、追われ追われに日が過ぎたのである。しかし、それでいてやはりどこかのんきだったのは、兵営というきびしい垣根に囲まれていず、日中部落内を散歩もできたからである。つまり果たすべき義務と責任があって、拘束はなかったのである。多くの駐屯地も、多かれ少なかれ、相似た生活をしていたはずである。

〈中隊指揮班〉　典型的な駐屯方式は、師団司令部——連隊本部——大隊本部——中隊本部——各分屯隊となるが、集団の戦闘単位である中隊では、兵員に関する事務関係は、すべて中隊の指揮班（事務室）で行われていた。糧秣《りょうまつ》、被服、兵器等の各担当の下士官が実務に当ったが、戦場である以上、もっとも重要だったのは功績である。功績室という事務班によって、戦闘詳報にもとづく兵員の功績の調査・査定を行った。論功行賞の基本である。特殊の戦功をあげた場合はともかくとして、一般的な功績査定の場合は、階級の上の者が得をするのである。たとえば兵長を長とする八名の分屯隊が、敵の夜襲に耐えて陣地を守り通し、敵の遺棄兵器小銃二梃《ちょう》を鹵《ろ》獲《かく》した場合。功績の最上位は兵長で、八名中の第一位となる。功績はともかく、どう第一位になるかが問題で、何名中の何位という査定が行われる以上、たとえ三名中の一位が一等兵であっても、一位——という呼称が、功績査定のときは役に立つ。つまり、どこまで行っても序列が物をいうのである。但《ただ》し内地兵営における序列と違うところは、単独であげた成果は、単独の功績として登記される点である。従って、一番乗りなどは、まっすぐ金鵄勲章《きんしくんしょう》につながる道であった（功績関係については後述する）。

中隊長を核心とする指揮班は、戦闘間、中隊における戦闘指導を行うので、一定の兵力をもつほか、通信や連絡係を有した。分屯形式で一地区を警備している兵団では、中隊独自の周辺討伐を行うことも多かったし、従って中隊長の権限は強かった。大尉又は古参の中尉が中隊長をつとめたが、この職務は小王侯の観があった。兵隊の眼からは、絶対の権力保持者にみえたのである。

〈駐屯地の初年兵教育〉日中戦争以後、動員の激化に伴って、はじめは内地で正規の教育をやっていたのが、次第に速成教育になり、時には未教育兵を戦場地域の駐屯地へ送り込んで、そこで教育に当ることもあった。未教育の初年兵としては、これは災難であった。教育中でも、討伐があると、未教育のまま、留守隊の警備ぐらいは押しつけられたからである。本来兵隊は、教育しない限り使いものにならない。戦場で、戦闘業務に習熟しなければ、いたずらに犠牲者ばかり出る。一個中隊の初年兵より、一個分隊の古参兵のほうがはるかに役に立った。量ではなく質である。

駐屯地の初年兵教育は、環境もきびしいと同時に、教育もきびしかった。いたわっている余裕もないし、一刻も早く戦力にするために鍛える、という要請があったからである。

河北省に駐屯していた一部隊の初年兵教育に、左の如《ごと》き事例がある。

教育間、肺炎で就寝中の初年兵を、意気地がない、という理由で、営庭へひきずり出して銃剣術をさせた。その夜、亡霊のような姿で厠《かわや》へ行くその兵隊を下士官がみつけて手当したが死亡した。また、真夏の起床時、腕立て伏せをやらせ、十五回できた者を帰営させ、できぬものは昼食時間に至るまでやらせた。これで兵隊は暍《えつ》病（日射病）になり、癒《なお》っても半身不随となりかつ失明した。また、隊内で頭に繃帯《ほうたい》をした初年兵がまじって教育を受けていた。他隊の者がきくと、木銃で叩《たた》かれて負傷したのである、という。それで、その隊でも、さっそく木銃で叩く教育に切りかえた。これではまるで初年兵を殺すために教育しているようなものである。

残酷である――と思われるかもしれない。しかし、一歩駐屯地を出ると、そこでの状況はさらに残酷であった。中共兵との陰湿にして凄惨《せいさん》な戦闘が、際限もなくくり返されていたからである。どっちみち、初年兵をいたわって教育してみても、戦闘へ出せば、みるまに死んでゆくことを、古参兵は知っていたのである。何度補充をもらっても、死ぬのは初年兵ばかりで、あやうく生き残った者だけが、精鋭としての道をたどる。そしてそのような初年兵は、少々の教育では絶対に音をあげないのである。弱者必滅の深刻な真理だけがそこにあった。すさまじい自然淘汰《とうた》なのである。

そうした自然淘汰から、つねに巧みに身をかわしてきた古参兵は強かった。それでなければ慓悍《ひょうかん》な中共兵とは戦えない。人的資源が底をついている日本軍と、日を追うて充実しつつある中共軍との、戦力の均衡をとる残された唯一《ゆいいつ》の手段は、経験の深い一個ずつの古い兵隊の負担を重くすることだけである。強い——というより、恐ろしい兵隊がそこには出来上っていた。戦闘の専門家である。

あるとき、兵力二千の関東軍部隊が、約三百の中共軍を急追して河北省まで入ってきた。中共軍は作戦以外には退却しないが、対中共戦に不熟のため、関東軍は勝ったと信じて追ったのである。追いつかれて、凹地《くぼち》で大休止をした。満洲で教育された通り、一列に叉銃《さじゅう》線を敷き、炊爨《すいさん》と休養をとっているうち、周辺の山上を約三千の中共軍が包囲した。逃げながら、反撃の機会を待ち、罠《わな》にかけたのである。完全な包囲網にとじこめられ、中共軍の弾雨の激しさのため、凹地の部隊は叉銃線まで銃をとりにゆけず、山肌にとりついたまま、いたずらに犠牲を重ねた。脱出しようにも身動きがとれず、かつ地理不案内である。残された方法は、付近の日本軍駐屯地に、無電で救援を求めることであった。

このとき独混八旅の一個小隊二十四名の兵隊が、関東軍救出に赴いている。凹地にもっとも近い場所に駐屯していたからである。二千の部隊を、わずか二十四名で救援するというのもふしぎだが、この二十四名は対中共戦を生きぬいてきた精兵で、黙々として現地へ急行し、包囲網の一角を開き、関東軍討伐隊を救出した。しかも、自隊は一名の負傷者も出さなかった。

このとき関東軍部隊は、死者の小指だけを切りとって避退した。弾雨下、それだけが辛うじてできる、遺体収容だったのである。このとき、救出を行った古参兵部隊は「関東軍は薄情だ。小指だけを切ってきた。われわれだったら遺体は必ず収容する」といった。関東軍の死傷は約百。昭和十九年四月、撫寧付近馬家峪《ぶねいまかよく》での戦闘である。

この事例は、実に多くのことを教えている。演習と実戦の違い、中共軍の作戦、兵員間の人情がいかに養われるか、そして何よりも戦闘熟練者たちの戦力である。かれらが「われわれだったら遺体全部を収容する」といったのは、必ず遺体を収容する中共軍に対する立場と、同時に、いかに多くの仲間を殺してきたか、という悲劇の追懐につながるものである。しずかな呟《つぶや》きだが、裏を返せば、悲痛な絶叫である。

苛酷《かこく》な環境では、このような兵隊に育たねばならないとすると、初年兵教育というものはむつかしくなってくる。思いきり淘汰の運命にさらすか、さもなければ人情をもって、未熟なかれらとともに感傷的に滅ぶか、その二者択一を迫られるわけである。

初年兵教育のついでに述べておくと、外地部隊の一部では、幹部候補生を内地へ送って教育させる余裕がなく、現地で、下士官候補者にしてしまい、教育の場を保定で行った。幹候の資格がありながら下士候にさせられる、という異例の処置で、下士官になった者も相当数いるのである。このとき、法令がどのように改変されたのかは審《つまび》らかにしない。

〈苦力《クーリー》の雇用〉　中国における駐屯生活で、兵隊ともっとも密着して暮していたのは、現地で雇った苦力であろう。これは部落の長が斡旋《あっせん》して部隊へ寄越す場合、兵隊が何となくみつける場合、ほかに戦闘間の捕虜をそのまま使役し、いつしかなじんで部隊の一員の如くなってしまう場合等いろいろある。炊事班などでは、雑用をさせるのに不可欠の存在となっていたし、大きな駐屯地などでは、炊事班に十数名もいた。かれらはすぐに日本語を覚え、兵隊を通常「先生《シーサン》」と呼んだ。馴《な》れると苗字《みようじ》にさんをつけて呼ぶ。炊事班では、手当を現品で支給しているところが多かった。小さな分屯地では、飯を食わせてやるだけで満足して、よく働いたものである。時には計画的に、敵側の工作員が化け込んでくることもあったが、日本軍ではなかなか見抜けなかった。

苦力はたいがい「鬼吉」とか「石松」とか次郎長一家に因《ちな》んだ名前をつけられていた。楽天的で善良で、蔭《かげ》で物をくすねる、というような性癖の者は少なかった。しかし、筆者が安徽省蕪湖《ぶこ》県の駐屯兵舎の炊事班にいたとき、数名の集団で糧秣盗みをやっていた苦力をみつけたことがある。犯人は朝来て夜帰る、通いの苦力である。こういう犯罪はふつう容易にみつからないものだが、炊事班勤務の古参の兵隊がこれをみつけた。この兵隊は、身体虚弱であまり使いものにならず、古参なので毎日ゴロゴロしていたが、夜になると冷えるのか、頻繁に小用に通う。そのついでに、時には何となく炊事場内を見廻る。それで苦力たちの所業をみつけたのである。平素、ほかのことにはあまり役立たない兵隊のいたおかげで、盗難が発見できたのである。苦力の犯罪はともかく、兵隊というのは、何かしらで役に立つところがあるものである。

〈補給〉　駐屯地の行事のうち、もっとも重要なことは、糧秣の補給を受けることである。糧秣は、連隊本部糧秣班（炊事）が、貨物廠《しょう》に補給請求書を出して受領する。大隊本部は宰領者が連隊本部へ受領に行き、中隊本部以下は逆に、大隊本部から補給を受けたりした。小人数の分屯地は、むろん宰領者を出す余裕がないので、補給を待つわけである。

なんらかの事情で、補給の絶えた場合は、分屯地周辺で糧食を調達する。現地自活である。糧秣は、末端へ行くほど、配給量がごまかくなる。だんだん、ごまかしがきかなくなるからである。これが連隊本部だと、一人分茶匙《ちやさじ》一杯分の米を節約しても、三千五百人位の分を節約することになるから、つねに帳簿記載外の余分の量を保持できる。

補給は、主食の外に、加給品がある。酒、ビール、タバコ、甘味品（乾菓、羊羹《ようかん》な

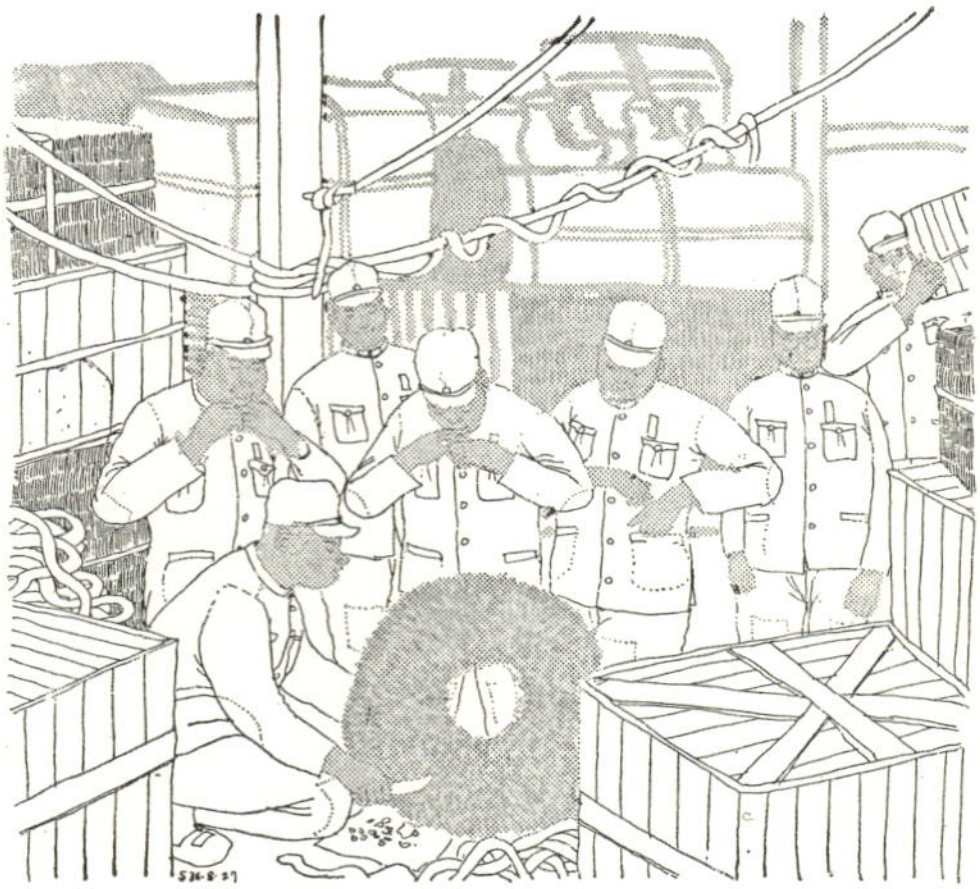

馬糧の大豆粕を削って食べる兵隊たち

ど）等である。味噌《みそ》、醤油《しょうゆ》、食用油等は、むろん主食に付随する。小夜食《こやしょく》というのは、勤務につく者に支給する特別の配給品で、大きい駐屯地では、酒保製の饅頭《まんじゅう》などをあてた。このしきたりは、もちろん内地の兵営生活にはない。

酒保は内地と同じで、酒類、甘味品、日用品等を販売する。酒保は大きな駐屯地にしかない。駐屯生活は、生活上ののんきさだけを除けば、末端ほど損をする。たとえば慰問団が廻って来ても、せいぜい大隊本部までで、それ以下は、勤務地が前線に近づくので危険なのである。慰安所の施設にしても、後方ほど完備している。

軍隊が「運隊」と呼ばれるのは、兵隊の置かれるポストによって、運不運が異るからである。異りすぎるからである。同じ兵団に所属していても、ほとんど弾丸の音をきかない兵隊もいれば、あけくれ戦火の場にさらされている兵隊もいる。中隊にしても、指揮班は後方に位置することが多いから、一般小隊より死傷率は少ない。分隊にしても第四分隊（擲弾筒《てきだんとう》）は幾分後方になる。第一、二分隊の軽機の射手と分隊長が、戦闘におけるもっとも損な立場（逆にいえば花形としての立場）に立つことになる。いちばんよく働くくせにいちばん補給の悪い前線の散兵たち、しかし、かれらこそ、ほんとうに戦争をやった、選ばれた兵隊なのである。もし幸い生きて還《かえ》れたなら、かれらこそ、終生語り尽きない思い出と話題を持っている。

〔戦場と性〕

日中戦争までは、戦場に異性は存在しなかった。日露戦争時に〝火筒の響き遠ざかる——〟という「婦人従軍歌」ができたが、看護婦は広島へ赴いただけである。これにくらべると、日中戦争以降、看護婦はもちろん、多くの慰安婦たちが、兵隊とともに前線へ出動した。ことに、慰安婦こそは戦場の花である。

〈最初の慰安所〉　日本軍の慰安所がはじめて開設された当時の模様について、麻生徹男軍医（福岡市の医院長）の記録があるので、それを転載させて頂くことにする。

「昭和十三年の初め頃、当時上海《シャンハイ》派遣軍の兵站《へいたん》病院（院長は高宮福海町の鵜沢先生）の外科病院に勤務していた私へ、軍特務部より呼出しが来た。なんでも婦人科医

兵站司令部直営の陸軍娯楽所（慰安所）第１号

が必要であるとのこと。

当時大場鎮の激戦のあとで、日夜戦傷病者の治療に忙殺されていた時ではあるし、又そのころまでの常識として戦場と婦人科医との関係など、毛頭も連想がつかなかった。とりあえずもう一人の婦人科医と出かけて行った。命令に曰《いわ》く「麻生軍医は近く開設せらるる陸軍娯楽所の為、目下其美路沙徑小学校に待機中の婦女子百余名の身体検査を行うべし」と。

直ちに私ら一行、軍医、兵隊それに国民病院の看護婦二名を加えた十一名にて出かけた。これが日支事変以後大東亜戦を通じて、兵站司令部の仕事として慰安所管理の嚆矢《こうし》となった。

当時軍の輸送規定には、兵隊、軍馬の

民営の慰安所

項はあっても婦女子の項はなかったので、甚だ失礼なことには、物資輸送の項に該当させたりなど、今から考えると妙なことであった。

彼女らは皇軍兵士の慰問使として朝鮮（原文は××と伏せて表現してある・筆者注）及び北九州の各地より募集せられた連中であった。興味あることには、朝鮮婦人の方は年齢も若く肉体的にも無垢《むく》を思わせる者がたくさんいたが、北九州関係の分は既往にその道の商売をしていた者が大部分で、後者の中には鼠蹊部《そけいぶ》に大きな切開の瘢痕《はんこん》を有する者も屢々《しばしば》あった。

私は後程軍医会同にて一文を物して、この娼婦《しょうふ》の質の向上を要求した。即《すなわ》ち内地を食いつめたような者を戦場へ鞍替《くらが》えさせられては、皇軍将兵甚だ以《もつ》て迷惑であると。中支方面に従軍せられた御方で気付かれたことと思うが、南京、漢口等の将校クラブに朝鮮婦人の多かったことも、この辺の事情に起因していると思うは、あえて私の僻目《ひがめ》でもなかろう。

かくして上海軍工路近くの楊家宅に、軍直轄《ちよつかつ》の慰安所が整然とした兵営アパートの形式で完成した。その慰安所規定に曰く、

一、本慰安所ニハ陸軍々人軍属（軍夫ヲ除ク）ノ外入場ヲ許サズ。入場者ハ慰安所外出証ヲ所持スルコト。

一、入場者ハ必ズ受付ニオイテ料金ヲ支払イ之《これ》ト引替ニ入場券及ビ『サック』一個ヲ受取ルコト。

一、入場券ノ料金左ノ如シ

下士官兵軍属金弐円

一、入場券ノ効力ハ当日限リトシ若《も》シ入室セザルトキハ現金ト引替ヲナスモノトス。

但《ただ》シ一旦酌婦ニ渡シタルトキハ返戻《へんれい》セズ

一、入場券ヲ買求メタル者ハ指定セラレタル番号ノ室ニ入ルコト。但シ時間ハ三十分トス。

一、入室ト同時ニ入場券ヲ酌婦ニ渡スコト。
一、室内ニ於《おい》テハ飲酒ヲ禁ズ。（相手を酌婦と呼びながら飲酒を禁じているところが面白い）
一、用済ノ上ハ直チニ退室スルコト。
一、規定ヲ守ラザル者及ビ軍紀風紀ヲ紊《みだ》ス者ハ退場セシム。（この項は特に傑作であろう）
一、サックヲ使用セザル者ハ接婦ヲ禁ズ」

（こうこまかく規定されては、慰安所遊びか衛兵勤務かわからない。柳川兵団所属の一兵士の陣中日誌に、ある町を占領駐留しているとき待望の慰安所がひらかれ、四十人の女が来た。混雑を恐れて七部隊では許可証を発行することにした。慰安所に行きたい兵隊は、中隊長から許可証をもらわねばならない。ところが許可証をもらいに来た兵隊はいくらもいず、慰安所は閑古鳥の鳴くありさまで、第一商売にならない。それで遂《つい》に許可証なしで遊ばせることにしたら、その日から押すな押すなの盛況になった——という記述がある）

さて、麻生軍医の記録にもどる。

「やがてこれに呼応して民間側にても、江湾鎮の一角に数軒の慰安所が開設されるようになった。この方は普通の民家を利用した建物構造で衛生管理、消毒施設など甚しく不徹底で、絶えず管理医官たる私のお小言を頂戴《ちょうだい》していた。然《しか》しサービスは前者にくらべると良いらしく、その看板の謳《うた》い、殺しの文句にも

〝聖戦大勝の勇士大歓迎〟

〝身も心も捧《ささ》ぐ大和撫子《やまとなでしこ》のサーヴィス〟

てな具合にて前者の官僚統制型にくらべて、いかにも自由企業的雰囲気であった」

兵隊の生活感情や日常の生き方を知る上に、慰安婦を中心とする、性の問題を閑却することはできない。それについて、拙文『戦場・性・女たち』から要点を抜き、かつ補足して、この問題の一断面をさぐっておきたい。

〈兵隊と性〉　前述の、中隊長の許可証がなければ遊べない——という事項に関してだが、兵隊にとって、もし、性が第一義のものであったとすれば、中隊長とは知らない仲ではないのだし、行列して、許可証をもらいに行ったはずである。しかし、一枚の許可証だけで、かれらは慰安所を黙殺した。それが兵隊の抵抗なのか、羞恥《しゅうち》なのか、それとも面倒だったのかは、人それぞれによって違うとしても面白いことである。

北支那の筆者のいた駐屯地には、兵員六百に対して、朝鮮人の慰安婦が四人いた。

全部現役兵の部隊である。若いから、さぞかし慰安所が賑《にぎ》わったろう、と思われがちだが、事実はそうでなく、混むということはめったになかった。

少ない兵員で、多量の戦務を処理してゆかねばならなかったためもあるが、そのほかに現役兵というのは使命感に対して素朴忠実で、かつ女性に対する経験が浅いから、性を習慣として身につけていなかったのだ。かれらにとっては慰安婦は、性欲の処理対象であるよりも、むしろ部隊の一員のようなものであり、部隊の装飾品として大切だったのである。討伐に出かけて行くときは、彼女たちも旗を振って見送るし、帰ってくるときも出迎えてくれる。討伐ごとに兵隊の何人かは欠落して行くし、するとその話をきいて、女たちも一緒に悲しむのである。戦況の悪い、僻遠《へきえん》の地の、しかも荒《こう》寥《りょう》とした風物の中の中国部落にともに生活していると、女たちもまた、兵隊たちの連帯感の一環につながってくるのである。

だいたい現役兵というのは純情だし、慰安婦や町の女と共謀して奔敵したりするのも、女のなかに自身の錯乱を積みかさね、それに溺《おぼ》れ込んでしまうからである。彼女たちは兵隊が本気で打ち込んだら、たいがいは崩れて、その情に殉ずるものである。人をそうさせる環境が、戦場というものなのである。

通常、恋愛というものは、相互の第一印象から段階的に発展してゆくものだが、戦場での関係は、いきなり肉体交渉から出発し、そのあとで感情が昇華してゆくのである。つまり世間とは逆なのだ。兵隊には持時間というものはない。次の作戦で死ぬかも知れないのである。だから、感情的に、非常に脆《もろ》い面もある。

現役兵にくらべると、召集兵は、多くは女房持ちだから、性というものは、現役兵よりも現実的な意味をもってくる。かれらにとっては、性の悩みは、現役兵のそれよりはるかに強い。また召集兵の多くは、いったん戦場の殺伐さに洗われてきたりしているから、性の所業を遂げるのにも大胆で、ひとりで女さがしに行って、先住民や便衣隊に殺された実例は枚挙に遑《いとま》がない。中国民衆がよく「ヒゲの生えた兵隊は悪い」といっていたのは、事変初期の召集兵たちの暴行ぶりを指していったのである。

〈戦場の女たち〉　戦場では、それが女である、ということだけで貴重な存在だった。どんな女でも、女であれば、ふしぎに美しくみえる。兵隊と、なんらかの意味で接触する女性は、慰安婦のほかには、中国民衆（つまりその土地の住民）、在留邦人、慰問団、それに看護婦くらいなものだろう。このうち、慰安婦がいちばん兵隊の役に立ってくれていることは事実だが、慰安婦も多くは、欺《だま》されて連れてこられたのである。

女っ気がないと、夜も日も明けないのは九州兵団らしく、久留米《くるめ》の「竜兵団」は北ビルマまで女を連れて行っている。ついて行ったのは大半が天草女で、おそらく好きで？　ついて行ったのだろう。この兵団は戦史に赫々《かくかく》たる武名を刻んでいるが、数十倍の雲南軍に包囲されて各所で玉砕した。しかしさすがに九州男児で、城外の陣地で悪戦苦闘しながらも、夜になると血と泥にまみれたまま駐留地（城内）へもどって来て女を抱き、また陣地へもどって行く、というようなことをしている。

そうして結局、壮烈果敢に戦い抜いてみな死んだ。こういう兵隊たちを向うに廻したのでは、女たちも、嫋々《じょうじょう》たる秘語などささやいているひまはなかっただろう。壮烈に抱かれてやるよりほかはなかっただろう。そうしてその兵隊たちが死に絶えると、彼女たちもまた後を追っている。日本女たちはみな毒をあおいで死んだが、同行していた朝鮮女たちは、死なずに雲南軍に降《くだ》った。このことは朝鮮の、日本に対する、姿勢と思想を、端的に象徴しているようである。

朝鮮の女たちが、慰安婦として、いかに日本兵たちに献身的であったかは、多少でも野戦経験を持つ者は知っている。しかしそれは多くの場合、日本兵に好意を持ったからではなく、慰安婦の立場として、日本内地の女には負けたくないとする、民族的な面子《メンツ》があったからのようだ。

彼女たちが、いかに献身的であったにせよ、日本兵の情に殉ずる、というような事例はほとんどなかった。彼女たちの心底には、本能的、無意識的に、日本への憎悪《ぞうお》と抵抗があったのである。このことは朝鮮人通訳が、日本軍を不利に導くような行動に走りたがったのと、表裏をなしている。しかし、朝鮮の女性たちが、慰安婦として、機能的には、きわめて良質であったことを、兵隊たちは知っている。女性の機能の優劣は、民族のもつ悲劇性の度合いに比例するのではないか。研究したわけではないから、これ以上のことはわからないが。

これにくらべると、中国人女性は、はじめから、日本兵との断絶感は深かった。彼女たちは、被圧迫者の立場にあったし、日本の戦後の事情でいえば、肉の防波堤だったわけである。それに言葉が通じなかった。従って事務的な交渉になって行った。

ところが、日本兵との逃亡、心中、奔敵という事例になると、その対象はたいがい中国女性だった。これは、久しく親しんで、断絶感を埋め合い、曲がりなりに言葉も通じてゆくと、ギリギリの場で、彼女たちの全身的な呼応と傾倒が生じてくるからである。つまり中国女は、相手を信じ切った場合、躊躇《ちゅうちょ》なく自身を賭《か》ける、盲目的な情熱を持っていた。生活の貧しさ、それに素朴遅鈍、といってしまえばそれまでだが、いい方をかえれば、狡猾《こうかつ》打算というものを持つことが少なかったのだ。

戦地における日本内地の女性というのは、やはり稀少《きしょう》価値があって、軍隊の上層クラスの遊びの相手だった。一般の兵隊は、なかなか抱けない高嶺《たかね》の花であることが多かった。従って女も見識が高く「なんだ兵隊か」といった顔をする。頼んで、遠慮して抱かせてもらってても楽しくないから、兵隊は朝鮮や中国の女のところへ行きたがるのである。

戦場で、青春の幾刻《いくとき》かを過ごした人たちには、多少なりとも、彼女ら慰安婦との交渉の記憶があるだろう。ときにはそれが彼の生涯における、最重要の意味を持つことになったりする。女房にも明かさない、彼ひとりきりの秘密としてである。死生の間において、肉と情を頒《わ》け合う交渉が、いかに切実甘美なものであるかは、それを体験した者でなければわからないかもしれない。単に荒涼殺伐な性だけが、戦場の風俗ではないのである。

戦場における性の対象として、もうひとつ、中共軍の女密偵というのがある。中共軍は日本兵の女好き（別に日本兵ばかりとは限らないと思うが）を利用して、いたるところで女兵を密偵に仕立てて日本軍に送り込んでいる。日本軍では、中共軍女密偵の正体を嗅《か》ぎつけると、これを逆に利用した。このときには当然、直接交渉者同士の疑似恋愛関係が生じるわけである。ときにはこれはほんものに発展して、悲劇的な結果を生むこともある。

アルバムに美しい姑娘《クーニャン》の写真を貼《は》っている人がいて、きくと、それが女密偵で、その人と深い情交関係になり、未《いま》だに忘れ難い、とその人は沈痛に懐《なつか》しげな表情をみせたことである。女密偵を情婦にして、逆に、敵の情報を入手させていたのである。

私が「それでは当然友軍の情報も洩《も》れていたと考えるべきではないか」というと、その人は「敵味方お互いに、情報を得たり奪われたりしていれば、それでよかったのだ。双方承知の上だったのである」と答えた。日中戦争には、こういうのんきなところもあったのである。

これはビルマ（現ミャンマー）での話だが、某兵団で、どうしても強姦《ごうかん》事件が絶えないとみて、内々に強姦を認めた。軍務六年、七年という兵隊は、除隊即日予備役召集という形で、一度も内地に還《かえ》れず戦場に在る。この兵隊たちに、軍紀厳正、強姦必罰というような公式は、いかに軍隊でも押しつけられなかった。しかしビルマは親日国で、かつ民衆は熱心な仏教徒であり、強姦などは行えない。残された方法は証拠湮滅《いんめつ》——つまり、犯した相手をその場で殺してしまうことであった。これによって事故は起らなかった。殺さねばならぬ、という責任が兵隊をひるませたか、それともつねに殺しつづけたから表面の問題化しなかったか、そこまではわからない。

ところが、一婦人が暴行された、と軍へ訴え出てきた。裾《すそ》をまくって犯される形までしてみせた。やむなく調査したら、兵長以下三名の犯人が出てきた。かれらは顔を覚えられているし、三人で輪姦した、と白状した。

准尉《じゅんい》が「なぜ殺さなかったか」ときくと、三人は「情に於《お》いてどうしても殺せなかった」といった。よって軍法会議にかけられ、三人とも降等され、内地に送還された。一方では強姦したら殺せ、といい、一方では、発覚すると厳罰がくる。奇妙な軍隊の規律である。ビルマでは一兵も惜しい戦況だったが、軍はあえて法を通したのである（降等されて、内地送還、入獄というのは、当時としては極刑であり、おめおめと家郷へはもどれないのだ）。

ところが戦況益々不利に赴いて、遂に日本が敗戦した。准尉は三人の罪を軽減させたいために、法廷で多くの偽証をしていた。戦後准尉は、内地へ還って三人と会った。三人は現在も、准尉に深い恩義をかんじている。三人は、ビルマ婦人に情をかけたため厳刑を受けて追放された。しかしそのために、悲惨なビルマ戦の渦中をのがれ、結果としては助かったのである。性に絡《から》む、微妙な運命の作用というべきである。

さて、身体を賭けて、前線で稼ぎぬいた慰安婦たちは、最後にはどうなったのだろうか。かりに金を残したとしても、重なる不摂生に心身ともに荒れ果てて、そこには女としての残骸《ざんがい》しか残らなかっただろうか。

終戦後、バンコクのタイ獣医学校に終戦処理所が置かれていた。ある日ここへ六名の中国人女性が訪ねてきた。彼女たちは江蘇省《こうそ》に駐屯していた日本軍がビルマへ向うとき、引き抜かれて同行し、爾来《じらい》現在まで兵隊とともに前線にいた。終戦になって、兵隊たちとともに陸路を歩いてタイまで来た。兵隊たちは収容所に入っている。彼女たちは各自大量の十ピアストル紙幣（ビルマ軍票）を持っていたが、日本敗戦のため無価値となった。この紙幣をタイの通貨バーツに兌換《だかん》してもらえないか、もし駄目なら私たちを日本へ引率して行ってほしい、私たちは日本兵と深くなじみ、もはや日本人のようになってしまっている――と彼女たちはいうのである。言葉もすべて日本語である。

このとき終戦処理所に勤務していた永瀬隆通訳（倉敷市在住）が衝に当ったが、いかにも気の毒なので奔走したが、軍は手持のバーツがないといって出さなかった（事実はあったのかもしれない）。永瀬通訳は結局当惑して、華僑《かきよう》会と相談し、彼女たちを孤児院へ収容してもらった、という。この江蘇女たちはみな二重瞼《ふたえまぶた》で美しく、数年を前線で慰安婦勤務をしたにかかわらず、容貌《ようぼう》姿態ともに江蘇美人たるの評価を、なお失っていなかったそうである。

また、カンチャナブリで慰安婦をつとめていたタイの女たちが数名、なじんだ兵隊たちがバンコクの収容所（ニューライフ・キャンプと呼ばれ、埠頭《ふとう》の近くにあった）

へ訪ねてきたことがある。彼女たちは、柵《さく》を破って収容所へ入り、兵隊に頼まれると買物を手伝ったが、手数料をとらなかった。兵隊の乗船するまで肉の奉仕もしてくれたが、むろん無料であった（別に慰安婦がサービスをしてくれた、という理由からではなく、日本軍が戦ったアジア全地域を通じて、タイ人がもっとも日本軍に親切であったといわれる）。

これも敗戦後、スマトラ北端の町に駐屯していた部隊で、部隊用の慰安婦たち十数名を、司令部のあるメダンまで送り還したことがある。このとき女たちの護衛に当ったのは、人情的に女たちと交渉の深かった下士官で、彼は女たちをいたわりながら汽車の旅をつづけた。ところが途中の駅で、二百名ほどの他部隊の兵隊が乗車してきた。かれらは同乗している女たちをみると、敗戦の絶望と自棄もあったのだろう、下士官の制止もきかず、兇暴な群衆心理に駆られて、とうてい正視できぬ状態で女たちを輪姦しつくしている（スマトラ駐屯部隊は全員ほとんど無疵《むきず》で終戦を迎えている）。

この話をするとき、そのときの下士官だった男は、実に憂鬱《ゆううつ》げに眉《まゆ》をひそめた。この話の中には、慰安婦の悲しみと、性だけに駆られている異様な兵隊の集団の姿と、それを茫然《ぼうぜん》とみまもっている護衛者の姿とがはっきり出ている。そのいずれも戦場の姿なのであり、心理なのである。

朝鮮の慰安婦たちが、一様に胸にもっていた願いは、だれかと結婚することであった。家の主婦になる、ということくらい、彼女たちを酔わせる理想はなかった。慰安所で、たまに結婚してゆく同僚があると、それを祝福し羨望《せんぼう》する他の仲間たちの眼もとは尋常のものではなかった。

私は靖国《やすくに》神社の境内にでも、従軍看護婦と戦場慰安婦の忠霊塔ぐらいは建ててもいいのではないか、と思っている。ことに慰安婦の場合は、兵隊なみに生命をけずっている。勅語の〝博愛衆ニ及ボシ〟という教えを、戦場で行ったといわねばならない。〈性と愛の徒花《あだばな》〉戦場で開花する恋愛は、実りをもたない徒花にすぎないものである。無理に実りを持たせようとすると、ひずみが生じてくる。山東省で中共軍と戦った独混五旅所属の桑島節郎軍曹の手記中に左の記述がある。

「相田上等兵逃亡八路軍に投ず。――第一中隊寨里《さいり》放棄撤退、招遠に転進のため芝罘《チーフー》より汽船にて竜口に上陸せし際、相田上等兵（現役二年兵）夜陰に乗じ逃亡八路軍に投ず。彼、芝罘――青島《チンタオ》間の自動車警乗勤務のため福山にありし時、中国婦人と懇《ねんご》ろとなり妊娠せしむ。船中永山兵長もとより気鋭の士なれば大いにこれをなじり、鉄拳《てっけん》をふるって殴打すること数十回、かつ蹴《け》り突き倒す。彼、半死半生、畏縮《いしゅく》すること大にして、遂に竜口上陸と同時に逃亡せるなり」

私たちの警備地区内にあった、安徽省宣城県の付近でも、ある分屯隊の長をしていた一兵長が、兵舎の二階に女を連れ込んでいた。たぶん、そうせざるを得ない事情が存在していたのだろう。しかし、これが発覚して糾明されようとしたとき、彼は女とともに新四軍に逃亡してしまった。共産軍に逃げ込むと、男は反戦運動要員になり、女は看護婦にさせられるときいたが、軍内部で結婚が許可されるのかどうかは、寡聞《かぶん》にして知らない。

敗戦後の収容所内の生活などにおいては、変った性風俗（たとえば同性愛的なもの）が存在したのではないか、と考えられがちだが、そういう話はあまりきかない。戦い疲れた上の捕虜生活であり、かつ、おおむね給養悪くして労役過重、という状態では、性に関心を持つどころではなかっただろう。だいたい、戦場においては獣性を帯びた性が幅をきかしたろう、と考えるのは早計である。完全軍装（三十キロ以上ある）で、十里も行軍させられれば、眼の前を裸の女が通っても、それに見向く気もしないだろう。通常兵隊は兵隊でいる限り、睡眠不足と飢餓感に悩んだのである。兵隊は戦場へ、女遊びに行ったのではなく、戦争をしに行ったのである。そして戦争というのは、一言にしていえば、人間の耐久力の限界を超えた、言語に絶する労働の連続でしかない。実をいえば、敵と銃火を交えること自身は、まだ楽？　なのだ。そこにいたる過程の行軍がきびしいのである。

ところで、マレー半島の俘虜《ふりょ》収容所（エンダウ）に置かれていた人が、収容所内で演芸会をやったときの話をしてくれた。男ばかりで芝居をやったのだが、不便な生活の中で、かれらはある限りの知恵をしぼって、舞台衣裳《いしょう》や鬘《かつら》を作製した。女がいないから、当然女形が必要になる。この女形になった兵隊が、実によく女形になり切って演技をしたため、兵隊たちはそれを完全な女として、錯覚せざるを得なかった。

その兵隊は「お君ちゃん」と呼ばれたが、私にその話をしてくれた人は「自分は今もお君ちゃんを忘れることはできない。いちばん親友だったので、夜、月あかりの中で、材木に腰かけながら話したが、どう考えても恋人と話しているような気しかしなかった。南十字星の下で、ぼくは何度も彼女の手をとって、彼女を讃美《さんび》する言葉を連ねたのだ」と、感慨のこもる表情をしてみせたことである。私には収容所生活の体験は浅いが、彼のいう言葉の意味はよくわかった。そしてその情景を、微笑《ほほえ》ましく想像することができたのである。

満洲から台湾南部へ移動し、そこで終戦を迎えた部隊に所属していた富田晃弘一等兵（当時。本篇の挿絵を描いた人。福岡在住）の手記「裸・生・死・性・拾遺」には、軍隊内の性風俗に対する独自の見方、考え方が記されていて興味深い。現役兵と召集兵についての、当時の初年兵としての見方を、つぎのように書いてある。

「おなじ男であり、おなじ兵隊でありながら、現役兵と召集兵には顕著な差があった。草原で小休止のとき、一輪の野菊をつみとるのは現役兵なのだ。現役兵は花に『女』を敏感にみてとる。仲間とふざけ合う接触でさえも、かなりの量の性欲が消化されたのである。いいかたをかえれば、かくも純度のたかい性欲はなかった。鮮満ソ国境の峻烈《しゅんれつ》な風土。胡沙《こさ》と吹雪。原始林。人といえば兵隊だけ。地方人は、たまさか水桶《みずおけ》を牛車に積んでくる満人か、糞尿汲出《ふんにょうくみだし》の満人老爺《ろうや》を見るだけで『女』は不在であった。そうした制限、そうした隔絶に漉《こ》された性欲は、透明感さえもっていた。禁欲特有のあの陰惨さとは対蹠《たいしょ》的なのである。むしろ現役兵が求めたのは安息であった。『女』は二の次、三の次であり、いわば『とっておき』に等しかった。ところが召集兵は花をみると、それは女陰のイメージに発展した。仲間とふざけ合うと、むしろ、そそられてくるのであった。制限と隔絶が現役兵の性欲をむしろ澄《ちょう》明《めい》化するのにくらべると、召集兵の性欲は饐《す》えていくのである」

「現役兵は娼婦《しょうふ》にも恋をしがちであった。恋は逃亡に変り、心中にまで飛躍する遮《しゃ》二無二《にむに》な性であった。それは群から独立して、一個の巣づくりをする動物の本能、そのままであった。性欲のために一切のルールを無視するのではなかった。『種』

の保存、生命の延長という、きわめて自然な生物の意志——そのものであった。性欲は、いわば方便にすぎなかった。目的は、性を媒体とした『生本能』であった。此《こ》の切迫した性は、若者が常に戦死の危険にさらされていたからであろうか。新兵にとって、性はすなわち生であったのだ」

〈売春の美徳〉　戦場的倫理観からいうと、売春行為というものは、それが美徳でこそあれ、決して不道徳、または卑猥《ひわい》な行為であるとはいえないようである。あえていえば、死を賭《か》けている者の行う、一種の儀式のようなものなのだ。

兵隊というのは、自ら意志せずして戦場へ駆り出された素朴な庶民だし、戦場の女たちもまた、それと運命を同じくしている。つまりかれら同士は、生きている次元が同じであり、心の底辺に、お互いへの同情と理解を用意している。ただ、女たちの数があまりに不足していたために、戦火の蔭《かげ》の苛酷《かこく》な労働に圧《お》しつぶされ、犠牲となって行ったのだ。

兵隊も女も、どちらも、かわいそうだった、というよりほかはない。私が戦場での性を、風俗として、興味的にとりあげたくなかった理由もそこにある。

〈駐屯生活のたのしみ〉

駐屯生活は、駐屯生活だけに限れば、その日常はのどかで、兵隊たちにさまざまな思い出を残している。駐屯生活を賑《にぎ》わすのは、慰問団の訪れてくる時と、慰問袋、軍事郵便の届くときなどであろう。

戦場へは、多くの慰問団が赴いた。熱烈な慰問の精神にもとづくものから、観光旅行？　を兼ねたものなど玉石混淆《こんこう》である。真に慰問してやるべき対象は、前線の陣地にいる兵隊なのであるが、慰問団は司令部や本部のある大駐屯地を中心に廻った。筆者は北支前線の連隊本部の駐屯地にいて、三カ年を通じ、慰問団の慰問を受けたのはわずか一度である。太原《たいげん》から同蒲線を下って臨汾、臨汾から西へ汾河を渡って五キロの地点だが、この五キロが問題で、足ぶみするのである。

慰問袋は、恤兵部《じゅっぺい》から廻ってくるのと、民間から来るのと二種あった。恤兵部のものは日の丸を描いた包みになっていて、中身は一様に形式的であり、兵隊はあまり嬉《うれ》しい顔はしなかった。民間のものは、当り外れが多く、包みが大きいから中身がいいとは限らない。粗末な包みでも、泣かせられるような誠実な手紙の入っているものがあった。若い女性の、手製の品や手紙の入っているものが、いちばん人気のあったのは当然である。

軍事郵便は、比較的よくとどいた。昭和二十年六月に中支で投函《とうかん》したものが内地に届いていて、筆者は復員後一種の感慨を覚えたことがある。郵便を運ぶ船など、そのころはほとんどなかったはずだからである。駐屯地から出す郵便は、軍機保護上、開封のまま中隊事務室へ集め、検閲印を捺《お》して発送した。それでもときどき憲兵隊の検閲があり、不穏な文面のものなどは、中隊へ戻されてきた。中隊の検閲印は、いくらでもごま化して捺せたのである。多忙で、いちいち検閲などしていられなかったのである。

2　戦闘行動の実態

（一）討伐と作戦

〔師団と独混〕

師団や独立混成旅団を、普通「兵団」と呼んでいる。大単位の兵員の集団である。連隊以下は兵団と呼ばない。独混は、師団よりも編制が煩雑《はんざつ》でなく、戦闘向きに身軽に行動できた。師団と独混の比較について編成の一例を示しておくと、つぎのようになる。

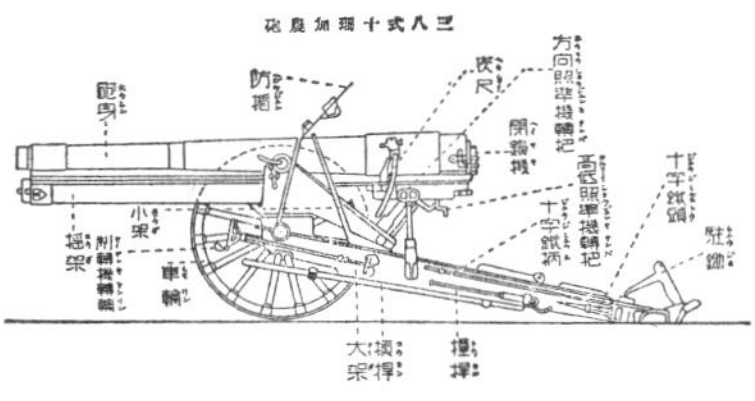

〈第四十一師団〉

(兵団符号)	(名称)	(編成地)	(編成年月日)
河第三五六一部隊	第四十一師団司令部	宇都宮	14・6・30
〃 三五六三〃	歩兵団司令部	〃	〃
〃 三五六四〃	歩兵第二三七連隊	水戸	〃
〃 三五六五〃	〃 第二三八連隊	高崎	〃
〃 三五六六〃	〃 第二三九連隊	宇都宮	〃
〃 三五六七〃	山砲第四十一連隊	〃	〃
〃 三五六八〃	工兵第四十一連隊	〃	〃
〃 三五六九〃	輜重《しちょう》第四十一連隊	〃	〃
〃 三五七〇〃	師団通信隊	〃	〃
〃 三五七一〃	〃 兵器勤務隊	〃	〃
〃 三五七二〃	〃 衛生隊	〃	〃
〃 三五七三〃	〃 第一野戦病院	〃	〃
〃 三五七四〃	〃 第二〃	〃	〃
〃 三五七六〃	〃 第三〃	〃	〃
〃 三五七五〃	〃 病馬廠《しょう》	〃	〃

(ほかに、騎兵第四十一連隊が含まれるが十六年に解隊している)

〈独立混成第五旅団〉

桐第四二七一部隊	第五旅団司令部	水戸	13・3・23
〃四二七二〃	独立歩兵第十六大隊	〃	〃
〃四二七三〃	〃 十七大隊	〃	〃
〃四二七四〃	〃 十八大隊	宇都宮	〃
〃四二七五〃	〃 十九大隊	高崎	〃
〃四二七六〃	〃 二十大隊	〃	13・3・24
〃四二七九〃	旅団通信隊	宇都宮	〃
〃四二七七〃	〃 砲兵隊	〃	〃
〃四二八九〃	〃 工兵隊	水戸	〃

右の如《ごと》く、独混の方が編成が簡略化してあり、基幹は歩兵大隊になっている。しかし独立歩兵大隊は、大隊長は連隊なみの大佐である。兵数は少ないが、戦力内容にそれほど遜色《そんしょく》はない。戦時編制の師団の兵数二万五千に対し、独混は一万に達しないが、身軽に動ける戦闘部隊として思いきり使われた。

独混が編制替えをして師団に昇格してゆくこともある。たとえば第六十師団（矛《ほこ》）

は独混第十一旅を改編、内容も独歩大隊八個（二旅団司令部）の編成である。独混から改編された師団の基幹歩兵部隊は、連隊でなく、独歩大隊になっている〈一つだけ例外のあるのは、第二十六師団（泉）で独歩第十一連隊（名古屋）独歩第十二連隊（岐阜）独歩第十三連隊（静岡）の編成。連隊だから軍旗をもっていたわけである〉。独混四旅（山西省）の全部と独混六旅（山東省）の五分の三で編成された第六十二師団（石）も独歩大隊八個の基幹、この師団は沖縄で勇戦玉砕した。

独混のほかに独立歩兵旅団というのがある。これは昭和十八年秋から十九年にかけて生まれたもので守備専門の編成である。戦闘行動をしないから輜重隊を持たず、砲兵も独混より兵数は少ない。従って符号では歩兵旅団はＩＢＳ、独混はＭＢＳとはっきり区分けする必要が生じてきた。

独混も当初は順序よく創設されていた。たとえば独混第二旅団から第五旅団（十三年二月）第六から第十四旅団まで（十四年一月）の編成分は、独歩第一大隊から第六十五大隊まできちんと建制順に揃《そろ》っている。もちろんこのあとは順序不同。このうち二、三、五、八、九を残し、あとはみな師団に改編されているから、編制事情もなかなか錯雑しているのである。師団は終戦時百六十九個師団あった。独混は百個程度である。

こうした編制について特に触れておかなければならないのは、昭和十五年八月一日の軍制改革である。このとき51（宇都宮）52（金沢）53（京都）54（姫路）55（善通寺）56（久留米）57（弘前《ひろさき》）等の各師団が編成されている。連隊区の改正、兵長という階級の新設もこの時である。さらに同年十二月二十六日付軍令陸甲五十七号で、従来の一師団四個連隊制が三個連隊制に改編になったことである。従って一師団から一連隊はみ出すことになり、このはみ出した連隊によって、新たに師団が編成される、ということが行われた。

一例をあげると第三十師団（豹《ひょう》）で平壌《へいじょう》編成。基幹は第四十一、第七十四、第七十七の各連隊。いずれも旧所属師団からはみ出したものだが、その歴史をたどってみればいずれも名門である。特に第七十七連隊は鯉登連隊として北支山西で勇名をあげている。第七十四連隊も張鼓峰で長勇中佐の下に頑張った歴史をもつ。第四十一連隊は日本の連隊中でもっともよく使われた連隊である。平型関から杭州湾上陸、徐州戦、広東攻略、ノモンハン増援、南寧、マレー、シンガポール、ニューギニア、レイテとまさに歴戦の代表連隊である。

編制替えの事情を図示すると次頁の如くになる。

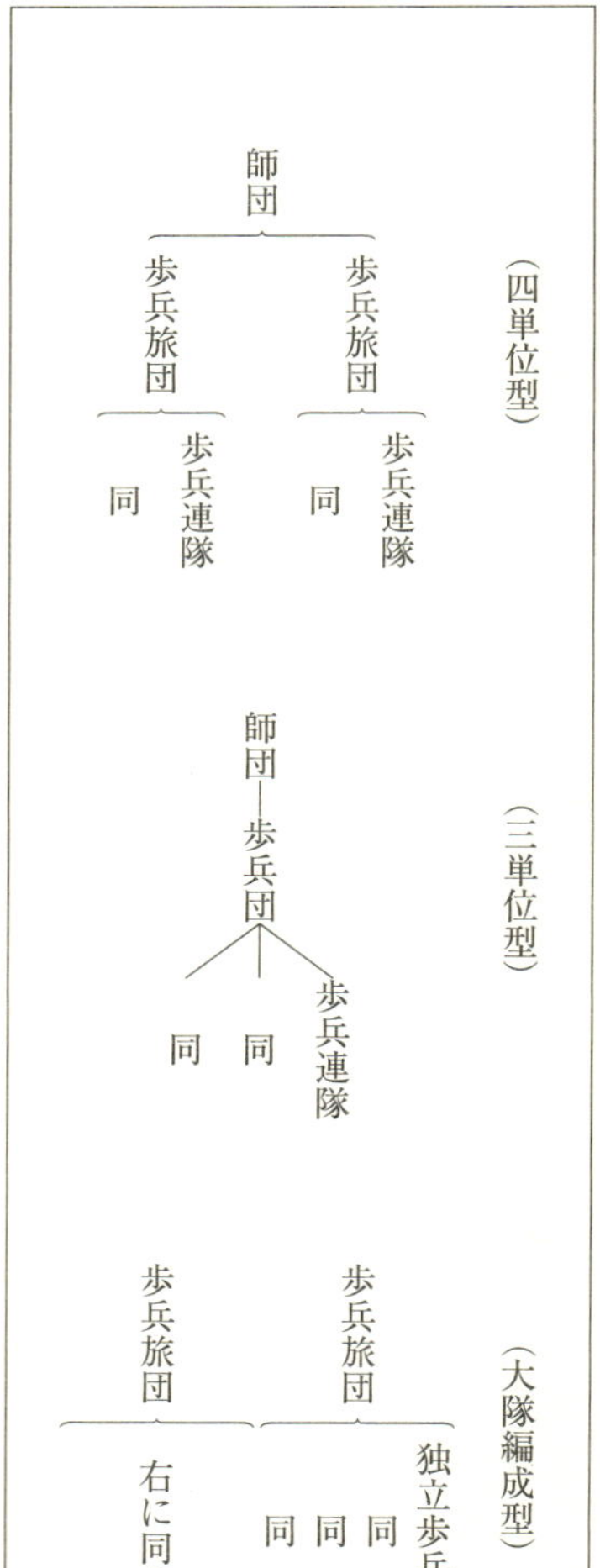

ともかく師団にしろ独混にしろ、それぞれの持場において、警備に治安維持に、討伐に作戦にと、寧日ない苦労を重ねていたということになる。師団も独混も軍の方針でつねに駐屯警備地を移動させられたが、北支山西省に在った独混三旅だけは、昭和十三年十月以降、終戦時まで全くその場を動かなかっためずらしい部隊である。

軍からの作戦命令によって行動する場合を、作戦と呼んでいた。討伐は、大隊討伐、連隊討伐というふうに、小さな単位で周辺地区の粛清に動き廻った。中隊の功績を挙げたいために、中隊長が兵員を引きずり廻す場合もあった。警備上や治安維持のための討伐——という大義名分は、戦場である以上つねに存在はしたが、実体は、中、大、

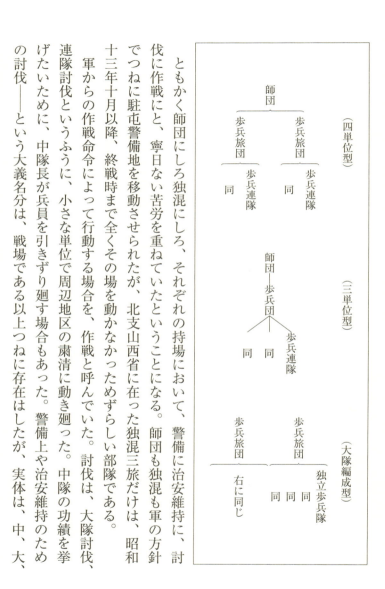

連隊の成績をあげることにあったともいえる。考え方でどうにでも解釈できる討伐――という戦闘行動で、兵隊は働かされ、鍛えられ、かつ死傷して行ったのである。どうしても戦わざるを得なかったのは、中共軍の勢力地域に在った部隊かもしれない。それも兵員少数の独混が、特に辛酸をなめつくしたようである。左に独混五旅所属の桑島軍曹（前述）の手記中より、昭和十九年五月一日より末日までの、部隊の行動をたどってみる。

〔討伐日記――山東半島の実情〕

五月一日。＝大隊本部より作命入電。〝第一中隊は爾後《じご》長期に亘《わた》り寨里周辺地区の徹底的粛清討伐を実施し、もって青煙道路（山東半島の青島――芝罘〈煙台〉間）の確保に万全を期すべし〟と。

五月二日。＝中隊の全力討伐参加兵力僅少《きんしょう》の為、衛生兵なるも特に衛兵司令勤務を命ぜらる。深夜東北方にて銃声数発。

五月三日。＝柴山討伐隊薄暮棲霞より来たる。聞くに松山東北に於て系統不明の約二〇〇の八路軍と交戦撃退すと。

五月四日。＝一中隊より新たに二ヶ分隊討伐参加。柴山討伐隊八時大辛店に向って進発す。

五月六日。＝討伐隊大辛店より来たる。十六時営庭に於て討伐終了解散式あり。それぞれ中隊に帰る。

五月十四日。＝古城苗家分遣隊連絡。七時出発。中隊長以下指揮班二ヶ小隊。車浸家にて連絡。帰途百仏院東北高地北側下の道路に埋没地雷あるを発見。これを除去し前進するや突如山頂に敵出現射撃を浴びせ来る。敵は山頂わが方は山下、地の利大いに不利にして身を隠すべき遮蔽物《しゃへいぶつ》もなく、飛弾は雨霰《あめあられ》のごとく身辺の前後左右に土煙をあげて落下す。命中せぬがふしぎな程なり、このとき原田准尉《じゅんい》、大声叱《しっ》咤《た》軍刀振りかざし乗馬のまま真先かけて山上の敵陣めざして突撃す。遅れてならじ、と各兵銃剣を奮って真一文字に突撃す。全くの運を天に任せての無我夢中なり。一気に山上に突入すれば敵すでに姿なし。敵の遺棄死体五。山頂にて中隊長、些細《ささい》な事なるも正通訳（満人）の顔面を鉄拳《てっけん》にて数回殴打す。中隊長林田中尉、性狭量にして小心、怒りを遷《うつ》し言語態度ともに重厚さなく中隊長の器にあらず。

五月十五日。＝九時、北洛陽に東棲《とうせい》県大隊八〇潜入との密偵報入り、直に乗馬隊、及び徒歩軽機、擲弾《てきだん》各一ヶ分隊を以て出撃す。麦畑の中を警戒前進中突如前方八〇〇米《メートル》の高地より敵一斉に狙撃《そげき》乱射し来たる。直ちに全員下馬、馬をば窪地《くぼち》に引き入れ遮蔽物に拠《よ》り応戦す。徒歩小隊相呼応し側方より挟撃《きようげき》、熾烈《しれつ》なる銃火を浴びせるに敵忽《たちま》ちに退却す。

十六時過ぎ、青島──芝罘間華北交通定期バス、トラック（バス一輛《りよう》、トラック数輛、警乗兵十数名警乗勤務）蔵家荘東方水道観付近に於て八路軍の襲撃を受け、負傷数名発生との飛報入り直ちに『非常』かかり、中隊長以下指揮班、二ヶ小隊の兵力を以て出動す。急行軍にて蔵家荘まで到《いた》り、保安隊にて情報を集めしに保安隊いう『警乗隊の損害軽微にして芝罘に直行せり』と。よって蔵家荘に宿営す。二十二時命令下達あり、明未明三時出発俄山山麓《がざんさんろく》の某部落を払暁《ふつぎよう》攻撃せんと。

五月十六日。＝三時出発俄山山麓の某村落を急襲すれど敵すでに逃走の後なり。この日珍しくも雨となり、アカシアの花真白にいまをさかりと咲き競い、雨の中ひらひらと散りにし風情《ふぜい》、豈《あに》、源義家ならずとも誰か一片の詩情なからんや。

五月十七日。＝寨里南方二粁《キロ》三角望楼の保安隊員、部落にて情報を蒐集《しゆうしゆう》中、八路のため数名拉致《らち》されしとの飛報入る。

五月十八日。＝八時出発東北方面に出動、指揮班三ヶ小隊の編成。東公留密林において八路軍女子工作員六名を捕虜とす。いずれも二十二歳位なり。

五月十九日。＝七時出発、指揮班、二ヶ小隊の兵力。艾山頭《がいさんとう》方面に索敵行。多

行動間の休止（叉銃して休む）

数の敵ありしも遠く稜線《りょうせん》上より乱射するのみ。

五月二十二日。＝十六時、欧留苑家に約九〇の区中隊侵入との密偵報あり、川崎少尉以下一ヶ小隊並びに乗馬一ヶ分隊を以て直ちに出撃す。急行軍にて欧留苑家に到るや敵逸早《いちはや》く逃走、部落後方高地上に拠り一斉に乱射し来たる。敵一人逃げ遅れ自転車にて疾風の如く逃走せんとす。距離四百米、すかさず狙撃するにいずこへか命中せるらしく転倒するも自転車をすてて逃走す。帰途、怪しき若者を引っ捕え身体検査するに『毛沢東を讃《たた》える歌』を懐中せるによりこれを中隊に連行す。

五月二十三日。＝新編北支那特別警備

隊転属者名発表さる。金子軍曹以下大量二十五名なり。十九年に入り百十七師団編成要員、十九大隊三中隊抽出による一ヶ中隊編成のための転属、また二、三名の小数の人員の南方方面部隊への転属等々の数次に亘りし転属により、中隊兵員少なからず減少せしところ、茲《ここ》にいたりまたまた大量二十五名の転属なり。

「おれもとうとう転属か。でたらめばかりやっていたから仕方がないよ」「中助（中隊長）にも准尉さんにも点数がないからおん出されるか」「毎日毎日討伐討伐で、命なんかいくつあっても足りんよ。こんな危険な中隊に誰がいるものか、ああ助かった」などと転属者ら毒舌を吐けり。

右の引例は、全部ではなく、似たような討伐行は割愛してある。ともかくこれをみると、連日のような討伐である。兵隊は、出没する敵との応接に遑《いとま》なく、厭戦《えんせん》気分に浸る余裕さえ失って、転属させられるときに、安堵《あんど》とも不満ともつかぬ言辞をつぶやくが、転属先でいいことのあるはずはない。賽《さい》の川原で石を積んでは崩されるような、万遍ない対中共戦の営み、じわじわと強いられる出血、補充が来るどころか逆に兵員は削られ、敵は増加する一方である。出動しても、指揮班に二個小隊位の兵力では、ただくたびれるだけである。そうして兵隊の心情は日毎《ひごと》に荒廃してゆく。これが一つの、典型的な独混の姿である。師団と較《くら》べて、半数以下の兵力で、師団なみの過重な責任を負わされたのは、必ずしも独混五旅のみではない。

河北省に駐屯していた第百十師団は、中共軍大部隊を包囲して、味方の死傷はほとんどなく、敵約二千の屍《しかばね》で壕を埋めてしまったことがある。大兵力の動員できる師団は、巧みに動けば、中共軍を捕捉殲滅《せんめつ》し得たのである。

〔中共軍との戦い――その複雑な様相〕

中国の戦場で兵隊が体験した戦闘のうち、中共軍との戦いは、それまでの戦争にはなかったものである。中共軍が得意としたゲリラ戦は、もし日本軍が同等の戦法を用い得たら、独混の兵力でも充分に足りたかしれない。しかし数名のゲリラを追うにさえ、一集団を組んで出撃するという古風？な形態をとらざるを得なかったために、たしかに日本軍はつねに疲れ果てていたといえる。山東、とくに河北において、もっともよく中共兵と戦った独混八旅の実情の一端に触れてみたい。この部隊で悪戦した肥沼茂曹長（当時）の手記に基《もと》づくものである。

独混八旅は昭和十四年以降終戦まで、そのエネルギーのすべてを、対中共戦に傾けた。戦闘行動そのものの辛《つら》さと、犠牲の大きさは、南方諸地域で苦戦した部隊と、逕《けい》庭《てい》はなかったといってよいと思う。中共作家李英儒の『ホト河でのたたかい』は、中共軍側から独混八旅を描いている。当面の敵だったからである。その文脈の裏に、日本軍への敵意がすさまじくにじんでいて、いかに独混八旅との抗争がきびしかったかを思わせる。

中共軍との争いの深まったのには理由があった。昭和十六年秋までは、石家荘と滄《そう》州《しゅう》を結ぶ滄石路盤と呼ぶ自動車道路があり、日本軍はこれを利用していたが、新たに石徳線（石家荘――徳県）の敷設《ふせつ》にとりかかった。この新設線は滄石路盤の南、中共工作地区を横断するため、それを妨害する中共軍と討伐を重ねる日本軍との間に死闘がくりかえされたのである。

十六年の秋、滹沱《こだ》河畔にあった深沢県城が、中共軍約三千に襲われた。城内が焦土化するほど砲弾をぶち込まれた。救援隊が出たが、渡河中に鉄舟が顚覆《てんぷく》したり、補給に赴いた飛行機が撃墜されるほどの猛攻だったが、全滅寸前に救援隊が突入し、県城を支え切ったのである。このとき日本兵六名で防備していた城門のトーチカの前面だけで、二十八個の遺棄死体を数えた。中共兵は必ず死体を収容にくる。それで前面に放置されている遺棄死体に照準を合わせて日本兵が待機したが、遂《つい》に発砲せぬまま夜が明けた。ところが死体はひとつ残らず消えていた。中共兵が、いかに隠密行動に長じていたかの一例である。

独混八旅は、九月から十月までのわずか一カ月に実に四十二回の戦闘をやり、将校の半数以上が死傷した。他は推して知るべしである。もちろん中共軍にしても、楽なはずはなかった。ある戦闘で、敗走する中共兵を日本軍の一団が追ったが、双方疲労困憊《こんぱい》しつくしていて、中共兵は逃げ切れず、日本兵は追いきれず、彼我五〇メートルの距離が伸びも縮まりもせずつづいた。先頭の日本兵が苦しまぎれに破れかぶれに小銃を撃つと、前をゆく中共兵は一人ずつ銃を棄てて遂に逃げきった。銃の重みを支えきれなかったのか、銃さえやれば追わないだろうと読んだのか、わからない。いずれにしろ双方の必死のさまは窺《うかが》うに足りるようだ。

こういう状況では、小隊長だって楽ではない。ある小隊で、補充新任された小隊長を兵隊が馬で迎えに行ったが、帰途馬を疾駆させ、そのため乗馬のできない小隊長は、馬の首にあやうくつかまったまま、ようやく隊に着いた。この小隊長は前線では使いものにならなかった。

一人の小隊長は、丘と丘を利用して彼我交戦中、突撃をかけて飛び出したが、兵隊は命令をきかず一人も出なかった。小隊長は敵の弾雨にさらされて身動きできず、岩《いわ》蔭《かげ》につかまり、部下を呶鳴《どな》ったがだれも救援しない。遂に哀願した。すると古参兵が張切って救出した。古参の兵隊は、あきらかに不利と分っている戦闘には出ないし、

中共軍討伐のため山岳稜線を進む日本軍

指揮の拙劣な小隊長は弾雨下で教育されたのである。そうせねば自分たちが死ぬし、一兵の損傷も辛かったのだ。負担を分担せねばならぬからである。

ある一年志願の小隊長は、はじめから指揮能力のないことを兵員に訴え、一切を右翼分隊長に任した。こうするとすべて右翼分隊長が小隊長にくっついていて、右翼分隊長の指示通りに命令を出せば、間違いなく戦闘ができたのである。つまり熟練した中共兵を相手にするには、熟練者に主導権を渡すよりほかはなかったのである。これは必死な、兵隊の防衛本能であった。また、それが戦場行動の原則でもあった。

小隊長は、下からは兵隊に突き上げら

れ、上からは中隊長に押さえられる損な立場である。では中隊長はどうか。ここではひとつの、悪い意味での典型的な中隊長の像をとらえておく。S中尉は下士候から少尉候補生になって中隊長の位を得た。本来は分別ある中隊長になるべきなのだが、この中尉は違っていた。彼は駐屯地である県城内で、自分とすれ違った古参兵が、停止敬礼をしなかったのを咎《とが》めて、いきなり軍刀を抜いてその足に斬《き》りつけた。制裁の域を超えている。兵舎前にも城門前にも衛兵所があったが、出動のときは、衛兵所は整列して見送らねばならない。もし隊が進行してきたのに整列が遅れると、衛兵司令以下は、直接中隊長に突きとばされ制裁を受けた。ある夜、中隊長引率の討伐隊が城門を出た。それをみとどけた城門上の歩哨《ほしよう》は、懐中電灯を明滅させて、兵舎歩哨に合図を送った。無事出門したから安心せよ、という意である。なぜなら中隊長は、たまに出かけたと思うと、急に引返してくることがあり、そのとき油断して整列を怠ると、城門衛兵も兵舎衛兵もひどい制裁をうけるからである。この場合中隊長というのは、厄介な、権力ある飼育物でしかなかった。寸時も気の許せない存在である。ところで、城門上の歩哨が電灯を明滅合図したとき、偶然出発途中の中隊長が振り向いてそれを認めたのである。彼は直ちに一隊を率いて城門まで引返してきた。そうして軽機手から軽機をとり、自らの手で、城門歩哨に向けて発砲しつづけ、城門歩哨は数弾の腹部貫通で即死した。討伐隊の出動が敵に洩《も》れると、敵側は電灯の明滅で各部落に合図をする。それをみると、出ても無益なので討伐隊は引返してくるのである。隠密を要する行動にかかわらず、城門衛兵が城門上で、敵にもさとられる電灯の明滅を行ったことを、中隊長は咎め、処分したわけである。けれどもここには一片の人情も通わず、対中共戦に殺気立っている、指揮者と、その指揮下に喘《あえ》ぐ兵隊の姿がある。兵隊にとっては、この場合中隊長は内部の敵、中共軍は外部の敵だったのである。

〔兵隊の気質と個性〕

討伐や作戦に挺身《ていしん》する兵隊の気質や個性についても、部隊によって格差があり、また、千人の兵隊には千の個性の差がある。兵隊は、部外者からは一様に「兵隊」という総称的性格でみられてしまい勝ちだが、その世界の内部に入ってみれば、人間性が赤裸々に出てくるだけ、かえって一般社会人よりも、個性ははっきりしてくるのである。兵隊は、ひとりひとりの個性、集団を組んだ場合の性格、または年次毎の気質等において、さまざまに区分して考えられねばならない。

現役の騎兵部隊では、馬との関係を含めて、兵隊年次の気質の差をつぎのようにみていた。初年兵の間は乗馬技術が未熟のため、馬に乗せて貰《もら》って行動する。行動していることで精一杯で、ほかのことに関心を持つ余裕はなかなかない。二年兵になると、馬を乗りこなすようになり、乗馬戦にも下馬戦にしても、戦闘単位として充分に馴《な》れてくる。人に面倒をかけるようなことは、まずなくなるのである。三年兵になると、人馬一体の状態になり、初年兵に落鉄（蹄鉄《ていてつ》を落とす）せぬよう注意したりすることも忘れない。戦闘には熟練を加えてきて、分隊長は一応安心していられる。四年兵になると、行軍、戦闘間においても、人間的視野が広がり、馬を、いたわって使うようになる。しかも自分の馬のみならず、分隊の馬全部に気が通っていて、行軍間うしろの方で、鉄のゆるみはじめたのを耳ざとくききわけて注意もする。つまり、兵隊として円熟してくるのである。しかし五年兵になると、今度は逆に疲れてくる。責任は必ず果たすが、積極性は弱まる。いくら兵隊でも、限界以上にコキ使われれば、しまいには惰性的になってくるのは、不可抗力である。

兵隊が集団を組むことによって、集団の性格を生んでゆくことは、さきに郷土性の問題でも触れたことだが、ここで一兵団の性格を具体的に記述した文章があるので、それを借用させていただく。（「現代史研究」第7集・関幸輔「日本一弱かった師団」）

〔日本一弱かった師団〕

「伊藤正徳氏の『帝国陸軍の最後』や山岡荘八氏の『太平洋戦史』等を読むと、登場する日本軍は、必ず忠勇義烈、鬼神の如《ごと》く勇ましい精鋭部隊に描かれているが、果して日本陸軍は両氏の説くような強兵ばかりだったのだろうか？　勿論《もちろん》軍隊の強弱は、指揮官の優劣に大きく左右され、又色々複雑な条件から簡単に論ずることはできないが、旧日本陸軍の中で、日本一弱いと自他共に折紙付の師団が存在した。その名を大阪第四師団という。日露戦争で連戦連敗、〝又も負けたか八連隊〟の勇名（？）は、日本中に喧伝《けんでん》され、以来昭和十二年の日中戦争までの間に起きた、いくたの事変にも一度も出動せず、わずかに昭和八年大阪市内盛り場の交叉点《こうさてん》で、一兵士が信号無視して警官と衝突事件（ゴー・ストップ事件）を起し、大問題に発展して時の寺内師団長が皇軍の威信に関すると見当違いの大見得をきって世人の嘲笑《ちょうしょう》を買った事件が大阪師団唯一《ゆいいつ》の武勇伝である。昭和十四年七月、満洲ノモンハンで日ソの激突が重大危機に陥り、逆上した関東軍が、北満国境駐屯の仙台・大阪両師団に応急動員下令、出動を命じたとき、仙台二師団は勇躍出発、ハイラルより徒歩行軍四日間で現地到着、先遣隊たる新発田《しばた》十六連隊の如きは、直ちに戦闘加入勇戦奮闘したのに反して、大阪四師団は出動下命されるや、急病人激増、何とかして残留部隊に残ろうと将兵が右往左往し、怒った連隊長が医務室へ出向き、自ら軍医の診断に立会う仕末。やっと出動部隊を編成したまではよいが、ハイラルから現地までの行軍では、二師団が四日間で強行進軍したのに大阪師団は一週間を要し、しかも落伍《らくご》兵続出、現地にやっと先遣隊が到着したら日ソ停戦協定成立。とたんに元気が出た浪花《なにわ》ッ子の面々、口々に戦闘に間に合わざりしを残念がり、落伍した将兵は急にシャンとなって続々原隊復帰。帰りの軍用列車では一番威勢がよかったというおとぼけ師団であった。

その後中支に派遣され、武漢に司令部を置く精鋭十一軍の指揮下に入ったが、ここでもおとぼけ振りを発揮して、前線に出すと相手の中国軍が〝大阪の兵隊日本一弱いあるよ〟とばかり必勝の信念に燃え逆襲、突撃して来て、逃げ出すのは大阪連隊と相場がきまり、遂に甲装備の野戦編成でありながら、最前線は3D、13Dの強豪師団に万事お任せして、4Dは専《もっぱ》ら後方の警備を担当してお茶をにごした。

十六年太平洋戦争開始されるや、使い場がなく、結局大本営直轄《ちょっかつ》の南方軍予備という名目で上海《シャンハイ》付近でぶらぶらしながら待機。十七年四月フィリッピン戦線で上陸以来苦戦する16D、65BSを助けるため、5D、18D、21Dの精鋭師団の選抜歩兵連隊と共に増加派兵される事が下命されるや、今度こそ一巻の終りと青菜に塩の部隊は力無く上海からフィリッピン戦線に向ったが、この時のバターン第二次攻撃には、日本軍は強力なる砲兵団、航空部隊を準備し、本格的な立体攻撃を実施したため、大阪師団は軍主力の一翼となり、ビクビクしながら進むうちに、弱り切った米比軍が勝手に白旗をかかげて降服してくれ又も停戦成立。初めての勝ち戦さに有頂天になったおとぼけ師団の将兵は、まるで自分たちでバターンを占領したような大ボラを吹きまくり、郷里大阪では号外が出る大騒ぎになった。

大本営でもこの第四師団の戦力と使い方にはよほど困ったとみえて、その後あれほど南方各地で陸軍が苦戦しても、この師団は遂に激戦地に使用されず、専ら後方基地で待機。終戦は、タイ国バンコック付近で休養中に迎え、復員開始されるや全員血色のよいはち切れそうな元気さで帰国、出迎えの痩《や》せ衰えた内地の人々を驚かしたという。思えばあまりにも弱いとの定評が幸いし、おそらく南方出動師団のなかで、一番戦死者を出さず、逞《たく》ましく生き抜いた大阪人のド根性は見事であり、もっとも人間的には正直な、平和愛好師団だったというべきかもしれない」

右の第四師団中の、騎兵第四連隊（自動車及び九五式戦車で装備されていた）生存者による『わが南方回想記』なる部隊史中に、左の記述がある。

「プレーで敗戦を知った一中隊は兵を待機させ下士官以上で今後の協議が行われた。『直ちに山岳地帯に入り最後の一兵まで戦い抜こう』との強硬派。『承詔必謹』の自重派、二つの意見が激しく対立したが、結局部隊本部の指示のあるまで一キロ南の飛行場兵舎に待機することに決められた」

敗戦後、なお抵抗を持続しよう、という気風が隊内にあることは、少なくも士気旺《おう》盛《せい》であることの証明である。

同じ大阪編成の第三十四師団は湘桂《しょうけい》作戦で、第六十八師団は芷江《しこう》作戦で、それぞれ辛酸を嘗《な》めている。第六十八師団では「御身大切」という兵隊用語が、一般の師団より特別なニュアンスで使われたが、芷江作戦のとき将校、下士官、古参兵の入院が相ついだ。消極的、合理的な出動拒否である。性根の入った古参兵は作戦に参加しているが、この作戦は敵の湯恩伯《とうおんはく》軍が兵力装備ともに圧倒的に充実していてまるで戦闘にならず、師団も多大の犠牲を強いられた。この作戦から生き残ってきた古参兵に、入院して作戦に参加しなかった兵隊が、口々に「お前は何のために参加したのか」といったという。これだけきいていると、まるで兵隊らしくないようだが、実は作戦開始前に「部隊はオトリとして使用される」という噂《うわさ》が流れ、入院者はオトリになることを嫌ったのである。オトリの如何《いかん》はともかく、この作戦で、ある大隊は一、二、三、五各中隊長戦死、他は戦傷、という、ほかは推して知るべき傷を受けているのである。

大阪兵の奮闘とその功績については、伊藤正徳『帝国陸軍の最後』「進攻篇」中に、マレー半島進撃時、横山大佐の率いる独立工兵第十五連隊の行動が紹介されている。

かれらは敵が爆破し去った橋梁《きょうりょう》の架設工事に挺身し、その働きぶりは「大阪の兵隊は弱いなどとだれが誤り伝えたのか、それは大きい誤伝であって、この工兵部隊に関する限り、大阪兵団の献身敢闘は、軍や師団の参謀達が、真夜中に起き出《い》でて現場に表敬訪問せねばならなかったほどの没我奉公の光景であった……」と賞讃されているのである。

大阪兵について、もう一つ別な見方がある。元戦車隊小隊長福田中尉（司馬遼太郎）は筆者に、つぎのように教示してくれている。大阪はもともと商人の町で、幕府の威光も恐れず、大名の権力にも関知しない、独自の生き方の伝統をもっていた。従ってこうした環境に育ってきた若者を、いきなり軍隊に徴集し、国家のため天皇のため戦死せよ、といいきかせても、なぜ自分らが急に国家や天皇のために戦いかつ死なねばならぬのか、その理屈が実感としてどうしてものみ込めない。これがかりに東北の若者なら、つねに領主の圧制に屈してきた伝統に育ってきたから、天皇は領主よりもずっと偉いのだ、といえば簡単に通じる。しかし大阪人には、いくらいってもわかりかね、えらい迷惑なこっちゃ、といった意識がどこかにしみついていて、つねにその不合理につまずかざるを得ない。従って、むろん戦争に弱いのは当り前だ——というわけである。

これは卓見かもしれない。天皇のため――という意味が、しまいまでわからなかった兵隊は、大阪兵以外にもたくさんいたのである。ただかれらは大阪兵のような率直な意思表示はせず、天皇を狭義に解釈して、恋人や女房や子供のために国を守る――といった諦観《ていかん》と覚悟を自らに強いた、ともいえるのである。

京都編成の第五十三師団（安）は、ビルマでシッタン河の警備についたが、戦争になるとたちまち敗走し「安のお蔭で作戦が皆狂った」とか「ビルマでは安がいちばん生存者が多い」とか、ビルマ戦生残りの人たちがよく噂をする。久留米編成の第十八師団（菊）は、北緬《ほくめん》のフーコン渓谷で悪戦苦闘に耐え、ほとんど戦力を失いつくしたかにみえたが、ビルマ中部まで敗退してきたあとも、小兵力をもって、英印大部隊を攻撃してこれを駆逐したりしている。これにくらべると「安兵団」はその惰弱を指摘されても仕方がない。しかしかりに安兵団が、その兵力の十分の九を失いつくすまで戦ったとしても、あの時点（インパール作戦失敗後）においては、どっちみち日本軍に勝目はなかったのである。

京都兵団はともかく、大阪兵団のもつ「無益な犠牲は出したくない」「不合理な戦闘はしたくない」―「無理に敵を追及する必要はない」といった理論は、当時の陸軍においては、奇妙奇天烈《きてれつ》な気質としてうけとられたはずである。しかし、明治建軍以後

ぬかるみのなか完全装備で行軍する歩兵たち

の軍隊を「出る杭《くい》は打たれる」という式の見方をするならば、大阪兵団は、出たがらない杭、だったといえる。日本の軍隊がもしすべて大阪兵団のようだったら、日中戦争または多くの事変や戦争は起らなかったろうし、最後に大敗することもなかったたかしれない。しかしその代り、もっと早い時期に、どこかの国に、よりみじめな状態で隷属《れいぞく》せざるを得なくなったかしれない。判断のむつかしいところである。

中共軍と戦った独混八旅の古参兵の戦力については既述したが、なお兵隊の個性を解明するために、この部隊所属の若干名の兵員の横顔を描いてみることにしたい。そうしてこれは、他の部隊にも通用できる、兵員の、ひとつずつの性格であろう。

〔さまざまな兵隊たち〕

Ａ一等兵＝補充兵で背が低いが素速い。炊事兵を命じられたが、紀元節のとき、ししることをつくるのに砂糖と塩を間違えてつくり配給し、きびしい私的制裁を受けた（軍隊では通常砂糖は麻袋〈百キロ〉塩は叺《かます》〈五十キロ〉に入っていて、手ざわりも違うし、間違うはずはないのである）。

Ｂ一等兵＝擲弾筒《てきだんとう》の名手。炊事兵だが炊事釜《がま》の上に乗ってかき廻すので年中煤《すす》によごれた顔をしている。夜半「敵襲」の声がかかると、皆が配置につく前にはすでにとび出していて、一発有効打を放っている。

Ｃ補充兵＝ダンス教師。銃剣術の際、ピアノが弾けなくなるので見学にしてほしい、と申し出て半殺しにされる。入隊当時のことである。

Ｄ補充兵＝床屋。額禿《は》げあがりキョロキョロ眼の好人物、口がうまい。班長を「旦《だん》那《な》」と呼ぶのでつねに叱《しか》られる。入婿《いりむこ》だが妻からの手紙を古兵にとり上げられ、文中に「枕《まくら》を抱えて泣いていています」という一行あり、爾来《じらい》からかわれる。

Ｅ補充兵＝夜間立哨《りつしょう》中、敵接近、誰何《すいか》するも応答なきため発砲す。全員起床配置たのである。

につくも敵影なし。調べると敵ではなく放れ馬が近づいたのだが、馬は応答しなかっ

Ｆ一等兵＝討伐間、真先に宿営部落に入り布団《ふとん》、鶏《にわとり》、酒等を手早く確保。他隊へは
これを物々交換（タバコなど）で譲る。生意気な小隊長の弁当に、鹹《から》くて食えぬほど
の塩を入れて提供しつづけ小隊長を参らせる。

Ｇ軍曹とＨ上等兵＝分屯地にあるも軍曹は統率力なく気弱し。但《ただ》し女好きで先住民
の評判悪し。Ｈ上等兵が代りに実力者となる。妾《めかけ》もつ。その代り敵が来ると支那馬
に乗って単身敵中に飛び込み、軽機を乱射して奮戦し、つねに敵を追う。

Ｉ一等兵＝討伐間、道の脇《わき》に敵の遺棄死体があった。なんの理由もなくそれをのぞ
きに行き、のぞき込んだとき流弾を受けて即死（死神が呼んだのである）。

Ｊ曹長＝重傷失神のとき、つぎの如き体験をした。敵弾を受けた直後である。「眼
前を小さな七色の円がこまかく早く廻り、つづいて大きくゆるく廻り、幻がミカン色
になり、茫《ぼう》として、七色のまるい大きな玉が眼の前にいくつか動かなくなった（この
とき失神）。負傷時は板で強く叩《たた》かれたように感じ、痛みはない。痛みは繃帯《ほうたい》交換の
時である」

Ｋ伍長とＬ上等兵＝Ｌ上等兵は東大出、父は大佐。二年兵。Ｋ伍長に食事を持参し、

洗濯物があったら持帰ろうと思い室内を見廻す。伍長「何をみるか」とこれを咎《とが》め、右手で食事をつづけ、左手にスリッパを持ち、L上等兵を殴打しつづける。K伍長は土工上りである。

M一等兵とN伍長＝階級は違うが同部落出身の幼馴染《なじみ》。M一等兵立哨中、N伍長が通りかかり、M一等兵が「撃つぞ」と銃を構えてみせるとN伍長は「撃ってみろ」といった。M一等兵が撃つと（不覚にも安全装置を忘れていて）N伍長は即死した（あまりに馴れ合っているための過失である）。N伍長の妹はM一等兵の恋人であり、M一等兵に「兄の戦死状況を知らせよ」といってくる。M一等兵は事件後入倉中も自殺を懸念《けねん》されたが、のちに戦死した。

中共軍との陰湿な戦闘に明け暮れている部隊から拾う話も、またそれに関連する兵隊の気質や動態も、どことなく暗い翳《かげ》を帯びるようである。状況に追いつめられている感じがする。

これと違って姫路編成第十師団の兵隊の話には、どこかのんびりしたところがある。ささやかな挿話からも、所属師団の大きさと、兵隊の気質が窺《うかが》われるのである。一例を記すと――。

河南作戦のとき一隊が山奥の部落を過ぎた。ある民家で、糧秣《りようまつ》類を徴発することにして、屋内を物色して表へ運び出していると、娘が出て来て、なぜ人の家の物を黙って持ち出すか、と叱った。日本兵に物怖《ものお》じしている気配は微塵《みじん》もない。ふつうこういう徴発（事実は掠奪《りゃくだつ》）には、相手方は諦《あきら》めてしまって何もいわないし、第一兵隊の通過するところ、娘の影などないのである。兵隊は戦争間だから、と説明したが、娘は自国が戦争していることなど全く知らないし、うけつけない。中国はさすがに広いものだ、と兵隊は感心した。

そのうちにどこからか親父が出てきて、彼は秤《はかり》をもってくると、兵隊が持ち出した薪や糧秣を計量して、代金を請求する。仕方がないので兵隊は支払を行い、その家で炊爨《すいさん》をはじめたが、このとき中国人の父娘は、兵隊が持っている塩昆布をみると、甚しく羨望《せんぼう》した。山奥なので、塩も昆布も貴重品であり、特にヨード分の不足はひどく、咽喉《のど》に瘤《こぶ》の出来ている人々がここらにはたくさんいる。兵隊が塩昆布（ダシ昆布である）を与えると父娘は狂喜した。かれらは未だ海をみたことがなかった。それで兵隊は、かれらに海を教えてやろうと思ったが、いくら絵に描いても通じない。それで、海にしかいない特定の生物の絵を描けば分るだろうと思い、波の底に蛸《たこ》の泳いでいる絵を描いたが、生れて以来蛸をみたことのない父娘は、驚いてそれは何かと追求したが、海も蛸も、遂に兵隊には説明できなかった。——この話には、奇妙な団欒《だんらん》の情景が眼にうかぶ。

また、作戦間に一隊が某村にしばらく駐留することになった。敵地区内である。夜、民家の納屋《なや》の高粱《コーリヤン》殻に腰かけて話していると、どうも人の気配がする。それで積まれた高粱殻の中を調べてみると娘がかくれていた。ほかには若い娘は一人残らず逃げ散っていたのである。兵隊はその娘に、代償をやるから慰安婦になれ、とすすめ親に相談させ、老票五万元（かれらの通貨）と馬車一台分の物資を贈ることで話がつき、一隊の駐留間娘は慰安婦をつとめた。翌年、その隊は、またその部落へ赴いたが、するとまえ前年は逃げ散っていた娘たちが全部村に残っていた。彼女たちは、幸運？な娘が得た代償を自分たちも得たいと思い、だれひとり日本軍を避けなかったのである。

〔兵隊の履歴書〕

ところで、こういう兵隊たちの日常生活は、要点が軍隊手帳に記される。××作戦に参加、××方面の討伐に参加、××地区の警備——というふうに、戦場生活が長いほど、記事はむろんにぎやかになる。

ここにひとりの兵隊の、終戦後における履歴書があるので紹介しておく。但《ただ》しこれには、こまかい作戦等の記述はないが、書ききれないほどの内容のあることは、既述した独混五旅の戦闘記事の一部から類推して頂きたい。あの記事の執筆者桑島元軍曹の履歴である。

履歴書

（退職当時の官職名）

陸軍衛生軍曹　桑島節郎

大正拾年七月弐拾弐日生

年	月	日	記事　任官進級昇給	記事　在職年関係　その他	官公署名
昭和十七	二	十		現役兵トシテ歩兵第六十六連隊補充隊ニ入営	

	二	二十		独立歩兵第十九大隊要員トシテ門司港出帆	
		二十一		釜山上陸	
		二十二		朝満国境（安東）通過	
		二十四		満支国境（山海関）通過	
		〃		独立歩兵第十九大隊ニ転属	
		二十七		山東省青島着	
	八	一	陸軍衛生一等兵		独立歩兵第十九大隊
昭和十八	二	一	陸軍衛生上等兵		同
昭和十九	八	一	陸軍衛生兵長		同
昭和二十	二	十		軍令陸甲第十八号ニ依リ編成（改正）下令	
昭和二十	三	一	陸軍衛生伍長	志願ニアラザル下士官	
	五	十五		編成完結	
		〃		独立警備歩兵第六十四大隊ニ転属	
自昭和十七 至昭和二十	二 五	二十四 一十四		独立歩兵第十九大隊ニ在リテ大東亜戦役支那方面勤務ニ従事ス	独立警備歩兵第六十四大隊
昭和二十	八	二十	陸軍衛生軍曹		
昭和二十一	二	四		内地帰還ノタメ青島港出帆	

	二	五		佐世保港上陸	
	二	九		復員完結現役満期除隊同日予備役編入	

右相違ナキコトヲ証明ス

昭和　年　月　日

水戸連隊区司令官㊞

右の履歴について付言すると、この人は兵隊として、もっとも選ばれた出世コースを歩いているのがわかる。入営後三年六カ月で軍曹というのは最高に早い出世で、同時入隊兵でまだ一等兵の者が三分の一はいたはずである。通常この年限で伍長《ごちょう》になれれば目立った出世であった。一等兵と上等兵の差でさえ、いかに隔たっている（出世に時間がかかる）かを、兵隊体験者ならよく知っているはずである。

記事の末尾に、昭和二十一年二月（とっくに戦争が終り軍隊も消滅しているのに）現役満期除隊はともかく、同日付で予備役編入というのはどういう意味だろう。この一行をみつめていると、ふしぎな感慨が湧《わ》いてくる。少なくもこの書類上においては、敗戦も軍の解体も察しとれない。

〔兵隊のジンクス〕

部隊が討伐や作戦に出るときは、中隊単位で編成表を編む。戦傷病者や警備担当の者は駐屯地に残留することになるが、通常大きな作戦には参加し、小さな討伐には残留するのが得策とされていた。これは大きな作戦だと、最少必要人員だけが駐屯地に残されるので、弱体化し、敵がその防備の手薄を狙《ねら》ってくるからである。そうして作戦参加部隊は逆に、大部隊としてまとまっているから安全度が高い。しかし小さい討伐だと、意外に敵と遭遇して戦闘する機会が多く、戦死傷の確率は高い。その代り駐屯地は、短期間の防備に任ずればよいし、緊張の持続も短くてすむし、敵も、本隊が引返してくることを計算に入れるから、あまり攻撃してこない、ということになる。但し駐屯地が大きければ、残留している方が安全度は高い。従って討伐や作戦がはじまるとき、出たが得か残るが有利か、を噂《うわさ》し合うのは、兵隊の一種のたのしみ？　のようになっていた趣さえあった。むろん長期駐屯態勢にあった、中国戦線における場合である。

討伐に出る際は、身辺の整理をして、かつ遺書や遺髪を用意しておくことを命ぜられていたが、兵隊の中では、これを死の準備であるとして嫌って、少しもその用意をしない者が多かった。人に借金をしたままの人間も、死ぬ率は少ない、と考えていたがこれも人情である。常住生死の間にさらされていると、些少《さしょう》のことでも、縁起をかつぎたくなるのである。ある易者が兵隊にとられたとき、作戦間にめぐり合った他部隊の兵隊のそれぞれに死相が出ているのをみたが、果たしてその部隊は多数の犠牲を出した、と語ってくれたことがある。死相は額に出るのだそうである。むろんこれは自身の観相能力の宣伝をするつもりだったためかわからないが、兵隊の間では、確たる理由もないのに、ふと仲間のだれもがその存在を忘れているような、いわゆる「影の薄い兵隊」を、死にそうな予感をもってみていたものである。死後、必ずそれを話題にしたが、死が近づくと、一種の放心がその人間の内部に去来するのかもしれない。

死にやすい兵隊は、内地の生活に未練をもちすぎていること、平常泣言ばかりいっている、経験未熟の初年兵、それに、死ぬと周辺からひどく惜しまれる有能な存在――などである、という通念があった。戦闘間、集中力に欠けるからであろう。但し、惜しまれる兵隊は、有能――という評価に縛られて、前へ出るからである。

遺骨を宰領して内地へ帰ると、今度戦場へもどると必ず戦死する、といわれていた。

内地へ帰って、数泊の休暇をもらったりしたときに、里ごころがつき、それが油断になるためかもしれない。兵隊が戦場からいったん内地へもどれるのは、遺骨宰領だけだが、平常犠牲を多く出す部隊では、遺骨宰領者となるのをだれもがいやがった。初年兵受領の際も内地へもどれるが、これは死神とも関係がないし、それほどには嫌われなかった。

討伐で戦死者が出ると、駐屯地へもどって慰霊祭を行う。屍《しかばね》のまま安置してあるときは、屍衛兵が出るが、この任務は戦死者と親しかった者が買って出ることが多かった。戦友愛である。僧侶《そうりょ》出身の兵隊は、慰霊祭の時にはどうしても必要なので、なんとなく別格視されていた面もある。僧侶出身者は死神にとりつかれるので早く死ぬ、という通念もあったが、これは当てにならない。むしろその逆であったような気がする。

ただ、以上のようなジンクスも、それをくよくよ気にする、という状態で、兵隊の間に流布《るふ》されていたのではない。どちらかといえば、生活感情を賑《にぎ》わせるための、恰《かっ》好《こう》の材料だったわけである。人間は、いついかなるときでも、自分だけは死なない、という信念があるものだが、兵隊の場合においても、その点にかわりはなかったのである。いい兵隊は何事もドライに処理していた。

慰霊祭(部隊合同のもの)

〔戦闘形態の変遷〕

日清《につしん》、日露戦争当時にくらべると、日中戦争においては、戦闘の形態も変化し、かつ複雑になっていた。いわゆる野戦軍と野戦軍の衝突によってオーソドックスに決着をつける、というようなことは少なくなり、かわりに、規模は小さいがこみ入った戦闘の行われることが多くなった。それは千態千様の個性をもつ戦闘であり、単にある中隊の体験した小戦闘だけを綴《つづ》っても、時には一冊の本にはまとまりきらないだろうと思う。従って分隊長以上の指揮者には、つねに、多様化している状況下における、臨機の処置をどうとるか、の態度決定の責任が、重くのしかかっていたといえる。

たとえば一例を示すと、中原会戦で黄河を渡河して敵を追った一隊が深追いしすぎ、ことに先行していた一分隊は、敵の反撃にさらされたとき彼我の距離五十メートルしかなく、兵力差が大きいので後退せざるを得なくなった。敵弾下に釘《くぎ》づけにされたまま身動きもできず、姿勢を大きくして後退すれば、狙い撃ちに遭うことはわかりきっていたのである。

このとき分隊長がどう指示したかというと、先《ま》ず右翼の一兵を後方へ斜めに走らせ、敵の弾着が集中して命中してくる寸前に伏せさせる。同時にそのときは左翼の一兵が後方へ逆方向に斜めに駈《か》け、あわてて照準を変える敵弾の集中してくるころには伏せる。つづいて右翼の一兵がまた走る、というわけで、交互に敵の弾幕を避けながら巧みにジグザグに後退して、分隊は一兵も損傷を出さなかった。あとになって考えてみれば当然の処置のように思えることでも、ふいに至近距離で反撃を食ったりすると、なかなか沈着な指揮はとりがたいもので、この場合にも各個に後退すれば、少なくも一、二名の犠牲は出たであろう。戦闘は、兵隊を山と積んで殺す気なら、どんな陣地でも奪《と》れるし、指揮官が愚将であっても足りるだろう。問題は、樹《た》てた殊勲と費した兵数（死傷者）の比率にあるが、明治建軍以後、功績は論議されても、犠牲を加算して功績度を計量する、ということはなかった。つねに兵隊は消耗品でしかなかったのである。戦闘形態は変遷《へんせん》しても、兵隊が消耗品である、という点は、終戦に至るまで変ったとは思えない。いかに兵隊を殺さないか――という点に、指揮者の資格の第一義を置く考え方が、もう少し日本軍にあったとすれば、兵隊の世界にも、それだけ救いは多かったと考えられる。

戦闘の形態を逐一説明してゆく余裕はないので、ここでは、中国の戦場で行われた無数の戦闘の中から一つの例をあげておく。

★大横山の戦闘――敵の隊長は日本軍将校？★

昭和十九年三月二日、駐屯地安慶（安徽省揚子江岸《あんきようすこうがん》）を発した独歩第二一四大隊は、北方の大横山へ向けて行軍を続けた。大隊が所属した歩兵第六旅団（肇《はじめ》）は蕪湖《ぶこ》から九江間（但し蕪湖、九江は含まない）の揚子江岸約三百キロの警備を第百十六師団（嵐《あらし》）と交代分担し、第二一四大隊は安慶に本部を置いたのである。この交代時、大隊の兵員は、前任部隊が甚だ用心深い警戒行動をしているため、余程敵が近接しているものと思ったが、交代後調査するに、付近は全く平静で、敵影を見なかった。警戒心が旺盛《おうせい》であることと、臆病《おくびょう》であることとの判定はむつかしいが、ともかく前任部隊はそのようであったのである。

安慶から北方六十キロの桐城には、敵第一七六師団の司令部があって、そこへのちょうど中間にある大横山には、五二七団の第二、第三営約八百が布陣していた。中国軍の団、営は、日本軍の連、大隊に相当するが規模は小さく、かつ兵数構成に一貫性はない。日本軍がこの討伐を発起したのは、敵側の工作員の驕慢《きょうまん》さが目に余り、よってそれを叩《たた》き、軍の威信を示すためであった。本来は、命令通りに行動するのなら、攻めがたい大横山を避け、一気に桐城を攻めて、引きあげてくることになっていた。ところが駐屯地を出発し、途中の渡河点で敵の迫撃砲の攻撃を受け、渡河を敢行して錬潭鎮《れんたんちん》という部落を占領したが、このころから急に攻撃目標が、避けて通るべき大横山に向けられたのである（大隊長が功績を焦《あせ》ったのかどうかはわからない）。

大横山陣地の指揮者は、元日本軍の将校である、といわれていた。それも連隊旗手だったが、作戦間負傷し、友軍が置去りにして逃げたので、敵に投降し、爾来《じらい》友軍の非情をうらんでいる、ということだった。もしこれが事実とすれば、第二一四大隊と元日本軍旗手を長とする部隊とが決戦することになる。そして結果は、この戦闘において、第二一四大隊が大敗したのである。

大横山はちょうど擂鉢《すりばち》を伏せたような山で、山頂にトーチカがある。大隊長はこの陣地を攻めれば、簡単に陥《お》ちると考えたのだが、重大な錯誤があった。なぜなら装備が悪かった。大隊は鹵《ろ》獲《かく》品のブローニング軽機を支給されていたが、日本軍の弾薬ではサイズが合わぬため、結局使用不可能だった。これは編成直後のため間に合わせに支給されたものだからである。さらに擲弾筒《てきだんとう》もなく、小銃だけが兵器だったのである。
ではなぜこんな悪装備で桐城までの攻撃を企図したかというと、要するに敵に示威すればよい、というのが含みで、討伐の内容はむしろ慰労行軍（軍隊の遠足か）だったのである。真の討伐なら、桐城よりも拠点である大横山を攻めよという命令が出たはずである。討伐隊は四百四十四名を数えた。

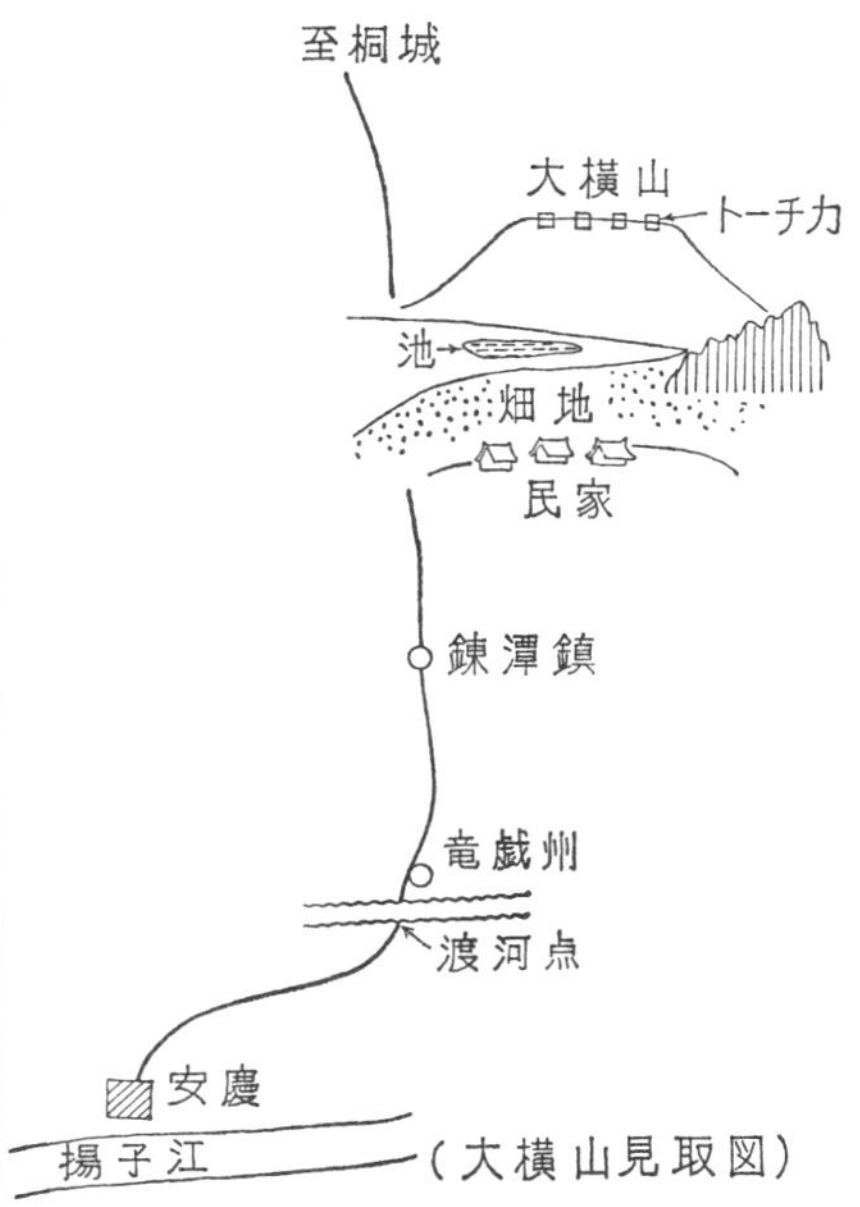

（大横山見取図）

もうひとつの誤算は、途中で攻撃目標を変更し、さらに道をまちがえたため、大横山麓《さんろく》に着いたときは夜が明けていたことである。しかも大隊は攻撃を開始したのである。

大隊は山麓にとりつき、右から二、四、一中隊の順に散開して攻撃開始したが、敵の頑強さは並大抵のものでなく、地の利が悪いため弾雨下に釘づけになり、みるまに死傷続出した。このあたりでは山麓の畑に既に菜の花が咲いていたが、それが迫撃砲弾でなぎ倒されて行く。敵の砲撃は実にうまく、攻撃部隊は砲弾には死角を持ち得ず、ただ運を天に任すより他はなかった。

敵は弾薬のある限りを消耗しつくし、三月四日に補給を受け、六日には師長からの激励を受けている（これはのちにわかった）。大隊は、実をいえば山肌に散らばる遺体の収容さえできず、辛うじて一体を収容して、それを四十人分の遺体としてわけたくらいだから、いかに苦戦であったかがわかる。しかもこの苦戦ぶりは、付近部落の住民の注視を浴びていた。大横山は禿山《はげやま》であり、山上から逆襲してくる敵が、遺棄死体から衣類などを剝《は》ぎとっているさまも、見物人にはよくみえたはずであり、日本軍はそれに手が出せなかったのだ。それどころか、敵がもし突撃してきたら、夥《おびただ》しい死傷者を出したはずである。しかし敵はあくどい追及はして来なかった。なぜだろうか。指揮者が元日本将校であるため、あえて追討ちをかけなかったのか。それとも元日本将校というのは噂でしかなく、事実は中国人将校であるため、そこまでの勇気を持たなかったのであろうか。どちらにも解釈できるのである。

多くの誤算をつみかさねた、この、やらなくてよい討伐をやったおかげで、大隊は実に戦死八四（内将校五）負傷四〇（内将校一）の犠牲を出した。大隊は暗くなってから、やっと避退したのだが、攻撃を断念して退却してくる途中、民家の戸を叩く音を、機関銃の音とききちがえておびえる兵隊がいたくらいだから、山肌にとりつき、無抵抗のまま弾雨にさらされた恐怖感はきびしかったといえる。

以上が第一次の大横山討伐。第二次は十一月中旬に決行し、これは報復戦のため慎重に行動、夜陰にまぎれて陣地に侵入し、多大の戦果をあげてこれを覆滅した。戦後の調査においても、指揮官が何者であったか、ということは遂《つい》に判明しなかった。

右の戦話についてだが、形態はこれに似た戦闘は他にいくらもあると思うが、しかしこの話には、敵の守将が日本将校であったかもしれないとか、その他作戦上、なにかと考えさせられる問題が含まれているようである。

★聞喜城の死守——壁面の一詩★

討伐や作戦、またその間に発生した出来事のうち、それがマスコミによって喧伝《けんでん》せられ、よく人に知られる場合と、苦労をしかつ犠牲を重ねながらも、人に知られずに過ぎてしまうものとある。要するにこれも戦場の運不運、というべきかもしれない。

日中戦争初期に新聞紙上を賑わしたものに「聞喜城の死守」がある。第二十師団は、山西省を南下しつつ戦って来たが、敵の反攻も猛烈で、一時、同蒲線沿線の運城《うんじょう》、聞喜、臨汾《りんふん》等が分断され孤立したことがある。このとき聞喜城は敵の大軍に包囲され、守備に当った神山中隊が力戦死守した。敵は城壁の下に穴を掘ってまで侵入してきたのである。このとき隊員のだれかが銃で壁に一詩？　を刻んだ。

聞喜城死守

敵ハ増シ緑ハ茂リ月未ダ出《い》デズ
弾薬ツキルモ援隊ヲ乞《こ》ハズ
ナレド敵弾城壁ヲユルガス
糧秣《りょうまつ》ニカヘン犬マダ多ケレバ
粉骨砕身以テ死守セム
決意ハカタシ神山隊

この壁の文字は写真に複製され、主要都市の兵站《へいたん》や酒保で売られたほど有名になった。これは聞喜城に籠城《ろうじょう》した人々の中に、たまたま従軍記者がまじっていたため、死守の模様が詳細劇的に伝えられたからである。

この当時（昭和十三年春—秋）は、聞喜のような大城のほか、小部落でも、敵の猛攻に耐え、あるいは全滅した場合もいくつかあった。しかしそのような話はだれにも知られず、聞喜城のみ名を馳《は》せた。

第七十八連隊の一部、約四十名が、臨晋という町（聞喜より六十キロほど西南にある）へ糧秣徴集に行ったとき、やはり敵に包囲され、本隊へ救援を乞うのに、文章をカナで逆に書き、苦力《クーリー》に託して脱出させている。苦力が果して、任務を全《まっと》うしてくれるかどうかを案じつつ、かれらは戦った。弾薬が乏しいので、敵がよほど近づいた時にのみ撃った。かれらは城外の地隙《ちげき》（この場合は土地が一段低くなっているところ）で応戦していたのだが、救援隊が来たのは夜明けである。明方の空気をふるわせて、ラッパの大隊号であるヤマザクラの譜がきこえてきたとき、かれらはようやく、救出された、と安《あん》堵《ど》したのである。昭和十三年の春である。ここらは桜が多く、応戦した地点にも数株の桜が満開だったが、敵の銃撃は夜っぴて桜を散らし、夜の明けたときにみると、その樹の下

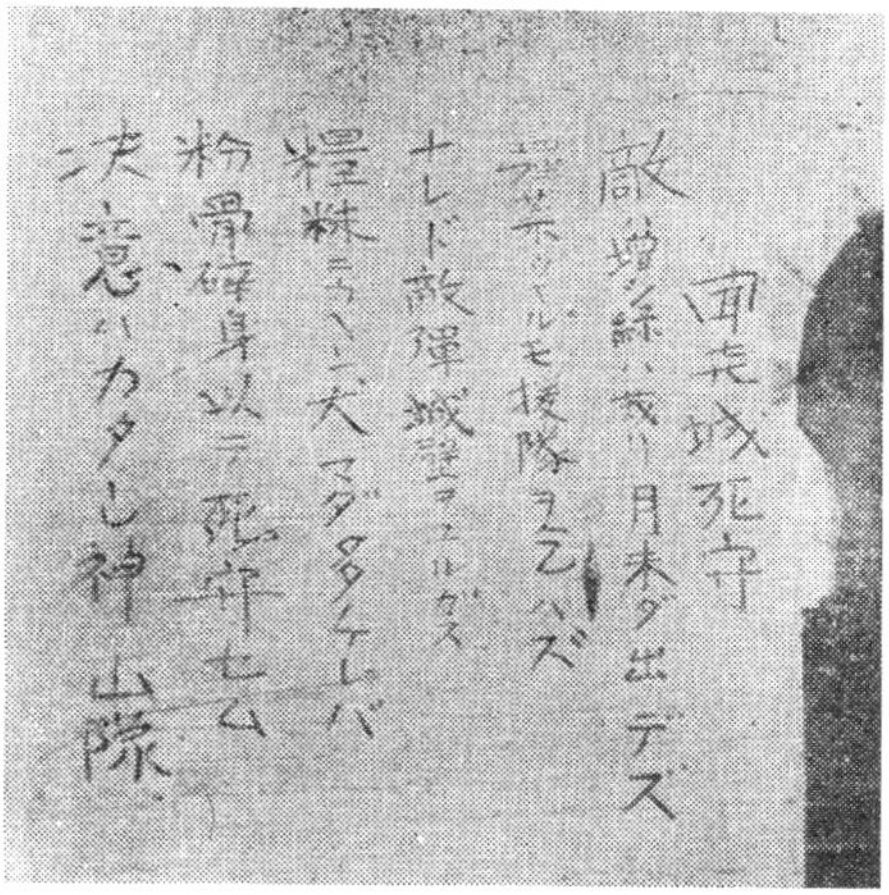

聞喜城の壁書

で戦い、死んで行った者らの屍《しかばね》は、すべて桜の花びらに埋もれていた——という。この話にも、聞喜城死守に似た、詩的な匂《にお》いがあるようである。

日清、日露戦争時の、大野戦軍の原野の遭遇戦、また攻城戦などでは、このような陰影の深い戦話は生まれがたかったであろう。

〔戦闘行動間のモラル〕

焼く、犯す、殺す——という所業は、戦場における三悪である。日中戦争初期においては、この種の事例がかなりあったことを認めねばならない。それ以前の戦争や事変においては、日本軍はよく戦場でのモラルを考えていて、いたずらに暴挙に走らなかったのは、既述した北清事変での記録などが証明している。

戦場で、焼く、犯す、殺す——という悪事が行われるのは、戦闘によって同僚が殺され、その怒りが敵や、敵地の民家に向けて発散されるからであろう。しかし外地に遠征し、その土地の民衆の支持を失うことが、いかにマイナスであるかは末端の兵隊にもわかることであるのに、積極的に戦場でのモラルを確立しようとする動きは、日本軍において稀薄《きはく》であったといってよい。

筆者の所属していた騎兵第四十一連隊は、山西省南部の山岳地帯をしばしば討伐や作戦に加わって行動したが、犯したり殺したりという事例はなかった。もっとも敵地区の部落へ侵入しても、逸早《いちはや》くそれをみぬいた民衆は、周辺の隠れ場に逃げ散っていたためもある。しかし中には一人も逃げずに平常の生活を営んでいる部落もあり、部隊が行くと湯茶の接待や炊事の手伝い、また民宿のための手配をゆきとどいてしてくれたりした。こういう部落は筆者の体験では山西南部の行動範囲区域内に一つだけしかなかった。種明しをすると、全村キリスト教信者で、敵も味方も区別せず、かつ恐れなかったのである。もちろん不祥事の起るわけがない。

この部落へ行く以前に、筆者は山奥の小部落で、寒気きびしくかつ燃料がなく、それに甚だ疲労していたので、同僚とともに農具を焼いて暖をとったことがある。山西南部の山岳地帯は、黄土層のため、ほとんど禿山ばかりで、住居も煉瓦《れんが》を積むか、または崖《がけ》に穴を掘って住んだりしている。従って農具は貴重であり、何年も何十年も大事に使って来たものである。焼くときに、手垢《てあか》で磨かれた木の肌をみて気が咎《とが》めた記憶があるが、ずっとのちまでも、あのときあとで部落へ引き上げてきた農民が痛嘆し怨嗟《えんさ》したのではあるまいか、と筆者には気になった。

兵隊の心情は、もともとは良心的であり、かなり苦しい殺伐な行動を強いられても、なお善悪を判断する良識はもっている。それが崩れるのは味方の出血によって報復的感情に駆られる時か、兵隊は怒らせて使え、という指揮者の術策に陥ちたりする場合であろう。

輜重《しちょう》第十三連隊所属、佐々木稔元伍長《ごちょう》の記述になる『われら華中戦線を征く』という戦記中に、左の如《ごと》き一挿話がある。

徐州攻略戦の途次、佐々木伍長は、丸腰に運動靴の少年敗残兵をみつけ、いかにも子供っぽいので道案内に使ってやろうと思い、朝食を与えてから、許可を求めるため連隊本部へ少年兵を連れて行った。ところが途中で数名の歩兵に会った。髭《ひげ》の生えた眼付の鋭い一等兵が伍長をよびとめ「オイ輜重の班長、その俤公《ニイコウ》（捕虜のこと）を俺にくれ」という。何にするのか、ときくと「戦友の仇《かたき》にやっつけるのだ」という。伍長が事情を説明してことわり、先に進みかけると、数名の歩兵はその少年兵を奪い取り、伍長の面前で刺殺してしまった。伍長が「君達はそれでも日本兵か。こんな赤ん坊みたいな者を殺して気持がいいのか」と抗議すると相手は「第一線を知らぬ輜重隊が何をいうか。毎日毎日戦友が殺されてみろ。口惜《くや》しくなるのが当然だ。その仇を討つのがなぜ悪い」と口々にいう。伍長は「無抵抗で降参した者を大勢で殺すのは卑怯《ひきょう》だ。奴を殺しても君達の戦友は帰って来ないだろう」という。すると相手の一人が「お前は俺達戦友よりチャン（支那兵）の方が正しいというのか」とつめよる。伍長は「俺はただ君達歩兵は日本の武士道というものを重んじているだろうと思ったからなんだ」といっただけで、その場はすませてしまう。

これだけの記述の中にも、前線で戦いつづける勇敢で殺伐、同時に人間性の涸渇《こかつ》している歩兵と、後方で勤務する弱くておとなしい、そのかわり些《いささ》かも人間性を損傷されていない輜重兵との対比が、よく出ているのである（もっとも輜重兵はその任務上、むしろ小心にして警戒心の旺盛なことが望ましいのである）。

戦場生活が、綺麗事《きれいごと》ですむわけは絶対にないが、このうち、もっとも悲惨なのは、敗亡による彷徨《ほうこう》間、飢餓にさらされて生命を終えることであろう。インパール作戦でもニューギニアにおける戦闘でも、純粋の戦死よりも、戦病死、同時に飢餓死が圧倒的に多かったことは、戦記や体験談が証明している。しかし、人肉を食うところまで追いつめられたかどうか、という問題になると、たとえそうではあっても語るべきことではないからはっきりはしない。

騎兵隊出身の兵隊は、戦闘間はもちろん、平時の軍隊、社会生活の間においても、馬肉を食するということはしない。これは馬に対すると同時に、自分に対する道義心からであり、戦場で、死馬の肉を食わねばならぬほど追いつめられたら、むしろ潔《いさぎよ》く出撃して果てることを考える。乗馬隊にはこうした潔癖な気質があった。これは動物と密着して生きることによって、人間性を保持しやすかったためもあるだろう。

人肉を食わねばならなかった凄惨《せいさん》な状況は、中国戦線にはないが南方にはあった。ニューギニアにも、ブーゲンビル島にもある。フィリッピンのルソン島で戦った第六十三兵站《へいたん》病院の『追想記』中に、人肉を食って生きのびている兵隊を目撃した記述がある。人肉を常食？　していると、身体は痩《や》せ細っているのに、顔は色艶《いろつや》のよい褐色になり、眼が光る、というが、無気味である。

人肉を食って生きのびていた三人の兵隊（内一名は大尉《たいい》）は、兵隊を殺害しては物を奪ったりその肉を食ったりしていたので、結局発見者たちによって、射殺処刑される。このとき、人肉常食の大尉は、はじめ一回だけのつもりで食ったが、二度三度と重なるうちに、やめられなくなった、と告白している。そうまでして生きのびたのは自隊の功績をだれかに伝えて死にたかったためである、といっている。人肉を食するということは、人間としての自身を否定することにもなるのだろう。三人とも覚悟をきめて処刑されている。

これは、単に生きるために、乃至《ないし》は消極的な目的のために人肉を食したのであるが、これと違って、積極的に戦闘を継続するために、人肉を食した場合もある。ブーゲンビルでだが、これはどっちみち死ぬことは覚悟していて、その代り最後の一兵まで、最善をつくして戦う、という戦闘行動に一切を集中し、味方の屍を越えて、という言葉があるが、屍を食ってまでもなお戦う、という壮烈な気魄《きはく》につながっている。勝算のない戦いをあえて戦わんとするための非常手段だが、そうまでして戦うべきか否《いな》かの判断は、その場に立たされた者だけに任されるのであって、部外者が云々《うんぬん》すべきことではない。戦場生活には、当事者以外の者は、発言も批判も差し控えねばならぬ、混沌《こんとん》とした部分がある。

〔捕虜の問題〕

これは少々前述したが、日本の軍隊が兵隊に与えた拘束のなかで、百害あって一利なかったと思われるものは「生きて虜囚の辱《はずかし》めを受くるなかれ」という項目であったと思う。かりに虜囚についての自由な考え方が軍隊にあったとしても、兵隊の立場に変りはなかった。責任や使命感は、民族本能として、充分に果して行っただろうことは、ここで改めていうまでもない。

もっとも虜囚問題は、軍隊の在り方を責めるよりも、国民性の伝統を「葉隠《はがくれ》」あたりまで遡《さかのぼ》らなければ解決のつかないことかもしれないが、しかしこの一項目のために、特に昭和十九年ごろから終戦にかけ、無益に夥《おびただ》しい人命を失ったことは銘記しておく

敵の密偵を調べる

べきである。

年次の浅い兵隊、または戦争経験の薄い兵隊は、敵の弾丸よりも、なにかで捕虜になることを恐れながら、戦っていた例を少なしとしない。戦争で死ぬことにはともかく諦《あきら》めはつく。ただ重傷その他の事情で敵手に陥《お》ちたとき、かりに送り返されるか逃げ帰るかしても友軍によって銃殺される、という非情な軍紀が、兵隊の心情を暗くしめつけたのである。中国軍はトーチカの中に兵隊の足を鎖で縛りつけて逃げられぬようにして抗戦させたが「生きて虜囚になるな」ということは、兵隊を精神的に鎖でつなぐことであり、肉体的に鎖で縛するより意味は陰湿であったというべきであろう。

敵の捕虜になれば惨殺《ざんさつ》される——という考え方も、兵隊の中には滲透《しんとう》していた。しかし事実は、優遇されないまでも迫害されず、抗日運動の要員として使用されたことは、記録にまとめられている通りである。昭和十四年末の南寧《なんねい》攻略戦の時、第五師団の一隊が崑崙関《こんろんかん》で敵の重囲に陥ちたとき、敵側の宣伝隊が降伏を勧告しに来た。日本軍は防戦と飢渇のため疲労困憊《こんぱい》その極に達していたが、暗夜、精神力だけで陣地を支えていると、近接した敵中から明瞭《めいりょう》な日本語で「××はいるか」とこちらの兵隊を名ざしで呼ぶ。ひとしきり日本の流行歌が流されたあとに、呼びかける声がきこえるのである。相手は「おれは○○村の××だ」と自分の出身地と名前をいう。まぎれもない、ついさきごろまで同じ部隊で苦楽を共にした間柄である。それで思わず返事をすると、しきりに降伏せよ、とすすめてくる。待遇もよく食糧にも恵まれている、と告げるのである。戦闘があまりに苦しかったため、よほどそのすすめに従おうかと思ったくらいである、と体験者は今でも痛切な思いをこめて語る。広島編成第五師団は今次大戦をもっともよく戦った師団の一つで、郷土性の強い師団だが、南寧戦ではもっとも苦戦し、野砲まで埋めて撤退したりしている。その野砲を敵が掘り出し、敵中の日本軍捕虜が「××式野砲と付属品一切、異常なく受領しました」などと放送している。

河北省唐山《とうざん》の奥で、中共軍の捕虜になった一日本兵が、何とかして妻を呼びたいと思い、許可を得て日本内地から妻を呼びよせた、という妙な話もある。もっとも彼は秀《すぐ》れた兵器修理技術をもっていて、山中の兵器工場で働かされていたから、中共軍も特に面倒をみたのかもしれない。彼は内地の妻へ手紙を出し、待合せ場所まで指定し、妻がその地点（公道のバス停留所であったという）に下車したとき、迎えに来て山に連れ去り、そこで終戦まで一緒に暮した。これはふしぎに思えるが、捕虜の明るい挿話といえよう。

中共軍にしても、日本兵捕虜は大事にしたが、自軍及び自軍使用の中国人については、意外に態度がきびしかった。はじめ中共側で働き、のち日本軍に協力していた中国人苦力《クーリー》が、討伐間中共軍に捕われたとき、見せしめのため四肢の指を押切（藁《わら》を切る農具）で切断されたりしている。中共兵が、いったん日本軍の捕虜になると、特別の事情のない限り、逃げもどろうとしなかったのは、自軍の制裁を恐れたからである。とするとこれは日本軍の状態に似ているが、日本軍ほど狂的な制裁はなかったのではないか。

足に重傷を負っている中共兵を、放置もできず殺しもできず、仕方なしに背負って歩いた、という兵隊の話をきいたことがある。中共兵は、しきりに「殺してくれ」とせがんだが、かまわず背負ったままで歩いた。すると中共兵は泣き出し、その涙が背負っている兵隊の首すじを濡《ぬ》らし、異様な感慨を覚えた、と彼はいうのである。中共兵には死生に対する強い諦念《ていねん》がある、それは釈迦《しゃか》を囲む五百羅漢の心情に通じていると思われた——とその兵隊は語ったが、いい言葉ではないかと思う。

〔腹背の敵〕

第六十八師団が湘桂《しょうけい》作戦で衡陽《こうよう》城を攻撃したとき、ある中隊が第一線として城門突入を命じられたが、砲火が激しく、かつ城門前に組み上げられた堅固な鹿砦《ろくさい》があって攻められない。命令では、砲兵隊が鹿砦を爆砕し、そのあとで突入する、ということになっていたのだが、砲兵隊の弾着が合わず、鹿砦は少しも崩れていない。強行突破しようとすれば、鹿砦前で全員戦死傷することはわかりきっている。

中隊長はそれで突撃命令を出さなかった。すると後方の大隊本部からは、しきりに、大隊長の突撃命令がとどいてくる。事情を伝えてもうけつけず、ただ、突撃せよの一点張りである。この場合、大隊長が大佐、中隊長は中尉である。状況の如何《いかん》にかかわらず、命令には従わねばならぬはずである。しかし中隊長は命令に従わなかった。それどころか中隊の指揮を放棄して、大隊長の位置に駈《か》けもどり、直接事情を説明し、それでも大隊長が命令を撤回せぬので、遂《つい》に取っ組み合いの喧嘩《けんか》をはじめている。

激戦弾雨下におけるこの奇妙な争いは、さまざまの問題を教えてくれるが、日本の軍隊のもつ一側面の性格を、端的に象徴しているように思われるのである。つまり、弾雨にさらされている兵隊自身に焦点を合わせていえば、かれらは前面に強力な敵を持ち、後方に「督戦」――という、さらに強力な敵をもっていた、ということになる。

命令を出した大隊長にしても、旅団長の命令を受けたからであり、その旅団長にしても、師団長の命令で動いている。師団長はさらに軍の作戦意図によって動かされている。攻撃目標地点の鹿砦が爆破されていないことを、中隊長が大隊長に抗議してみても、それだけで片付く問題ではない。結局は第一線の兵隊が、作戦進行上の誤差や不合理から生じるひずみを、すべて自身たちの出血によって購《あがな》わねばならないことになる。

インパール作戦のような大規模なものから、連隊、大隊が遭遇する小戦闘にいたるまで、作戦上に生じる不合理は、すべて前線の兵隊に皺《しわ》寄《よ》せされることになった。もともとこういうことは戦闘にはつきものであり、また、敗色が濃くなると、どうしても無理な戦闘を行わざるを得なくなるのは当然のことかもしれない。

しかし、一切の皺寄せを、自身らによって処理しなければならなかった前線の兵隊たちは、後方からの命令に耐え、前方からの敵と戦うために、必然的に防衛本能を働かせざるを得なかった。兵隊が相互に抱いている〈連帯感〉というものは、この防衛本能から醸成されたものであろう。日中戦争以後の錯雑した戦場裡《り》を生きる兵隊にとっては、日清、日露当時の「しっかりせよと抱き起し、仮繃帯《ほうたい》も弾丸の中」といった、一種悠長な抒情性《じょじょう》などとは全く無縁になってきたのである。

兵隊たちは、責任と義務についていては、きわめて忠実であった。だがこれは、別段上から命じられたものではない。各自が責任と義務を果さなければ、集団及び集団中の自身の存在があぶなかったからである。その底に防衛本能につながるものがあったからである。

こういう状態で戦っている兵隊が、死ぬ場面に遭遇したとしても、素直に「天皇陛下万歳」などと叫べないのは当然である。かりに叫んだとしても、その言葉の背面には、より深く混沌としたもの――家族や知己や国家や広く民族全般につながる、使命感を果したという報告が、こめられていたと思われるのである。天皇――というのはお題目ではなく、それを核にする広い意味を持っていた、と考えねばならない。

（二）一番乗りの意識

〔名誉心と功績〕

日中戦争が一方的に推進されて行った理由の一つとして、軍の指導層が功績を欲したためである、という見方がある。もっともらしい大義名分を洗い去ってしまうと、意外に稚純で、生々しい人間の功名心が出てくるものである。理由の一つではなく、全部であるかもしれない。

個人または団体に与えられる栄誉とか功績とかを、個人または団体が欲するのは、当然の欲望であり、これを否定はできない。ただ問題は、自身は安全の場にいて他の犠牲においてそれを為《な》し、しかも最終責任は回避する、ということになると、これは咎《とが》められても仕方はないといいえよう。

満洲事変から大東亜戦争の終結に至るまで、戦争の遂行にもっとも力をつくした陸大出身者は、あらゆる場合を含めて、その損耗、一割にしか達しない。自身に生命の危険がなければ、兵棋演習を行うように、どのような苛酷《かこく》な命令も出せたはずである。

前線の将兵は、指導部よりの命令が、苛酷であるかどうかについてはほとんど批判はせず、かえりみて異様に思えるほども、力戦奮闘の限りを尽くしている。これは戦い（すべての意味における）に負けまいとする、秀れてみごとな民族本能であったといえる。そうしてその底に、やはり個人または団体としての、名誉心や功績への期待が、他との競争心とともに根強く存在していたことも事実である。これが、形の上に、一番乗りの意識として出てくる。

戦場で、個人または一団の部隊が、困苦を越え、他を圧して一番乗りをすることは、何ものにもかえがたい喜びであろう。運動会の徒競走でさえ、子供はいかに懸命に優勝を争うか。まして戦場ともなれば、その行動は直接国家的利益につながってゆくのである。

あえぎながら山脈を越す行軍

兵隊は、自分の中隊、自分の大隊、自分の連隊、自分の師団、さらには自分の郷土兵団全体に誇りを抱いている。その中の一員として、かりそめにも卑劣な行動はできないとする。そうして自分が功名をたてれば、その功名は自分のみならず、自分の中隊から自分の郷土兵団全部にまで拡充してゆくのである。事実、郷土部隊——という文字にこめられているさまざまのイメージは、すべてその兵団での一兵ずつが、懸命に力を尽くすことによって得た無形の宝である（戦争が終ってしまった現在でも、この評価は実は少しも、薄れも変りもしていないのである）。

しかし、戦場で目立った功名をあげること、特に一番乗りをやるということは、並大抵の努力でできることではない。運動会やスポーツと違って、不断に死生の間にさらされ、しかも言語に絶する艱苦《かんく》を越えなければ果たせない。

既述した原田重吉の玄武門一番乗りにしても、白神、木口等のラッパ手にしても、その功名は長く後世に語りつがれる。ただ大東亜戦争においては、あまりに戦場の規模が拡大したため、功名や一番乗りの氾濫《はんらん》した観もあるが、しかし戦争が敗戦に終ったため、あたら英雄たちの行動も、郷土部隊史の片隅にその名をとどめることになってしまっている。といってかれらの行動の価値が、いささかも減じられるものでないことは自明である。

日中戦争間の一番乗り争いで、伝説的に知られているのは第二次長沙《ちょうさ》作戦における、第三師団と第六師団の暴走についてであろう。これについては、第四十師団歩兵第二三六連隊の中隊長をつとめていた久米滋三元大尉の記す『ある中隊長の手記』中から一節を抜萃《ばっすい》しておこう。第三と第六のせり合いのおかげで、鯨（第四十師団）は大いに巻添の迷惑を蒙《こうむ》っているのである。

「〝二次の長沙〟といえば、長年大陸にあって多くの作戦を体験した戦友達でさえ、今なお慄然《りつぜん》たる思いなしには聞けない言葉である。それは反転後の敵の猛襲に伴う苦戦の連続、損害の過大、補給の皆無とか、いろいろの要素があったのであろうが、何にしても中国の戦場における稀《まれ》にみる苦しい作戦であったことは事実のようだ。

この作戦は、昭和十六年十二月八日、大東亜戦争勃発《ぼっぱつ》とともに、南支軍主力が香港《ホンコン》島を攻略するに当り、その背後を脅《おびや》かす中国軍を、北から牽制《けんせい》するために、武漢地区にあった第十一軍主力によって行われたものであった。すなわち、まず岳州南方の線に展開した、第三、第六、第四十の各師団及び独混九旅が、十二月二十四日進撃の火《ひ》蓋《ぶた》を切り、轡《くつわ》を並べて怒濤《どとう》のように湖南の山野を南下して行ったのであるが、大体年末、汨水《べきすい》を越えた線で打切り、引き揚げる予定のようにきいていた。それが意外に進展して大きな作戦になってしまった原因は第三、第六の両師団が、平素から日本一の精強を誇り、互いに競争意識が強かったが、たまたまこの作戦においても並列された

わが軍損害一覧表

部隊	参加基幹兵力	戦死者	戦傷者	合計	死傷馬数
第三師団	歩六大隊 砲三〃	五二三	一、四一九	一、九四二	六四八
第六師団	歩九大隊 砲三〃	四六一	一、三八八	一、八四九	六六四
第四十師団	歩七大隊 砲二〃	一六四	五七一	七三五	二〇〇
独混九旅	歩二大隊 砲一中隊	二〇三	二七二	四八〇（ママ）	三四八
その他		二四〇	七五七	九九七	一〇六

（備考） 一個大隊は各兵員五〇〇名内外

ため、先陣争いとなり、騎虎《きこ》の勢ついに長沙城の一角に突入してしまい、軍司令部もこれを制止することができず、追随した形になったためであるとの風聞であった（しかし事実は阿南《あなみ》軍司令官の決意によるもので、この作戦の失敗から、将軍は『進退伺』を懐中にしておられたという）。従って兵力をはじめ、兵站《へいたん》その他の補給準備が不十分で、特に弾薬不足のために大きな損害を生じ、第六師団の一コ大隊が丸々行方不明になってしまうなど、真に悲惨なものとなった。そのことは損害表を一見すれば明らかである」

右の表に関連して、つぎの記述に触れておきたい。

「——当時軍の主力である第三、第六両師団の一部は、年末来長沙城を攻撃していたが、湘江《しょうこう》西岸の岳麓《がくろく》山に陣地を占領していた重砲から猛射を受け、かつ両師団ともに優勢な敵の反撃を受けて損害続出し、脱出も困難になりつつあったので、わが第四十師団に対し、長沙方面へ急進し、両師団の脱出を容易ならしむべし、という任務を授けられたものである。よって師団長は、日没とともに直ちに現配備を撤し、亀川連隊（236連隊）に大山塘《だいさんとう》付近の要点を確保させ、他の二コ連隊をもって、所命の如《ごと》く長沙東側地区への突進を区署させた」

この亀川連隊はおかげで苦戦を重ね、陣地撤退時の戦闘に堪える兵力わずかに四十名でしかなかったという。第四十師団の死傷の大半は亀川連隊のものである。

たしかに第三師団も鎮台以来の精鋭師団であり、第六師団もまた「胸をたたけばひと押しに、たちまち落とす城の数、日本一の六師団」という歌の文句通りの強豪師団である。長沙城の先陣争いが話題になるはずである。しかし「熊本兵団戦史」には第

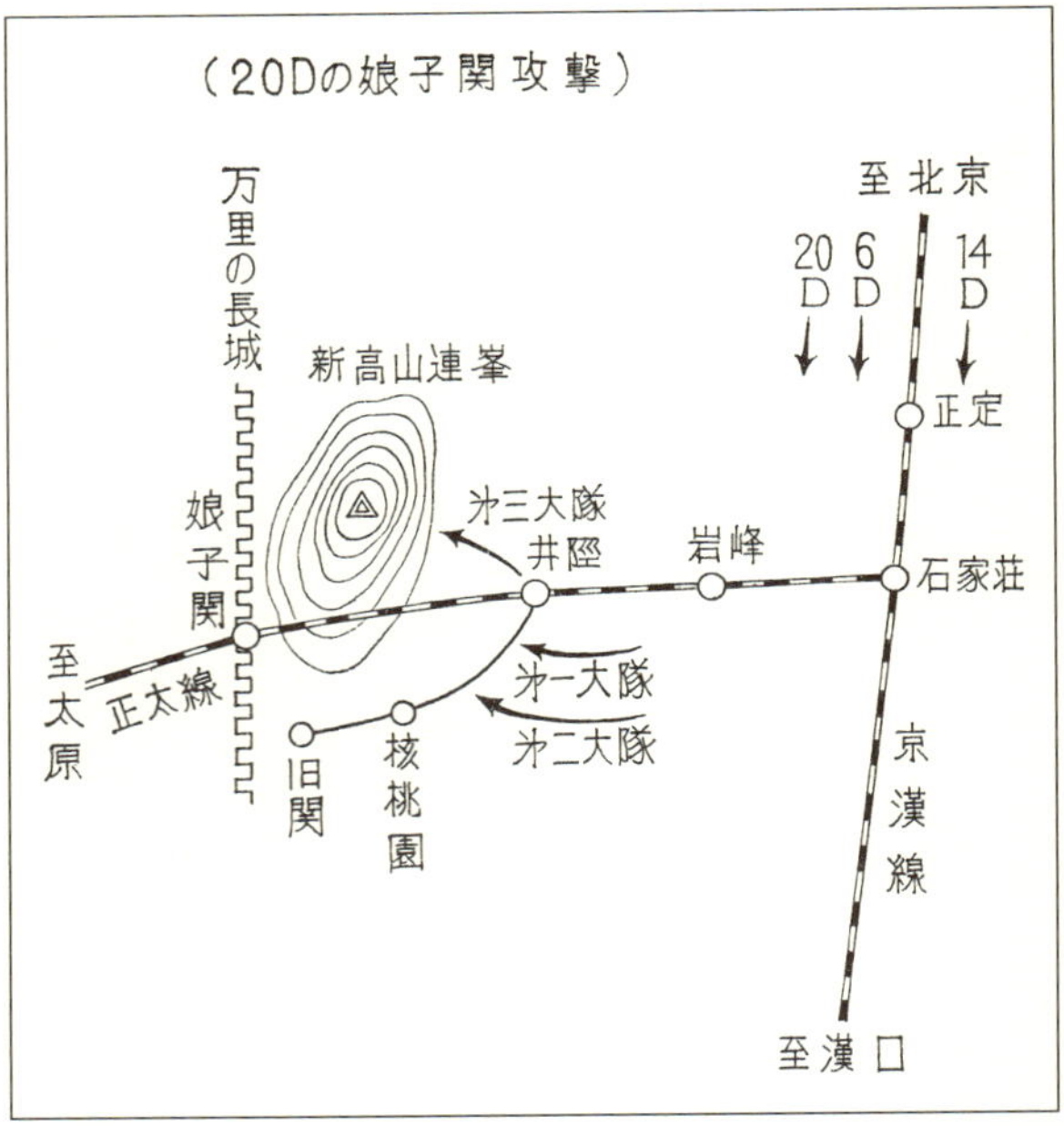

二次長沙作戦に関する記述はない。

〔さまざまな一番乗り〕

日中戦争における、一番乗りの記録をさぐっていてはきりがないが、楽ではない一番乗りの実態の明暗をさぐるために、なお二、三の事例について研究してみる必要があるかしれない。

〈娘子関《じょうしかん》の一番乗り〉 昭和十二年七月に支那事変が勃発したが、九月中旬には、第六、第十四、第二十師団が、京漢線を南下しはじめた。第二十師団は石家荘にいたり、このうち第七十七連隊は井陘《せいけい》を占領し、さらに西進して旧関を占領した。この旧関は隘路《あいろ》中の盆地で、敵は日本軍を引き込むために占領させたのである。果して敵は四周の山から迫撃砲弾を浴びせ、第三大隊は大隊長以下多数の死傷者を出している。

古来、攻城戦というのは、たいがい攻める側が勝つときまっていたが、娘子関のみは攻める側が負けるのである。娘子関は旧関の西方にあるが、そこらは標高千メートルをこえる峻嶮《しゅんけん》の連なりで、いくら攻撃されても侵されることがない。つまり娘子の操の如く守りが堅い、という意味で名づけられたものである。第二十師団は、いかなる犠牲を払っても、この娘子関を抜いて進まねばならなかった。そうして娘子関を制するには前面を遮《さえぎ》る新高山陣地を屠《ほふ》らねばならなかった（新高山というのは日本軍のつけた名である）。新高山は娘子関の守りの急所で、ここを陥《お》とせば娘子関を陥としたことになる。新高山を中心とする連山はすべて岩山で、敵は洞窟《どうくつ》陣地にもぐって抗戦するため、それを一つ一つつぶしてゆかぬと攻略できず、第二十師団は犠牲を重ねるのみでこれを攻めあぐねた。ことに第七十七連隊（鯉登部隊）は善戦もしたが犠牲も多く「来いというたとて行かりょか鯉登、行けば白木の箱が待つ」という陣中歌さえ生まれたほどである。

第七十七、第七十八両連隊とも、最善をつくして娘子関攻略に挑みつづけた。新高山は手前に峯《みね》が四つあり、五つ目が主陣地の新高山である。第七十八連隊の第三大隊が、四つの峯を占領した。しかし、娘子関一番乗りの名誉は、新高山を屠ることによってしか得られないのである。

しかし新高山陣地は評判通り堅固をきわめ、どの大隊、どの中隊が攻撃しても、いたずらに犠牲を生むばかりで成功しない。第七十八連隊長は、遂に軍旗を奉じて最後の突撃をする覚悟をきめたが、このとき軍旗護衛をつとめていた第七中隊の第三小隊に突撃命令を与えた。よって松田少尉を長とする第三小隊は、連隊本部軍旗の下を離れて、最前線の中隊の位置に向った。兵員は第一分隊長秋岡留治軍曹を右翼とし、四個分隊七十名である。

第三小隊はやがて最前線に出て、中隊長西本中尉の指揮下に入った。新高山は、左側はやや平坦《へいたん》なところがあって攻撃しやすいが、右側は急傾斜で攻撃しにくい。しかも洞窟陣地を掘った岩石の屑《くず》などが流れ出している。中隊長はこの攻撃しにくい側から攻撃することを決意し、第三小隊が、第一、二、三、四と分隊順に一列縦隊になって登攀《とうはん》を開始した。急傾斜のごろごろ道で散開など出来ない。

夜だが月が出ていて、敵陣地からは見通しで、さかんに銃撃される。犠牲者は弾丸が身体を縦に貫いていた。頭から背、肩から腰、といった貫通である。ほとんど真上から撃たれるからだ。日本軍としては、ただまっしぐらに登りつめるよりほか方法がない。チェッコ機銃の弾雨下、手榴弾《てりゅうだん》が急坂を小石のように流れ落ちては炸裂《さくれつ》する中を、小隊は遮二無二《しゃにむに》攻めのぼり、喊声《かんせい》をあげて山頂に突っ込んだ。秋岡分隊を先頭にして、遂に新高山陣地にとりつき、これを占領したのである。これによって敵は崩れはじめ、部隊は十月二十六日に娘子関へ入城した。

一番乗りには運不運が伴う。西本中尉の好判断によって成功した第七中隊にしても、もしその判断が逆目に出たらひどい痛手を負ったのである。敵の意表を衝《つ》くことになったのが成功の因だが、しかしそれまでに反覆攻撃をくり返した他隊が、その犠牲によって敵の戦力を弱めたことも考慮に入れねばならない。先登した第三小隊にしても、それまでは連隊予備であったのが、急に突撃に加わることになり、そのまま一番乗りの栄誉を握ってしまったわけである。

この娘子関攻略戦に伴う少々の裏話に触れると、旧関攻略のとき、第七十七連隊第六中隊のＡ一等兵が途中で落伍《らくご》している。彼は叱責《しっせき》されることを恐れ、谷沿いの道を通らず、山を突っきり、遅れた時間をとり戻して中隊に合流しようと考えた。ところが先へ進みすぎ、道に出てみると、中隊は三百メートルも後方にいる。道の前方には門があり、敵影がみえ、友軍の砲弾が落下しはじめた。それでＡ一等兵は自分が撃たれないように日の丸の旗を振って合図をし、門をくぐってさらに進むと、畑地に四面土壁の家があり、四、五名の敵が道に向けて銃を構えている。彼は背後からその中の一名を撃つと他の者は逃げ散った。彼は死体に近づき、敵兵の所持していた乾パンをもらって食べた。薄い穴の多いまるいパンである。それからドラム罐《かん》に蓄えてあった水を飲み、本隊の到着を待っている。

中隊はここで敵のこしらえた陣地を利用したが、夜になると敵が逆襲してきた。敵は、ホイホイホイという高い喚声をあげて突っ込んできて大乱戦がくり返された。中隊は敵を撃退はしたが、残兵十七名になってしまっている。

このとき第一大隊は、鉄道を遮断するため別働していたが、敵の敗退部隊と増援部隊に挟まれ、河底に追いつめられて全滅に瀕《ひん》し、辛うじて岩蔭《いわかげ》で生きのびた者だけが、夜になって撤退した。足元も覚束《おぼつか》なかった。大隊長黒田中佐と大隊本部の残兵は、連隊本部の位置まで辿《たど》りついたが、連隊長に叱責され、再び引返し、それきり戻っては来なかった。これは一番乗りが遂げられてゆくための、裏側の悲劇である。

第七十八連隊が新高山にとりついていたとき、第七十九連隊は山岳地帯の後方へ迂《う》回《かい》潜入して、敵の退路を絶つ作戦に出ていた。このため敵が浮足立ち、浮足立ったところへ突っ込んだ第七中隊が、タイミングに恵まれて成功を得たのである。このとき第七十八連隊が、攻撃を二、三日延ばし、後方を扼《やく》した第七十九連隊とよく呼応して攻撃したら、八日間で五百を数える戦死は生まなかったかしれない。一番乗りは武士のほまれ——という意識は、連隊長から末端の兵まで滲透《しんとう》して（ことに指揮者に於《お》いて強く）互いに協調して有利に攻める、などということには関心がなかったのだ。
　こうした一番乗り意識のさかんなとき、それに全く関心を示さない指揮者が第二十師団に一人だけいた。第七十八連隊の第八中隊長の梅原大尉で、いかなる場合でも、兵隊を絶対に突撃させなかった。その代りむやみに歩哨《ほしょう》を立てる。敵弾に倒れる者はあっても、勤務で死ぬ者はない、というのが梅原大尉の信条であった。従って行軍間落伍しても文句はいわない。悠々とした安全主義のため、兵隊たちは蔭で大尉を拝み「梅原将軍」という敬称を奉《たてまつ》っていた。戦力旺盛《おうせい》な他隊の兵隊は、表面では漫々的《マンマンデー》中隊といいながら、内心は、梅原隊を羨《うらや》んでいたものである。

娘子関に入城する日本軍

　娘子関一番乗りの秋岡分隊が、その後運城で一時梅原大尉の指揮下に入って駅の警戒に当ったとき、歩哨を一名ずつ立てていたら、一名ではあぶないから、前に二名、後に一名ずつ立てろ、と叱《しか》られている。駅の周辺は日本兵ばかりでなんらの不安のない時でも「兵隊は勤務では倒れない」の方針通りだったのである。もっとも歩哨ばかり立てていては休むひまがないので、返事はしたが実行せず、哨長は「敵よりも梅原大尉を警戒せよ」という妙な指示を歩哨に与えざるを得なかった。しかし、激しい戦意に燃えて部隊が行動している間、断乎《だんこ》として安全第一主義を通した梅原大尉のような将校も、特筆すべき存在であろうと思われる。もっとも大尉が他隊に転属して行くと、それまで楽をした第八中隊は、新任の大隊長からいやという程コキ使われた（以上、秋岡留治元軍曹の手記「娘子関付近の戦闘について」及び蒲田登元憲兵曹長の談話に拠《よ》る）。

〈一番乗りに劣らぬ二番乗り〉　一番乗りという目的を達成するには（それが計画的にしろ、また結果としてそうなったにしろ）超えなければならない辛酸のほかに、統率者の指揮能力、兵員のすぐれた戦力、そしてさらに幸運に恵まれる、という条件が用意されなければならない。つぎに衢州《くしゆう》城攻略戦における、ある中隊の行動を紹介しておきたい。これは結果としては、一番乗りではなく二番乗りではあるが、その辛酸の行程、指揮官の能力、兵隊の戦闘力、そして弾雨下の幸運――という意味で、典型的

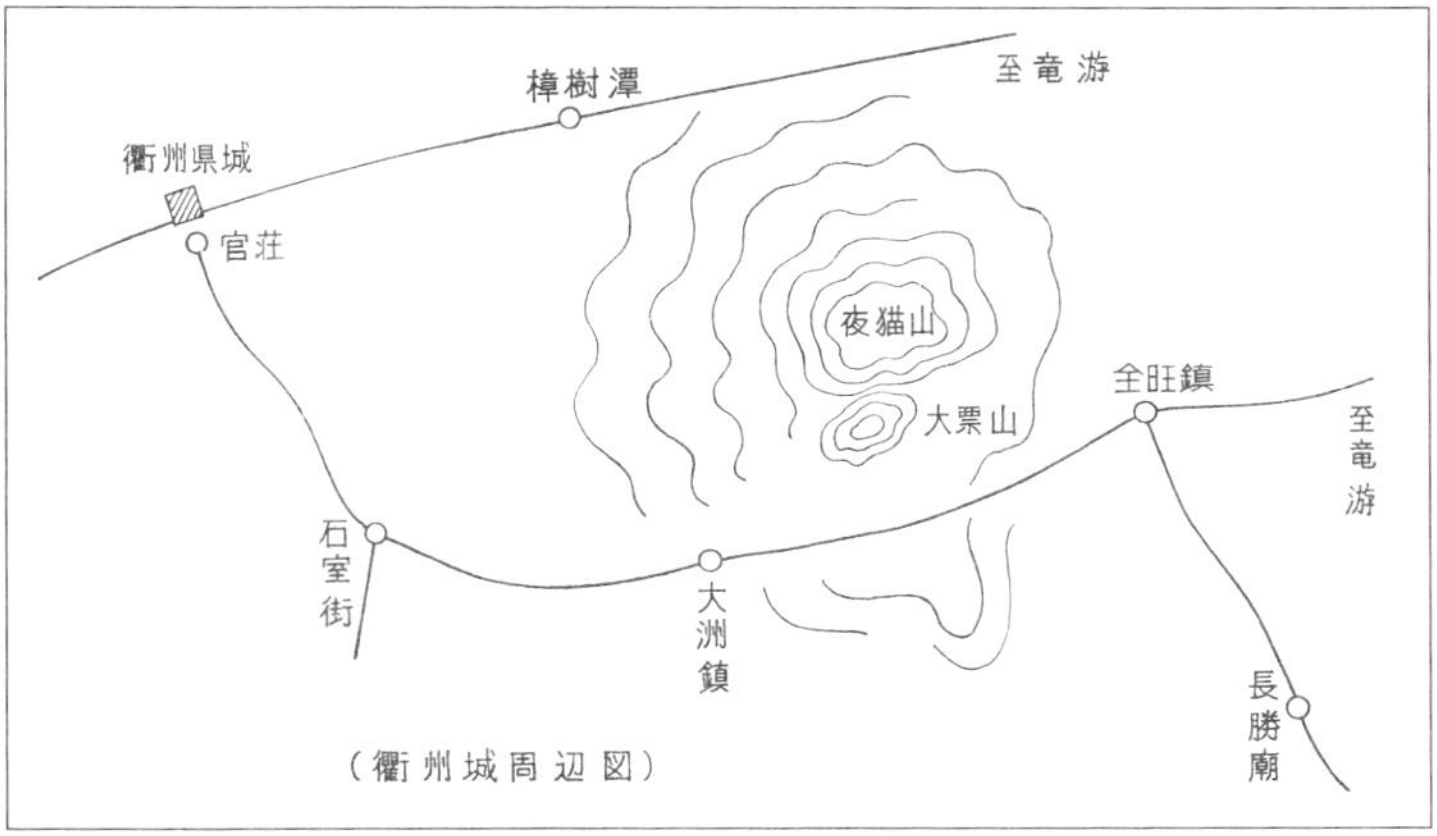

（衢州城周辺図）

な戦話ではないかと思われる。

昭和十九年六月十四日、第七十師団独歩第一二四大隊第五中隊（荒牧隊）は、拠点の竜游《りゅうゆう》を発し、雨と泥濘《でいねい》と敵の妨害と戦いつつ実に七昼夜、全員不眠の強行軍をつづけて、衢州に近い山間の、長勝廟部落に突入、これを占領した。任務は長勝廟北方にある全旺鎮《ぜんおうちん》で敵に包囲され全滅しつつある大隊主力への救援である。七昼夜にわたる昼夜兼行の強行軍はさすがに兵員の意識を朦朧《もうろう》とさせ、先頭を行く荒牧又助大尉が、敵と遭遇してはそれを斬《き》る数分間の行軍の停止間も、部下は雨中にくぐまり込んで眠ってしまう、という状態だった。同僚がそれを叩《たた》いて起すが、その叩いた者もまた寝込んでしまうのである。こうした兵隊を、置去りにせずに進む苦労は容易でなかった。行軍間、一兵が畑で胡瓜《きゅうり》をみつけて中隊長に差出したが、中隊長はその一片を噛《か》む気力もなく次の者に渡す。次の者も舐《な》めただけで次に渡す、といったぐあいに、疲労困憊《こんぱい》も限度をはるかに越えていた。

しかし中隊はそれでも任務のためには全員一丸となって一兵の損傷もなく、長勝廟では休むどころか一晩かかって陣地を構築し、それが終ると、さらに命令が出て北方三キロにある全旺鎮の救援に赴いた。全旺鎮の南端の部落には約二千の敵が屯《たむ》ろして、全旺鎮を猛攻している。荒牧大尉は一隊を高地へ布陣させて援護させ、自身は約三十名の部下とともに、直線に部落へ突っ込んだ。銃弾と手榴弾の硝煙のために、兵隊の腰から下はみえないほどの乱戦になったが、敵はこのとき軽機二十梃《ちょう》他多数の兵器弾薬を遺棄して西方の衢州方面へ遁走《とんそう》した。わずか三十名の、それも力の尽き果てた中隊が、気力だけで突っ込んだのにかかわらず敵が崩れたのは、大部隊が救援に来たと錯覚したためである。それでなければ二千の兵数の中へ突っ込んでくるわけがないからである。

これによって荒牧隊は、全旺鎮救援の目的を達し、北側陣地にとりついて、そのときはじめて睡眠をとることができたのである。しかしこの程度はまだ衢州攻撃の前哨戦にしかすぎず、十七日は新たに命令を得て、全旺鎮西北方の夜猫山の攻撃に赴いている。夜猫山はうしろに衢州を控えた敵の最後の拠点である。中隊は行動開始後、猪《ちょ》突《とつ》して夜猫山南方の大票山を攻め、独歩第百五大隊と友軍機の援護を頼りに、大票山を占領、さらに夜猫山へ攻め込んでこれを占領してしまった。これによって周辺七千の敵は、衢州へ向けて潰走《かいそう》をはじめている。わずか一中隊を以《もっ》て敵の山岳陣地を攻めとることが、いかに苦しい作業であるかは、改めて記すまでもない。しかしこれも未だ衢州攻撃の前哨戦にすぎず、本格的な戦闘は二十日からはじまっている。諸方から衢州へ殺到した部隊が、衢州一番乗りをめざす、その競争に遅れてはならない。

中隊は衢州南方の官荘部落へ進出し、城外を守る敵を駆逐しつつ衢州城へ迫った。城外一帯は水田が多く、かつ雨水のため増水し、その水面を敵弾がミシンの目を編むように洗う。迫撃砲の落下も間断ない。中隊は二十六日午後には衢州前面の鉄路跡に達したが、ここで遂に中隊長負傷。このために一番乗りを逸することになる。荒牧大尉は矢野軍曹に負われたまま城門に達したが、ここで敵将校の投げた手榴弾で再び負傷した。しかし中隊は池田少尉の指揮で西門の敵を駆逐して城内に突入している。

右は戦闘行動——というものの概略を述べたに過ぎないが、通常、これだけの戦闘をやれば、中隊は半数くらいの死傷を出すか、悪くすれば全滅してもふしぎはない。しかし衢州戦完了時まで、荒牧隊の受けた損害は、わずかに戦死一、戦傷七である。戦果と犠牲の比率において、これは中国戦線全戦闘を通じ、異例中の異例というべきであろう。戦いの運に恵まれた、ということもあるが、終始全滅覚悟で突進し、それ故《ゆえ》にかえって死中に活を得た、中隊長の機宜を得た統率指揮と、兵員の戦闘能力を高く評価しなければならない。もうひとつ面白いのは、衢州攻撃直前、官荘部落に待機中、砲弾の落下する中で、甕《かめ》に水を汲《く》んで全員水浴を楽しんで? いることである。信じられないことかしれないが、全員死生を超越し、つねにそうした余裕を持っていた、ということであろう(「槍《やり》部隊史」に拠る)。

〈麗水《れいすい》城一番乗りの裏おもて〉 昭和十九年八月に発起された麗水・温州作戦には、一番乗りについて、面倒な問題が生じている。このとき集結地武義を発した作戦部隊は、右翼隊として原田旅団(原田少将指揮の歩兵第六十二旅団)左翼隊として梨岡支隊(梨岡少将指揮)の二手に分れ、麗水城目指して同時に南下を開始したのである。こうなると当然、先陣を争う気分にはなる。麗水には飛行場があり、これを覆滅する目的である。

梨岡支隊は急進して、麗水付近の敵を鎧袖《がいしゅう》一触に駆逐して、原田旅団より遥《はる》かに早く麗水攻撃の態勢についた。本来ならここで原田旅団の到着を待ち、協力して攻撃を開始すべきであった。ところが敵は夜になって城外の民家に火を放った。これは通常敵が退却するときの偽装である。藻《も》抜《ぬ》けの殻になった城を攻撃してみてもはじまらない。逃げ出す前に攻撃しよう、ということになり攻撃が開始された。

　このときの一番乗りは後藤大隊所属の島谷乙吉大尉の指揮する第五中隊（独歩一二一大隊より抽出参加）であった。金崎少尉の誘導で、城壁に二条の梯子《はしご》をかけた。梯子は城壁よりかなり低かったが、城壁に二個所崩れているところがあり、偶然梯子は二つともその崩れたところにかけられた。運がよかったのだ。右梯子は谷伍長《ごちょう》、左梯子は新田軍曹が一番乗りをした。これで南門を占領した。戦意を失いかけていた敵は西門へ潰走したが、対岸に陣地を持っていた敵は、潰走してくるのを日本軍とみて猛射を浴びせ、敵は挟撃《きょうげき》される形になって城外を流れる甌江《おうこう》に落ち込み、数百の水死体をさらすことになった。これで梨岡支隊は決定的な戦果をおさめたことになる。

　しかしこの戦果は、師団長から軍司令部へは、かなり違った内容として報告されている。第一に麗水攻略は梨岡支隊主力で行われたと報告されたが、事実は後藤大隊の単独行動であること。原田旅団が県城西側の高地を夜襲占領したことになっているが、その事実はないこと。「支隊は微弱な抵抗を排して入城」というのもおかしく、実際は本格的抵抗の遑《いとま》もなく潰滅的打撃を受けたのであること、等である。つまり梨岡少将が独断で抜けがけをした、という私怨《しえん》が、この事実と報告の誤差の中に漂うのである。一番乗りにしろ陣地攻略にしろ、つねにむつかしい問題のあったことが、これをみてもわかるのである。

〔一番乗りの功罪〕

部下将兵が功名をあげれば、それは当然、指揮者である連隊長、師団長の功績につながってくる。従って連隊長、師団長が、部下を督励し、他部隊に先んじようとするのは人情である。兵隊のもつ名誉欲は、これをうまく利用された、とも考えられるが、しかし根はもっと深い。たとえば個人のたてた功名にしても、それは部隊のみならず、銃後国民の間でも評価され、郷党の栄誉につながっていたからだ。精強とか強豪とか称される部隊の性格が、兵隊個々の身の処し方の集積であるのだから、兵隊としては内心やはり功名に駆られざるを得なかった。無理はないのである。

もともと功名心の強いのは、日本人の一特性であり、肩書とか経歴とか勲章とかを必要以上に重んじる。将軍が、よく自分で恥かしくないものだと思われるほど、胸中ところ狭しと勲章をつけて、得々として写真にとられたり肖像に画かれたりしているのをみても、その単純な功名コンプレックスは充分に読みとれるのである。要するにそれは国民性であり、それが陰に陽に、戦場で（もちろん平時においても）他を抜いて先んじようとする、素朴な戦闘本能につながってくる。

もう一ついえることは、戦場での論功行賞が、すべて戦闘の具体的な事実や成果と、それを裏付ける鹵獲《ろかく》品の取得につながっていたことである。いかに善戦しても、鹵獲兵器がないと、功績は上申できなかった。できても説得力が弱かった。敵の兜首《かぶとくび》で功績を判定した戦国時代と変らない。従って部隊は、つとめて多くの兵器物資を鹵獲するために、先陣を争い、充実した功績表をつくることに狂奔した。功績は、戦果よりもむしろ、敵地住民を正しく馴化《じゅんか》することに、より大きい意義を認めるべきであったにもかかわらず、そのことは全く忘れられていたのである。既述した対中共戦の指導者折田貞重参謀長（第五十九師団）は、このことに気づいて、功績認定の基準を改めるべく努力しているが、まことに妥当かつ有意義な着眼であったといわねばならない。公正にしてしかも視野の広い論功行賞の道を軍が考えていたら、日中戦争の在り方も、相当に変っていたのではないかと思われる。

兵隊の功績を端的にあらわすのは金鵄勲章《きんしくんしょう》だが、これくらい無言の誇示となるものはなかった。殊勲甲乙に価《あたい》する功績がなければこれはもらえない。日中戦争の論功行賞の第一次の〆切は昭和十五年四月二十九日である。従ってこの時点までに戦場に在った者は、兵隊は、少なくも勲八等瑞宝章《ずいほうしょう》か旭日章《きょくじつしょう》を授与されたし、功績抜群の者は、功七級の金鵄勲章をもらっている。この論功行賞が刺戟《しげき》となって、十五年五月以降在隊していた兵隊の中には、第二次〆切までには、目立った功績をあげようと、考えていた者も少なくはない。

金鵄勲章については「叙賜条例《じょし》」というものがあり、その第2条に

初叙ハ将官ハ功三級佐官ハ功四級尉官ハ功五級准士官《じゅんしかん》及下士官ハ功六級兵ハ功七級トシ武功ヲ累ヌルニ従イ逐次進級セシメ佐官ハ功二級尉官ハ功三級准士官及下士官ハ功四級兵ハ功五級ニ至ルコトヲ得……

とある。

「陸軍功績調査及上申規定」によると

第25条　功績名簿綜合《そうごう》等級欄及功績列次名簿上ノ功績等級ハ左ノ区分ニヨル

殊勲　甲、乙

勲功　特、甲、乙

勲労　甲、乙

功労

慰労金

となっている。駐屯地で警備専門だと、三年間歩哨に立っていても、その程度では、功績は、せいぜい勲功の乙ぐらいなもので、金鵄勲章には程遠い。功績が上申され、

師団の査定を経たあと、武功審査委員会にかけられ「金鵄勲章叙賜規程」にパスして、はじめて発令をみる。では具体的に、どんな功績が金鵄勲章につながるのかを、規程の「賞格」の項でのぞいてみよう。但《ただ》し項目がたくさんあるので、将校、下士官兵の場合を、一、二抜き出してみる。

〈陸海軍将校〉

第十六条　籌策《ちゅうさく》宜シキニ協《かな》イ以テ作戦計画ニ非常ノ補益ヲ与エ又ハ出師《すいし》準備ノ計画能《よ》ク其《そ》ノ当ヲ得為メニ作戦軍ヲシテ顧慮ナカラシメ遂ニ我軍ノ全捷《ぜんしょう》ヲ期スルニ至ラシメタル者

第三十一条　倍数以上ノ敵ニ攻撃セラルルニ当リ之《これ》ヲ撃退シ能ク陣地堡塁《ほうるい》砲台ノ防禦《ぼうぎょ》ヲ全《まっと》ウシタル者

〈下士官兵〉

第六十六条　抜群ノ武功ヲ奏シタル将校ノ指揮下ニ在テ能ク衆ニ擢《ぬき》ンデテ動作シ此《この》将校ノ武功ヲ奏スル為メ与ツテ最モ力アリト認定セラレタル者

第七十条　戦闘中敵ノ将官或ハ上長官ヲ生擒《いけどり》シ若《も》シクハ我将校ヲ敵ノ生擒又ハ危険ノ中ヨリ奪還シタル者

などとなっている。もちろん他のどの条項をみても、尋常の力戦奮闘では金鵄勲章のもらえないことがわかる。

北支駐屯某旅団では、兵団武功章というものが設定されていた。これは、いわば金鵄勲章の予約の徽章《きしよう》のようなものである。成績抜群の者に与え、当然功績上申のときは、金鵄受章適確者として書類が提出されるのである。歴戦の強兵M曹長は、この武功章が欲しくてたまらなかったが、あたり前の戦闘をやっていたのでは、抜群――という戦果はあがらない。それで、自身の発案で乗馬隊を編成した。中共軍を足で追っていては、向うの方が身軽で早いからである。彼は乗馬隊の長となって部下を訓練し、あるとき中共兵七十名を巧みに包囲して、乗馬の機動力を駆ってこれを殲滅《せんめつ》してしまった。そうして文句なしに武功章をもらってしまったのである。

しかし、ここまではよかったのだが、その後分屯地の長となったとき、武功章を貰《もら》っている、という嬉《うれ》しさで連夜痛飲、ある晩、泥酔《でいすい》してトーチカの上で眠っていると、そのとき分屯地に中共兵が侵入してきて、分屯地は全滅した。M曹長は泥酔のため身体が利《き》かず、気のついたときは中共軍は退散していた。M曹長がひとりだけ生残ったのだが、中共兵はM曹長を、トーチカの上で戦死しているものと誤認して、放置して行ったのである。

功績への執着、とくに一番乗りの意識は、その背面に、昂揚《こうよう》された民族意識の存在することは認めねばならない。この功罪は、論者それぞれによって評価の差はあると思われるが、昂揚しない民族意識では、戦争間はともかく、平時においても、力強く建設的な営みはできないのではあるまいか。

（日本は敗戦したため、昭和十五年五月以降の功績についても、殊勲甲乙も金鵄勲章もなくなってしまった。しかし定例によって軍から上申されている功績名簿に基き、発令済の叙勲については、戦歿者《せんぼつしゃ》叙勲の完了する昭和四十六年以降に、漸次生存者にも及んでゆくことになっている。）

金鵄勲章とは別な意味で、部隊や個人の栄誉・功績につながるものに「感状」や「表彰状」がある。このうち感状は、武功抜群の部隊や個人に与えられるもので「陸海軍感状授与規程」によって出されるものである。軍司令官、独立師団長、司令長官、独立司令官、その他大本営直属の団隊長がこれを授与する。「感状」「表彰状」（賞詞）ともに、金鵄勲章へいたる道である。

(三) 戦場の裏面

人間の集団が、死生を賭《か》けて動いている戦場——それが極限の場であるだけに、暗い、悲惨な問題が生れることもまた多い。理想的にのみ、戦争が遂行されるわけはない。ことに満洲事変以後の戦争は、軍閥の強権によって戦火の拡大した観もあるから、さまざまにひずみの生じたことも当然である。軍隊上層部の反目や勢力争いから、兵隊間のいざこざまで数えるときりはないが、ここでは二、三の事例をたよりに、軍隊や兵隊の感情の、暗い面をさぐってみたいと思う。

〔兵隊の暴動——館陶《かんとう》事件の真相〕

昭和十七年十二月二十七日に山東省館陶県にあった第五十九師団独歩第四十二大隊第五中隊から、他師団への転属者が数名出た。もちろん成績のいい有能な兵員を、部隊が手離すわけがない。平時、厄介者として持て余されている連中が、そうした機会に追っ払われるわけである。

転属命令を受けた塙《はなわ》、向黒《こうぐろ》の二上等兵、草柳一等兵など六名は、その夜兵室でヤケ酒を飲んだ。次から次と追われる渡り鳥の鬱憤《うっぷん》を語り合っているうちに、深酒の昂奮も手伝って中隊長や幹部に思い知らせてやろうという気分がたかまった。翌日形式的な送別会や訓示があったが、かれらは面白くない。中隊長が、兵隊には飲酒を厳禁しているのに、自分は取巻連中と毎晩飲んでいる、糧秣《りょうまつ》も加給品も幹部だけが優先的にいいものをとる、といったことがかれらの憤懣《ふんまん》の種である。

翌日の十時が出発時刻だったが、かれらは出発の気配がなく、日下《くさか》曹長が督促に行ったが、それを機に暴動が起った。塙上等兵を先頭とする転属者たちは、それぞれ武装して、まず衛兵所に赴いて発砲し、つづいて中隊事務室、中隊長室、将校室と手当り次第に襲っては発砲した。乱行の限りをつくすこと三時間。中隊長福田中尉をはじめ、中隊幹部は城門をとび出して近くの分屯隊へ逃げ、そこから邱《きゆう》県に駐屯していた同大隊の鹿野隊に〝館陶第五中隊に暴動勃発《ぼつぱつ》す。至急救援頼む〟と打電した。

この連絡電報は、鹿野隊からさらに大隊本部へ廻ったが、このとき電文が軍の監督無線に傍受されてしまったのである。これがもとで、この一駐屯地の暴動が〝皇軍未《み》曾《ぞう》有の大事件〟としてうかびあがってくることになった。——以上が一般に知られた〝館陶事件〟の概要である。

しかし、この程度の事件は、相似たものがいくらもあったのである。ただ〝館陶事件〟は直接軍上層部に洩《も》れたため騒ぎが大きくなったのであり、軍容の刷新を図ろうとしていた矢先であったため、重大視されたのである。

この暴動事件は、皇軍の威信にかかわる大事件として軍部を聳動《しようどう》させ、そのため内地から参謀級の高官が何名も、司令部のあった済南へ来ている。司令部でも対策に苦慮したが、このとき作戦参謀折田（貞重）中佐だけが、反乱兵の立場を擁護している。

折田中佐はつぎの如き見解をもっていた。

第一に、これは兵隊が酔って暴れただけで、犠牲者が出たわけでもなく、大したことではない。計画的な反乱でも暴動でもない。責任を追及するとすれば、最後には軍全般の教育方針にまでさかのぼらねばならなくなる。暴動を起した兵は、酔いがさめると皆正気にもどり、首謀者の塙は前非を悔いて毎日軍人勅諭を読んでいる。この塙というのは酒乱で、酔うと自己を喪失し、酔中に行ったことはあとで思い出さない。酒乱の家系があり父も祖父も酒で非業《ひごう》な死を遂げている。とすれば塙も精神障害者とみなすべきであり、戦力になりさえすればだれでも兵隊にしてしまうという、軍の組織にこそ、むしろ咎《とが》められるべき盲点があるのではないか。また、中隊長の福田中尉にしても、これは事務経理には才があるが、殺伐な兵隊を統率してゆけるような能力は全くない。階級が中尉なら、だれでも中隊長がつとまる、と単純に考えることにも、また軍の組織の盲点がある。おかげで福田中尉は、統率の方法のわからぬまま、周辺幹部にとり入られ、結局は兵隊を反抗させることになったのである。

右の、折田中佐の考えは、筋の通った論理であったが、それが通用するような軍隊ではなかった。軍法会議の結果、塙、向黒は死刑、草柳は無期、その他の者は禁錮《きんこ》刑となった。中隊幹部には形式的にごく軽い刑がいい渡されただけである。しかし福田中尉は責任をとって拳銃《けんじゅう》で自決し、大隊長、連隊長、師団長も更迭《こうてつ》になった。しかし折田参謀だけは、大佐に進級して、参謀長を拝命している。

★秘められた反乱事件――南官村事件★

館陶事件とは逆なケースとして、中隊長の横暴に悩まされたものに、済南の南、南官村での事件がある。むろんこの事件は、この中隊だけのものとして片付いている。

南官村には「至誠兵団」(独立歩兵部隊)の一個中隊が駐屯していた。中隊長の山田大尉は性病のため済南の陸軍病院へ強制入院させられていた。彼は軍隊史上稀《まれ》にみる最悪の中隊長で、部落民を迫害し、部下をいじめ、戦闘に出ると(戦闘は強かったが)女をみれば強姦《ごうかん》した。悪質の性病にかかったのはその報いだが、不死身の彼は、おとなしく入院などしていられず、病院をとび出して中隊へもどってきた。それが昭和二十年の六月である。

中隊全員は驚愕《きょうがく》し戦慄《せんりつ》した。権力を持つ兇暴《きょうぼう》な獣と暮すようなもので、翌日から際限もない暴威がふるわれだした。中隊全員は全く方途に窮し、遂に、中隊長を望楼の城壁から墜落させ、事故死として処理するほかない結論を引き出した。中隊長はすでに発狂状態だったのである。

この計画の中心者は右翼の清野少尉、古参の芦沢准尉《じゅんい》などだったが、一兵残らず合意したのは、このままだと一人の中隊長のために、中隊全員の生活が根底から崩される危険を覚えたからであろう。もちろん計画の実施には全員協力した。その日、荒れ出した中隊長に、清野少尉は「本日より中隊の指揮は自分がとる。中隊の総意により、山田大尉は処断される」と宣言し、着剣した兵らは、中隊長を望楼の城壁上に押し上げた。兵隊たちが中隊長を城壁から突き落そうとすると、中隊長はおびえて絶叫し、しきりに哀願した。遂に芦沢准尉が、自己の全責任において、中隊長を許してくれるよう兵員全体に頼み、ようやく事無きを得た。

爾来《じらい》、終戦までのわずかの間、山田大尉は形だけの中隊長として、指揮は清野少尉に任せ、中隊総員の監視の下に暮した。この事件は、それとなく部隊長の耳にもとどいたが、なんらの咎めもなかった。軍法上はあきらかに上官暴行、叛乱《はんらん》でありながらも、そうせねばならなかった事情はだれにもわかっていたからである。

ただ感心すべきことは、中隊長がおとなしくなったあと、中隊全員は申し合せをして、内地帰還の時は笑って別れよう、たとえいかなる中隊長であっても、共に暮した間柄ではないか——と、過去には触れようとしなかったことである。むしろこれによって、中隊長を除く、全員の団結が確認されたことに、感動と喜びを感じ合ったのである。

★前科者の兵隊★

六カ月以上服役した者は、軍務に召集されないことになっているが、強盗、放火等で前科八犯の経歴をもつ男が召集された例がある。これを受けたのは浙江《せっこう》省杭州にあった独歩第一〇四大隊の矢部隊で、内地へ兵員の受領に行った者が、手を焼いて連れて来た。駐留地へ来ても、酒は飲むし、態度は悪いし、人事担当の准尉が叱責《しっせき》すると、これを逆恨みする。遂には中国女性に暴行をして重営倉に入れられたが、脱走した揚句、うるさく意見をした准尉を撃った。それで軍法会議に廻され、南京《ナンキン》の衛戍《えいじゅ》監獄に入れられている。

ところが監獄からも脱走し、監獄でも手を焼いているらしく、中隊長である矢部輝夫大尉の許《もと》へ報告が来た。責任上、矢部大尉は南京へ急行した。前科兵は、城壁からとび下りたので必ず足をくじいている、と監獄側ではいったが、捜索の結果空屋に隠れているのを発見した。

このとき矢部大尉は、誠実をつくして懇々と説諭すると、相手はあきらかに改悛《かいしゅん》の情を示したので「中隊へ連れ戻したい」と頼むと、所長は余程もて余していたらしく喜んで許可した。厄介払いのつもりだったのだろう。

駐屯地へ来て、すぐ作戦があった。矢部大尉は、分隊長にいいふくめて、逃げても向って来ても撃て、と命じたが、彼は実によく戦い、分隊長は「あれはいちばん頼りになる兵隊だ」と報告している。

この兵隊が、改悛の情を示し、中隊へ帰ることを希望したのは、実は古兵の戦友がひとりだけいて、それに会いたかったためらしい。彼は分隊長の期待通り、その後も、討伐や作戦に先に立って戦い、そのうちに戦死した。

この兵隊の場合、救いは戦うことと戦死することにあったのかもわからない。軍隊で、兵隊がいちばん寂寞《せきばく》を感じるのは、仲間から疎外《そがい》されることである。上部からの弾圧はさして問題でない。しかし同僚間の連帯を外れると、自身の生きる基盤が失われるのである。さきに記した館陶事件の転属兵は、従って、きわめて救いのない感情がその内部にあり、そのために錯乱したのであろう。兵隊の安息は兵隊の間にしかないのである。

〔インパール作戦——サンジャックの謎《なぞ》〕

インパール作戦については多くの記録があるが、そのすべて（といっていいかしれない）は「烈兵団」（第三十一師団）の記録である。これは烈がもっとも劇的な行動をしているからであろう。

インパール作戦は烈のほか「祭」（第十五師団）「弓」（第三十三師団）を主力として決行され、悲惨な結末を招いたものである。このうち弓はともかくとして、祭は、烈の独断撤退後、前線に孤立し、上記三個師団中もっとも多くの損害を得て敗退した。祭は菊や竜を含めたビルマ派遣部隊中、あるいはもっとも地味な戦闘行動に終始した兵団であるかもしれない。

インパール作戦においては、祭は烈に無断撤退され、さまざまに損な目をみているが、そのなかで祭が、どうしても不服とする事実のうちの一つが、この「サンジャックの謎」である。詳細を記す遑《いとま》はないが、祭の立場を考えるために、サンジャックの戦闘に触れてみたい。

インパール戦開始とともに、烈も祭も、チンドウィン河を渡河して進撃したが、烈兵団宮崎支隊は、ウクルルからマラムを経て、コヒマを攻略した。祭兵団の松村部隊（歩兵第六十連隊基幹・第一大隊欠）は、宮崎支隊より南、ナンカンを発し、フミネ、サンジャックを経て、インパール北方へ進出している。つまり、サンジャックは祭の松村部隊の通るコースであって、宮崎支隊の通るコースではない。しかるに宮崎支隊は、ウクルルまで達したとき、いかなる理由かわざわざ南下して、サンジャックを攻撃している。このため宮崎支隊は五日間をサンジャックの戦闘に費し、それによってコヒマ攻略時に若干作戦に齟齬《そご》を来《きた》している。英印軍第二師団の一部がコヒマに到着するのが、それだけ早くなったからである。

烈を紹介する戦記は、すべて、宮崎支隊が独力攻撃によって、サンジャックを占領した、と記し、祭の松村部隊については触れていない。では、松村部隊はサンジャックではなんらの戦闘もせず、インパールへ向ったのであろうか。

事実を述べると、宮崎支隊がサンジャックに達したのは昭和十九年三月二十二日の夕刻であり、松村部隊は一日遅れて二十三日の早朝に到達した。このとき松村部隊は、コースの違う宮崎支隊が北からサンジャックを攻撃しているのに驚いたが、直ちに連隊砲、配属野砲を展開させ、その支援火力の下に攻撃前進を開始した。同時に内堀大隊を以て、南側より攻撃させた。これによってサンジャックの敵は、北は宮崎支隊、東は松村部隊、南は内堀大隊に攻められ、包囲下に苦戦し、飲料水まで空輸を受けたが二十六日に退却している。烈も祭も同時に二十六日の夜明けにサンジャックへ突入したのである。内堀大隊は敗退する敵百名を捕虜にしている。

祭がサンジャック攻撃に移るときに、烈との間に奇妙な交渉があった。祭の連隊副官斎能大尉が宮崎支隊に連絡したとき「祭は攻撃を差控えてもらいたい」という申し入れが来ている。また第十中隊の浅井中尉が二十五日に突撃連携の電話を入れると、宮崎少将自ら電話に出て「武士の情を知らぬ奴《やつ》だ、祭は手を引け」とどなられている。この浅井中隊と隣接して展開していた烈の一中隊は、二十二日以来の戦闘で消耗し、

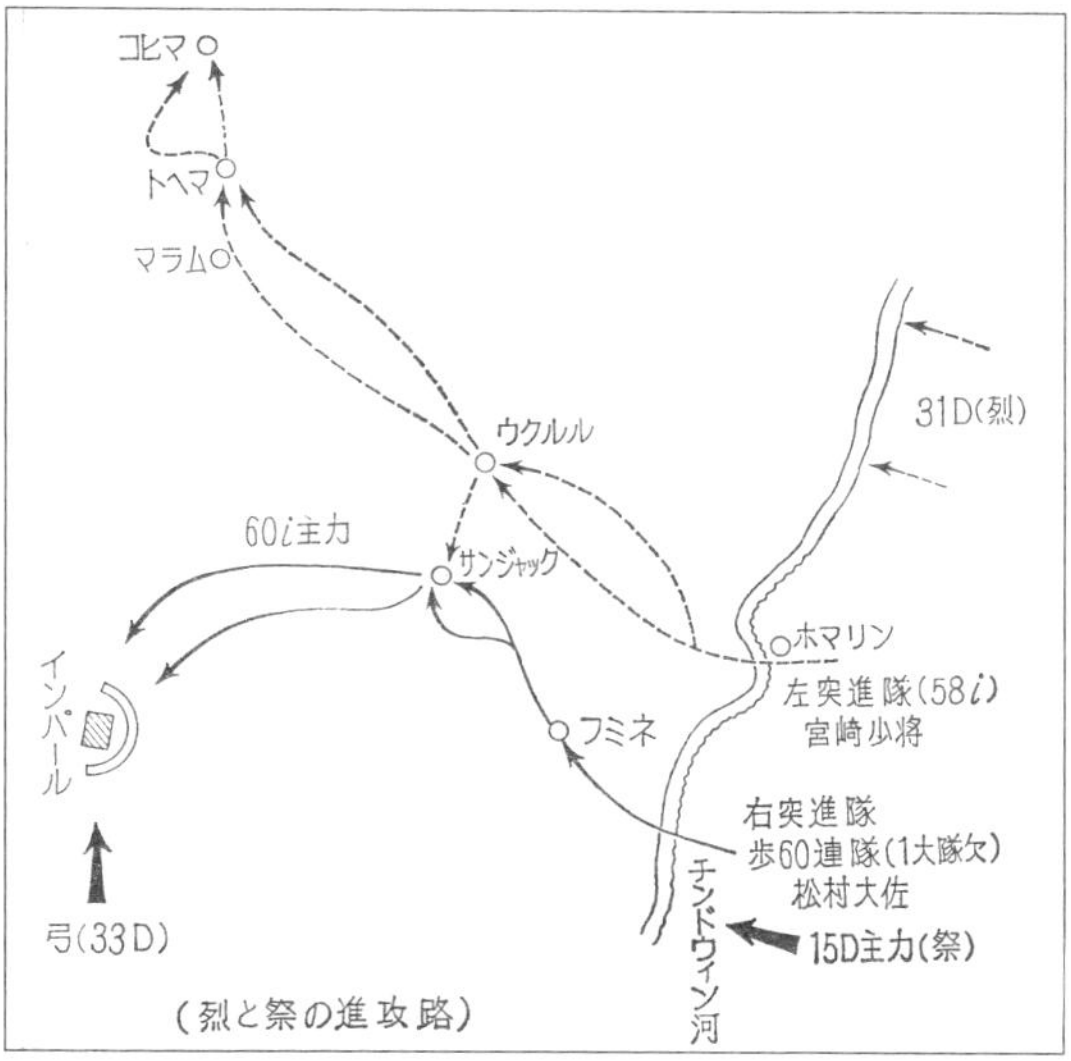

(烈と祭の進攻路)

糧秣《りょうまつ》もなく、攻撃にも支障を来していた。それで浅井中尉が、乏しい食糧をあつめ、握り飯をこしらえて配給してやっている。

右の諸事情を通算したあとに、祭はつぎの如き疑問を、烈兵団及び多くの戦記書に向けて発している。

1　宮崎少将がウクルルより北上すべきを、コヒマの戦機を逸する二日遅れの原因とさえなったサンジャックでの五日間のため、全力で南下したのはなぜか。

2　サンジャック戦で祭の協同攻撃に

対し、戦後、宮崎少将自身が「松村連隊長は何か感違いしているのではないか」といわれている真意はなにか。あくまで独力攻撃であったことを主唱し、固執し、あえて祭を黙殺する言動が解《げ》せない。

但《ただ》し祭は、もし祭が独力でサンジャックを攻撃したとすれば、少なくも五日間を要し、かつ多大の犠牲を払ったろう。宮崎支隊にサンジャックを先攻してもらったことは僥倖《ぎようこう》であった——と率直に認めている（以上、竹ノ谷秋男「ビルマに関する戦記文学をめぐる問題と戦場における人間性について」〈現代史研究会資料〉に拠《よ》る）。

右は、戦闘行動における微妙な事情であるが、この謎は、しばらく考えれば、解けて来そうな謎である。

（四）兵隊——戦場の英雄たち

〔戦わせることと戦うこと〕

大東亜戦争を、明治生まれの軍人が、大正生まれの兵隊を駆り出して督励戦争させ、負けると、置いてけぼりにして、自分たちはどこかへかすんでしまった。その責任を追及してゆくと「天皇」——という、象徴とも抽象ともつかないふしぎな存在だけが漂い出す——という見方がある。

この、戦争が、戦わせるものと戦う者とに歴然と区分されはじめたのは、軍閥——軍国主義という強権が、政治につながり出してからだろう。弊風であることは明瞭《めいりよう》である。戦争の指導層は、民衆と断絶するとともに、兵隊そのものとさえ断絶してしまっていたかもしれない。

兵隊はしかし、こういう時代の悲劇性のなかで、ひとりひとりが英雄的に、いじらしく懸命に戦ったのである。そうして「強い日本兵」という評価、また「強い日本兵と戦って勝った」という誇りを、連合軍諸国の兵士たちに抱かせることとなった。そのくせ自国の民衆からは「敗《ま》けて帰った軍閥兵隊」というヒステリックな指弾を浴びて、爾来兵隊たちは自分らの仲間、相通ずる世代としか、ほんとうの言葉を語らなくなった。

ところで兵隊たち、厳密にいえば、一部の下級将校と下士官、兵は、なにをたよりに善戦善闘したのだろうか。それはやはり前にもいったように「お国のため」である。この、解けばどこまでも解いてゆける、含蓄とニュアンスに富んだ言葉こそ、兵隊をふしぎに酔わせる、魔法の呪文《じゆもん》のようなものであったのかもわからない。日蓮宗のお題目と同じなのだ。兵隊感情の悲喜こもごも、あらゆるものが、この言葉のなかに焚《た》きこめられている。

昭和十九年の九月、温州作戦のとき、独歩第一〇四大隊矢部隊（矢部輝夫中尉）が、温州東方の灰橋という部落を攻撃するとき、部落はクリークに囲まれ、橋には厳重な鹿砦《ろくさい》が組んであった。これを突破するために、兵三名が挺身《ていしん》し、仕掛けた手榴弾で死んでいる。つづいて三名出たがまたやられている。さらに伍長《ごちょう》を先頭に六名が出たが、またやられている。その次は一列になって全員突っ込んで部落を占領した。

これは、小さい作戦の、小さい部分の戦闘である。事変当初なら美談としていかなる賞讃《しょうさん》を浴びてもふしぎでない兵員の英雄的行動といえる。しかも隊長が命令を出したわけではなく、兵員自らが交代に志願して出て、この突撃路を拓《ひら》こうとしているのである。

これは一例だが、こうした爆弾三勇士的な兵隊によって、ともかく戦争という、苦しい時間が支えられて来たことだけは事実である。命令を出す側でなく、出された命令を実践してゆく側の「お国のため」に戦ってゆく姿なのである。兵隊は、一将を育てるために枯れてゆく万骨ではなく、それぞれが英雄であったという見方をしなければならない。

軍隊が、軍隊以外の社会にある人を「地方人」という呼び方をしはじめたとき（この閉鎖性が逆に軍隊を不幸にした）軍隊を、一つの特種社会としてみる考え方が兆《きざ》してきた。そうしてそれは、一般民衆との溝《みぞ》を次第にひろげ、兵隊は、軍隊所属の兵隊という立場に置かれ、天皇の兵隊というみごとな大義名分に飾られて、民衆のためではなく、一つの特権社会のために働き戦わされる、という組織にはめ込まれた。日本の軍隊、兵隊の歴史は、そうして築かれ、そのために、滅ぶのである。しかも、もっとも不遇な形で滅んだ、というべきかもしれない。大東亜戦争だけをみても、これだけよく戦い、これだけ出血し、しかもこれだけ報いられなかった兵隊の姿は、おそらく世界史にもその例をみないかもしれない。

〔愚書「戦陣訓」〕

「戦陣訓」は昭和十六年一月八日に公布されている。つまり昭和十六年一月以降軍務にあった兵隊には、この小冊子が配布されるか、乃至《ないし》これについて担当将校の訓話を受けたはずである。

「戦陣訓」ができたとき、これに反対する動きも多かったのは、かえって弛緩《しかん》している軍紀を証明するような逆効果になるのではないか、という心配からである。

筆者はこの「戦陣訓」を、昭和十八年に中支の戦場で貰《もら》ったが、その小冊子の巻末には「戦陣訓」作製に協力乃至相談にあずかった名士たちの名が、ズラリと付されていたと記憶する。筆者はこの小冊子を一読したあと、腹が立ったので、これをこなごなに破り、足で踏みつけた。いうも愚かな督戦文書としか受けとれなかったからである。

「戦陣訓」は、きわめて内容空疎《くうそ》、概念的で、しかも悪文である。自分は高みの見物をしていて、戦っている者をより以上戦わせてやろうとする意識だけが根幹にあり、それまでの十年、あるいはそれ以上、辛酸と出血を重ねてきた兵隊への正しい評価も同情も片末もない。同情までは不要として、理解がない。それに同項目における大袈《おおげ》裟《さ》をきわめた表現は、少し心ある者だったら汗顔するほどである。筆者が戦場で「戦陣訓」を抛《ほう》ったのは、実に激しい羞恥《しゅうち》に堪えなかったからである。このようなバカげた小冊子を、得々と兵員に配布する、そうした指導者の命令で戦っているのか、という救いのない暗澹《あんたん》たる心情を覚えたからである。

「戦陣訓」にくらべると、明治十五年発布の「軍人勅諭」は荘重なリズムをもつ文体で、内部に純粋な国家意識が流れているし、軍隊を離れて、一種の叙事詩的な文学性をさえ感じるのである。興隆してゆく民族や軍隊の反映が「軍人勅諭」にはある。「戦陣訓」を「軍人勅諭」と比較することは酷であるにしても「戦陣訓」にはなんら灌漑《かんがい》している精神性がなく、いたずらに兵隊に押しつける箇条書が羅列してあるだけである。およそ考えられるかぎりのあらゆる制約条項を、いったい生身の兵隊が守れるとでも思ったのであろうか。ともかく「戦陣訓」には耗弱《こうじゃく》した軍の組織の反映があり、聡明《そうめい》なる兵隊はそれを読んだ時点で、すでに兵隊そのものの危機を予感したかもしれない。雲南省で、重慶軍が竜兵団と戦っているとき、蔣《しょう》総統が麾《き》下《か》兵員に与えた訓示には、真率な人間的情熱が窺《うかが》えるが、すでに「戦陣訓」には、人間的なものは何ものも失われていたのである。愚書というよりほか、批判の下しようはないのである。

そうしてこのような愚劣な督戦にかかわらず、なお健闘を尽くした兵隊の衷情を、なんと解せばよいのかわからない。

〔終戦後の軍隊〕

日本陸軍の歴史は、昭和二十年八月十五日を以て終りを告げるが、その後においても、復員完了までの間、軍隊という形は存在していた。外地遠征軍は、それぞれの場で、武装を解除され、抑留所に入れられ、労役に従い、一部は戦争犯罪者としての責任を問われ、そうして復員船で内地へ帰還する日を待ったのである。

軍隊が、運隊、と呼ばれた、その運不運は、終戦後にも兵隊たちを支配した。内地軍はともかくとして、外地軍は、かれらの置かれた場で、千差万別の待遇を受けることになったからである。ただ一貫していたことは、かれらが俘虜《ふりょ》――という立場に置かれた、ということである。

このうち、中国大陸の、海岸線に近い地域にいた部隊は、比較的早く収容所に着き、復員の順序も早かった。奥地の部隊ほど、長い辛酸をなめたことは当然である。戦争末期の作戦等で湖南省や広西省にまで赴いていた部隊は、現地から上海《シャンハイ》辺までたどりつくのも容易ではなかった。戦い疲れていた上に補給はなく、かつ傷病兵を収容しながらの撤退間、すでに敗兵であるから、一般中国人民衆からの蔑視《べっし》、ときには迫害も受けねばならなかった。

日本陸軍各部隊の、終戦後における姿の一端を、その明暗こもごもの在り方を、戦記や生き残りの話から、断片的にだが拾ってみることにしよう。かすかながらも、敗戦後の軍隊の実態を知る、手がかりぐらいにはなるかもしれない、と思うからである。

歩兵第二百三十六連隊(第四十師団)が、奥地から、武装したままで安徽《あんき》省無為県まで来たとき、新四軍(共産軍)の大部隊と出遭った。弱小部隊は、共産軍によって強制的に武装解除をされるケースが多かったが、この場合は大部隊なので、そんなこともなく、逆に部隊の幹部は、新四軍の政治委員の招きで一夜御馳走《ごちそう》をされている。

ところがその宴会の席が終ってみると、日本軍幹部の拳銃《けんじゅう》・軍刀・双眼鏡などが何者かに盗まれていた。こちらは敗兵であるから本来は泣寝入りをすべきかもしれないが、日本軍側ではあえて抗議をした。すると向うの政治委員は、必ず取り戻すから、と約束して日本側を返した。そのとき委員は「われわれはいずれ協同して白人と戦う日が来るであろう。その時のために御加餐《かさん》を乞《こ》う」といっている。翌朝、日本軍は、眼がさめてみると、周囲の新四軍大部隊が潮の干くように一兵残らず消え失《う》せているのをみて驚いた。むろん、盗まれた兵器等もそのままになった、と日本軍幹部はひそかに新四軍の不道徳を怒ったが、ところがしばらくすると農民の一団がやって来て、新四軍委員に頼まれた、といって、盗まれた品物一つ残らずを差出している。共産軍の軍紀というものは、敵に対しても民衆に対しても、終始変るところがなかったのである。

この部隊は南京で、米軍の指揮下で飛行場整備の労役に就いたが、米軍は日本軍将校を夜毎《よごと》馳走してこういった。「われわれは監督側の中国を相手にしない。直接日本軍を信ずる。君らは南方で実によく戦った。勝敗の問題ではない。その点我々は中国軍を相手にできぬのだ」――と、これは日本軍への正当な評価である。

部隊は南京から上海へ貨車で輸送されることになったが、停車する駅毎に中国軍管理者に賄賂《わいろ》を与えねば、貨車を発進させてくれなかった（これはどの部隊も、どの鉄道線も同じである)。その上、各駅では、貨車に群がり寄ってくる一般民衆の掠奪《りゃくだつ》を防がねばならなかった。もっとも治安のよい南京では、民衆は日本軍にこういった。「雲南や四川の中国兵は言葉も通ぜず、しかも甚だ程度が悪い(強兵だが山中で戦争ばかりしていたからである)。それにくらべると日本軍の方がはるかによい」――と。

この民衆の掠奪の話だが、南京の憲兵学校に在隊していた一隊が、卒業直前に終戦になり、やはり貨車で上海へ向った。むろん各停車駅で監督者の機嫌をとりつつである。ところが上海へ着いたと同時に、五分後に貨車を引返す、という示達が来た。それであわてて糧秣《りょうまつ》類を下ろしはじめたが三分の一下ろしたときに貨車は発車してしまった。これは巧みな掠奪である。ところが災難はこの後にきた。駅前に積みあげた糧秣のぐるりには、いつのまにか刀や棍棒《こんぼう》を持った民衆が雲集して来ている。かれらと戦えば戦犯となるし、戦わねば掠奪しつくされる。そこから百メートルほど先に第十三軍の司令部があった。ここまで荷を運び込めば助かるのだが、運びかけると駈《か》けよってきた民衆が麻袋を切る、米がこぼれる、みるまにそれは奪い去られる、という始末になる。仕方がないので中央に荷をまとめ、一隊はその荷を円形に囲み、しかも民衆には背を向けた。戦わぬための意思表示である。するとそのとき群衆の中からみごとな日本語を使う中国兵が一人出て来て、積荷の山に駈けのぼると一隊を見渡し「分隊長は前へ出て来い。徐州の仇討をしてやる」と息まいた。彼はたぶん徐州戦で痛い目に遭ったのだろう。憲兵隊は四個分隊を編成していたが、そのうちの一分隊長の大尉が、同じく荷物の上に駈けのぼると、中国兵に向って「よし、おれが相手になってやる。ほかにも文句のある奴はひとりずつ出て来い」といって中国兵を突きとばした。一隊を引率していた将校がこのとき「責任はおれがもつ。応戦しろ」といったので、一同はその場にあった薪《まき》を拾って群衆に対して身構えた。その気勢に呑《の》まれて群衆は遠のき、一隊はその隙《すき》に司令部に荷を運び込んでいる。

中国各地の部隊は、ほぼこうした事例に似た状態で、心身ともに苦労を重ねて、集結地に向ったのである。しかし長年にわたって中国各地を踏み荒したにしては、中国人の日本軍に対する在り方は、大局的にはやはりきわめて寛容であったといわなければならない（日本軍にもっとも反感を示したのは、フィリッピンの民衆である）。

中国各地の部隊でも、敗戦後、順調に復員コースをたどれない非運にさらされたものもあった。たとえば中共軍と交戦していた地区では、中共軍が武装解除を要求してきても、それに応じることができない。武装解除は蔣介石軍によって行われるべきもの、という軍命令があるからである。ここで当然中共軍とは摩擦が生じるし、山東省にあった独混五旅などは、八月十五日を期して、従来よりもいっそう苛烈《かれつ》な対中共戦が各所で展開されている。

また、第七十師団のように、蔣軍の依頼を受けて、わざわざ中共軍討伐に北上した部隊もあり、山西省では山西軍（閻錫山《えんしやくざん》軍）に合流して新部隊を結成したりしている（独歩第十四旅、独混三旅など）。かれらはのちに山西省省防軍となり、完全に国民党軍の一員となって、中共軍と戦った末、もう一度中共軍に敗戦することになる。

満洲国を守備していた関東軍七十万は、終戦直前に越境侵入したソ連軍に各所で蹂《じゅう》躙《りん》され（一部屈しなかった陣地もあるが）、結局はソ連の俘虜となって強制労働をさせられ、その上徹底的に洗脳教育をされて、他地区部隊とは全く違った、精神的な苦痛をも嘗《な》めさせられることになった。終戦直前に満洲守備に廻された第五十九師団、第三十九師団などは、わざわざソ連に抑留されるために出向いたようなもので、中国本土で歴戦していただけに、もっとも不運な部隊といわなければならない。

ソ連に抑留された兵隊とは別な意味で、イギリス軍の俘虜になった日本兵は、イギリス兵やイギリス人、とくに売笑婦のような女に対してまで、犬や猫なみの蔑視を向けられたことが報告されている（会田雄次『アーロン収容所』）。つまり全然人間としては見てくれなかったわけである。もっとも戦争の勝者敗者の区分は、古来から相似たものだったのだ。敗者に残された道は、耐えて、自らを再建するしかない（本論を外れる解説かもしれないが、イギリスの日本そのものに対する反感と蔑視は、その後の二十年、日本のめざましい復興と経済力の伸張によって、根本的な是正が行われた、といわれる)。

東南アジアでも、スマトラに駐留していた近衛《このえ》第二師団は、連合軍がこの島を全く黙殺して進攻したため、終戦まで無傷で取残され、南方諸域ではもっとも恵まれた条件で復員することができた。戦闘しようにも、敵が上陸して来ないのでは、どう仕様もなかったのである。

タイや仏印(ベトナム)に駐留していた部隊も、苛酷な待遇は受けなかった。一方的な戦犯容疑をきせられて、なかには不当にいのちを落した者もあるが、ほとんどの兵員は、一般民衆から、どちらかといえば好意と同情の眼で見送られて復員した。

ラオスでは、民衆は、勝った英仏軍よりも日本軍に味方していて、英仏軍人は単独では町中を歩けず、日本兵を護衛にして歩いたが、これは一種の奇現象である。英軍は日本兵に対する扱いは厳しかったが、将校に関してはこれを優遇した。イギリスの兵制と同じような形で、日本軍の将校も、貴族かそれに類する階層からの出身、と考えたからかもしれない。この考え方が正当であるか滑稽《こっけい》であるかは、優遇された将校自身の判断に俟《ま》つよりほかはない。ラオスには終戦とともに、中国の雲南軍も入って来たが、雲南兵はシラミだらけだったので、英軍はこれを嫌い、徹底的に消毒させた揚句、かれらに日本兵の軍服を支給して着せてしまった。かれらはじきに中国に引き揚げたが、日本兵の服装のまま、日本兵に手をあげて挨拶《あいさつ》しながら発《た》って行ったという。

南方でも、ニューギニアにあった部隊（第二十、四十一、五十一、三十五、三十六等の各師団）は、文字通り刀折れ矢尽きて敗戦した。このニューギニアと硫黄島などの玉砕孤島、及び沖縄の生存者は、多く、戦争についての記憶を語りたがらないといわれる。もってその傷痕《きずあと》と、痛痕《つうこん》の深さを知るべきである。戦後、ニューギニアのビアク島へ商船大学の遠洋航海を利用して遺骨収集団が向ったが、守備兵は白骨のままなお洞穴陣地の守備についていた。しかし遺骨にはみな頭蓋骨《ずがいこつ》がなかった。米兵が戦勝記念の装飾品として持ち去ったのである。ビアク島を守備した歩兵第二百二十二連隊（葛目大佐指揮）は、日本の戦史はむろん米軍の戦史にも大書された勇戦をしているのである。この米軍の所業は、敵屍《てきし》といえど必ずこれを埋葬した、中共軍の戦いの道義と、比較して考えておく必要はあるようである。

——ともかく、いかなる土地、いかなる状況下で八月十五日を迎えたにせよ、敗戦は敗戦である。兵隊たちは自身の歴史を深く自らの裡《うち》に秘め、流浪《るろう》し、俘虜の辛酸を嘗めて故国に帰ったが、かれらがその後、武器なき戦いをどのように戦って来たか、現在もなおどのように戦いつつあるかは、かれらのひとりひとりの胸にきいてみるよりほかはない。そして、もし真に平和を語るとすれば、かれらこそもっともよくその価値を知るものといわなければならない。

あとがき

この一冊では、陸軍の、兵隊の生活史を中心にまとめた。戦中派の横の連絡のほかに、兵営や戦場生活を、一般の方々にもわかっていただきたいため、記述は公平と正確を期した。なにぶん一冊分の内容では不備はまぬがれないし、割愛した多くの項目に、執筆後も未練は消えなかったが、読者諸賢の御叱正《しっせい》御教示を俟《ま》って、また次の機にその不備は補いたいと思う。この本では、一応一冊分の、内容体裁を整えたかったのである。

文中にもその都度記したが、お世話になった参考資料のうち主要なものを次に記させていただく。

「日本軍事史実話」(松下芳男・土屋書店)
「日本軍事史叢話」(同右)
「帝国陸軍史」(田辺元二郎・帝国軍友会)
「ノモンハン美談録」(忠霊顕彰会編)

「満洲事変忠勇美譚」（教育総監部編）
「ある老兵の手記」（藤村俊太郎・人物往来社）
「明治の軍隊」（松下芳男・至文堂）
「近代の戦争〈各巻〉」（人物往来社）
「軍隊内務班　ペン画の陸軍」（太田天橋・東都書房）
「昔なつかし兵隊さん物語」（相原ツネオ・同刊行会）
「生蕃《せいばん》討伐回顧録」（落合泰蔵）
「西伯利出征私史」（西川中将・偕行社）
「西伯利亜出征ユフタ実戦記」（山崎千代五郎）
「熊本兵団戦史」（熊本日日新聞社）
「郷土部隊戦記」（杉江勇）
「竜兵団」（長尾唯一・風土舎）
「槍《やり》部隊史〈資料〉」（同編纂《へんさん》会）
「歩兵第十八聯隊史」（兵東政夫・同刊行会）
「征台始末」（遠藤永吉・江湖堂）
「郷土兵団物語」（松本政治・岩手日報社）
「支那辺区の研究」（草野文男・国民社）
「広島師団の歩み」（村上哲夫・同出版委員会）

「5861会報」（佐々木但）
「対中共戦回想」（折田貞重）
「大東亜戦争全史」（服部卓四郎・鱒書房）
「ある中隊長の手記」（久米滋三）
「峰二部隊陣中史録」（渡辺武男・同刊行会）
「われら華中戦線を征く」（佐々木稔・戊申会）
「第六十三兵站《へいたん》病院追想記」（第六十三兵站病院史刊行委員会）
「わが南方回想記」（もえぎ編集委員会）

右は一部付録用資料も含んでいる。
また、直接取材については、左記の方々に、多大のお世話になった。

秋岡留治（倉敷市・元20D）
秋山　博（下関市・元70D）
荒牧又助（福岡・元70D）
麻生徹男（福岡・元軍医）
芦沢郁直（山梨・元1IBS）
桑島節郎（茨城・元5MBS）
肥沼　茂（東京・元8MBS）
島谷乙吉（福山・元70D）
清野道之（東京・元1IBS）
関　幸輔（東京・元13D）

飯田米秋（広島・元70Ｄ）
蒲田　登（東京・元北支憲兵隊）
塚口一雄（東京・元２ＧＤ）
寺田太千（大阪・元68Ｄ）
富田晃弘（福岡・元台湾第八七〇三部隊）
永瀬　隆（倉敷市・元憲兵隊通訳）

竹ノ谷秋男（東京・元15Ｄ）
田辺新之（東京・元70Ｄ）
橋本　栄（門司・元70Ｄ）
藤田　豊（防衛庁戦史室）
矢部輝夫（山口・元70Ｄ）
義村判事（厚生省援護局）

右の方々に深謝申し上げる次第です。

付録の「主要部隊一覧」は、秋山博氏の多年の研究の成果にもとづくもので、目下「槍部隊史」編集中の氏に無理にたのんでご迷惑をおかけした。恐縮と感謝の他ない。おかげでこの一覧表は、関心ある方々に、多大の便宜を得ていただけるのではないかと信じている。編集上の新機軸にも眼をとめていただきたい。

写真は「静岡連隊写真集」の著者柳田芙美緒氏の御協力を得、また毎日新聞社写真部から貴重資料多数の提供を受けた。麻生徹男氏の写真もめずらしいものであり、富田晃弘氏には氏の画集中から多大の挿絵提供を得た。見返しの軍歌演習の円形行進は戦中派には特に味わいが深いものであろう。以上の御厚意を頂いた各位に衷心より感謝の意を申しあげたい。また編集部の藤田舜司、内海隆一郎両氏に、なにかとお手数をおかけしたことをお詫《わ》びしたい。

昭和四十四年冬

※　右のあとがきにある柳田芙美緒氏の写真は、単行本では、巻頭に口絵写真として掲載されていましたが、編集上の都合により、文庫版および本書ではこれを割愛しています。また、単行本では見返しに掲載されていた富田晃弘氏の軍歌演習の絵は、本書の91頁に掲載しています。

付録

主要部隊一覧

——日支事変・太平洋戦争

一、日支事変期間に於ける師団等

〔師団〕

師団号	近衛（後に第二）	1
通称号	宮	玉
編成地・留守担任	東　京	東　京
時期	明治24年	明治21年
隷下歩兵連隊	近衛歩兵 3・東京 4・甲府 5・佐倉 （1・東京） （2・東京）	1・東京 49・甲府 57・佐倉 （3・東京）
主なる参加作戦・編成の事情等	14年師団の半部が桜田混旅として南支に出動　翁英・賓陽両作戦に活躍　特に南寧では危機に陥った5師団を救援　15年師団全力動員　北部次いで南部仏印進駐　開戦タイ進撃マレー機動作戦シンガポール攻略戦参加に武勲輝く　此時は1・2連隊を帰し3・4・5連隊の編合で後年の近衛第二師団の原型を整えていた　その後長くスマトラ島駐屯で経過し終戦	二・二六事件（11年）直後渡満　日支事変に際して混成第二旅団（関・本多両少将）が出動　後者ではチャハル作戦軍として張家口・大同を攻略等威名をあぐ　短期で引揚げ以来黒竜江岸で北鎮の重任に辛労　19年南方転用　時既に劣勢覆うべくもなくレイテ島の大攻防戦に死闘を繰返し国軍頭号師団の栄光を保持しつつ玉と散った
終戦時長	久野村桃代	片岡　薫
終戦地	メ　ダ　ン	セ　ブ　島

２	３	４
勇	幸	淀
仙　台	名古屋	大　阪
同	同	同
４・仙台 ２９・若松 １６・新発田 （３０・高田）	６・名古屋 ３４・静岡 ６８・岐阜 （１８・豊橋）	８・大阪 ３７・大阪 ６１・和歌山 （７０・篠山）
日支事変では一部を篠原支隊として派兵　本多兵団と功を競う　如越口・鉄角岑・原平・忻口鎮の堅塁を次次と奪取　太原攻略後満洲復帰１５年内地帰還まで東満第三軍予備　大戦ではジャワ攻略　ガ島ルンガ飛行場の夜襲は日露戦以来の伝統　那須少将以下の死闘は戦史に不滅　比島で再建の上戦雲急なるビルマへイラワジ・雲南に克く東北健児の勇名をあぐ精強師団	上海戦ではクリーク岸陣地を血闘奪取　倉永大佐以下死傷多し　南京追撃戦　武漢攻略では大別山麓の大迂回戦　東久邇第二軍の先鋒の栄　以来襄東・宜昌・長沙等の大小作戦　１７年の浙贛作戦等々　信陽を根城として悉く撃破殲滅　中支に誰知らぬなき古豪師団　大陸打通作戦では１１軍の根幹兵団として歴戦　九年間に亘り不敗の軍旗は終始中支原頭に翻える国軍の華	１２年関東軍へ　北満の山奥で精錬を加う　率いるは闘将山下奉文　１５年中支武漢地区へ進軍したが太平洋の波漸く高く間もなく大本営直属開戦待機　比島バターンの攻撃戦では従来の評を払拭する刮目すべき大奮戦に精鋭の列に入る　即ちサマット山頂の大激戦に多くの勇士斃るるも闘魂益々焔燃えコレヒドールに凱歌をあげた　その名もゆかりの淀兵団
馬奈木敬信	辰巳　栄一	木村松治郎
サイゴン	九　江	タ　イ

5	6	7
鯉	明	熊
広島	熊本	旭川
同	同	明治29年
１１・広島 ２１・浜田 ４２・山口 （４１・福山）	１３・熊本 ２３・都城 ４５・鹿児島 （４７・大分）	２６・旭川 ２７・旭川 ２８・旭川 （２５・札幌）
上陸専門で日本海兵師団的存在　平型関突破忻口鎮突撃に死傷七千将校姿無きは二〇三高地の再現　徐州・バイアス湾・広東・ノモンハン増援・南寧・マレー・新嘉坡と南北転戦暇なし敵前上陸では常に先陣の栄　南寧崑崙関・九塘へ蒋総統直接指揮の三十箇師は後年の先例を待たずの玉砕危機　マレー堅陣突破安藤連隊と英軍ブキテマの白旗とは世界戦史に遺る　老練師団	熊鎮の強さは田原坂以来　国軍屈指の精強師団　北支千軍台激戦　杭州湾上陸南京占領　田家鎮激戦の猛将は牛島満旅団長　漢口一番乗は佐野虎連隊（都城）　南岳州の陣営久しく洞庭湖の月明に再度長沙を衝く　九州は尚武の国鬼よりこわい清正師団　劣報櫛ひくガ島方面への転戦も飛車出し惜しみの感あり　神風連いわくの軍旗焼却はブーゲンビルの森の中	１３年関東軍へ　翌年のノモンハンでは初め森田少将率いる一部出動　次に国崎中将の全力加入　此間特に須見２６連隊は２３師団長指揮下にハルハ河対岸激戦に肉弾鉄に砕ける死闘に炎熱燃ゆる草原を朱に染む　１５年内地帰還　大戦では一木支隊（２８連隊）がガ島の先陣部隊として上陸奮戦玉砕した　主力は南方に出ることなく厳然　故に北辺の守りは固かった
山田　清一	秋永　力	鯉登　行一
セラム島	ブーゲンビル	北海道

8	9	10
杉	武	鉄
弘前	金沢	姫路
明治31年	同	同
5・青森 17・秋田 31・弘前 (32・山形)	7・金沢 19・敦賀 35・富山 (36・鯖江)	10・岡山 39・姫路 63・松江 (40・鳥取)
12年渡満対ソ戦に際しての第三軍左第一線兵団として重きをなしたのは東北健児の強兵であり用兵の粋　19年比島転用まで長く関東軍の中核師団　粘り強い特性を比島大攻防戦で遺憾なく発揮　激闘に連続決戦米軍を奔命に疲れさせるが大勢は如何ともなし難く此地に軍旗を焼く　もっと早期に晴れの機会を与えて存分に国軍一二を争う精鋭振りを発揮させたかった	上海郊外大場鎮・蘇州河と連続堅陣を死傷甚大を顧みず突進四十余日その名轟く吉住兵団　南京攻略では隷下騎兵中心となり森集成騎兵団が大追撃戦展開偉功あり　武漢戦では瑞昌突破長駆岳陽楼上に日章旗をあぐ　14年内地　15年渡満　19年沖縄転用は山砲師団なる故で中止　結局大戦では不発であったが戦歴は第一級の精鋭師団を物語るに充分	北支の泥行軍が始まりで南下黄河渡河　台児荘の大激戦は死傷多く瀬谷旅団の力戦　赤柴連隊の勇名高し　武漢攻略では3師団と先陣を争う　13年末石家荘へ付近粛正　14年夏姫路へ復帰復員　15年満洲永久駐屯下命　佳木斯駐屯中19年比島へ出撃　バレテ峠の激戦は攻防一進一止米軍を拒むも精兵斃るる者多く護国の鬼と化す　輝かしき軍旗の運命も亦痛恨
横山静雄	田坂八十八	岡本 保之
ルソン島	台湾	ルソン島

11	12	14
錦	剣	照
善通寺	久留米	宇都宮
同	同	明治38年
12・丸亀 43・徳島 44・高知 (22・松山)	24・福岡 46・大村 48・久留米 (14・小倉)	2・水戸 15・高崎 59・宇都宮 (50・松本)
上海敵前上陸は激戦　羅店鎮・大場鎮の攻撃はクリークを越え屍山をなす突撃　恰も二〇三高地の様相　死傷は３・９両師団とともに最大　１２年末広東攻略は中止内地帰還　其後は武運にめぐまれず１３年満洲虎頭地区へ　ウスリー江を圧す強豪師団を率いるは牛島中将その人なり　２０年幸運にも郷土防衛のため帰還土佐一帯に展開終戦　旅順戦以来輝しき歴史を閉ず	１１年より十年の長期関東軍の虎の子師団　８師団と並列して第三軍の右側兵団　山田・上村・河辺・笠原・沼田・人見の歴代師団長統率の下厳然たる東満の主　逐次の関東軍の南方転用にも此師団と１１師団は最後まで手放されず　大厦の倒るるよく一個師団の支うる所にあらず　これ亦飛車の持腐れ的用兵　あたら九州男子の精兵を十年一発射たずの終戦・台湾	北関東の雄　北支戦線に土肥原兵団あり　涿州保定石家荘等京漢戦南下作戦の中核　山西東南部戡定　徐州戦では黄河の渡河　安田騎兵連隊の突進等大追撃展開　突如黄河の堤防決壊あり大洪水に拒まれ停止　１４年内地帰還　１５年満洲へ１９年パラオ転用　ペリリューと共に血戦場　水戸連隊等米軍に多大の打撃与えたが遂に太平洋の楯として南溟の地に玉砕の尽忠師団
大野　広一	人見　秀三	(井上貞衛)
高　知	台　南	(パラオ)

16	垣	京　　都	同	9・京都 20・福知山 33・津 (38・奈良)	北支子牙河舟運作戦後中支に南京攻略　13年再び北支軍へ　徐州微山湖渡渉戦闘　引続く朧海沿線の大追撃は14師団と共に水中孤立　炎熱焼く如き長行軍の大別山　万岳雲に入る嶮に肉弾戦　安陸・襄東両作戦後京都帰還　智将石原の下訓練精到はバターンで遺憾なく発揮京都男子も猛兵となる「軍隊は指揮官なり」の感　レイテの死闘に掉尾の力攻するも遂に玉砕果つ	(牧野四郎)	(レイテ島)
19	虎	羅　　南	大正4年	73・羅南 75・会寧 76・羅南 (74・咸興)	徴募区は東北関係　張鼓峰の時は恰も仙台師団奮戦の感　故に粘り強くソ連軍に対し一歩も引かぬ専守防御其外の期間は他師団の活躍に髀肉の嘆をかこっていたが比島に出動　米軍リンガエン上陸に奮戦したが逐次山地に於て持久を策するに転じプログ山複郭陣地で抗戦を続行　兵員は半減芋と野草を齧り夜間敵中深く潜入斬込む等最後まで脅威を与えた	尾崎　義春	ルソン島
20	朝	竜　　山	同	78・竜山 79・竜山 80・大邱 (77・平壌)	北京周辺・郎坊戦闘　娘子関に挑み肉弾を以ての突破は鯉登の滝の名も高い　此頃の構成員は大阪九州多い 太原戦その後南下中部山西を席捲す　敵ハ増シ緑ハ茂リ月未ダ出デズ弾薬ツキルモ援隊ヲ乞ハズの聞喜城死守等分断包囲せられ累卵の危機を耐え抜く　闘志満々晋南の強剛鬼師団　京城へ帰還　アイタペ作戦で板東川血流の大激戦は不滅の武勲	中井増太郎	ニューギニア

13	18	101
鏡	菊	ナシ
仙　台	久留米	東　京
昭和12年9月	同	同
104・仙台 65・若松 116・新発田 （58・高田）	55・大村 56・久留米 114・小倉 （124・福岡）	101・東京 103・東京 149・甲府 157・佐倉
師団号は軍縮廃止の復活　仙台師団として2師団に代って中支で活躍した精鋭不敗師団　上海・南京戦　徐州一番乗りは白虎部隊の両角連隊　大別山の苦闘襄東・宜昌の両戦にも中核任務　敵の大反攻にも内山中将悠揚迫らず中国軍も恐れをなした　大陸打通作戦では常に根幹となり遠く独山に進出貴州省に踏入る九カ年の長期間常に軍旗は揚子江に映え威は重慶を圧した	12師団は不発のまま終戦したが　大陸戦線で連戦したのはこの菊と冬の両兵団　杭州湾上陸の頃は壮年兵員であったが　バイアス湾・翁英・賓陽等歴戦重ね逞しく成長　マレー東岸南下　新嘉坡攻略では牟田口中将統率　ビルマへ転じフーコン渓谷で悪戦するも尚戦意衰えず精兵北九州健児の闘志旺ん　九年に及ぶ歴史はよく一巻に尽きず　13と同じく復活番号師団	上海の堅陣は一進一止遂に特設師団の増援をみる　当時1師団は対ソ陣で満洲で動けず　この為壮年兵師団出動　クリークを乗越え突進に加納連隊長以下多数を失う　徐州戦では佐藤支隊活躍　九江廬山の大激戦では飯塚連隊長以下勇士斃る　14年春の南昌攻略では第11軍の主力として修水河戦に偉功あり　贛湘作戦を経て同年末凱旋の上解隊　軍旗宮中に奉還
吉田峯太郎	中　永太郎	（斎藤弥平太）
長　沙	ラングーン	（江西省）

104	106	108
鳳	ナシ	ナシ
大　阪	熊　本	弘　前
13年5月	同	12年9月
１０８・大阪 １３７・大阪 １６１・和歌山 （１７０・篠山）	１１３・熊本 １４７・大分 １２３・都城 １４５・鹿児島	５２・弘前 １０５・青森 １１７・秋田 １３２・山形
予後備兵を以ての編成は他の百号師団と同じ　第一歩は先ず満洲　張鼓峰事件で待機したが大事に至らず　１３年神無月奇襲バイアス湾上陸に広西軍を走らす　以来広東周辺の粛正　花県・翁英・デルタ地帯各作戦に著功　特に高橋騎兵連隊が積極果敢武功抜群の感状を同一年内に再度授与されたのは類例をみない　内地に還ることなく広東に八年間終始し此地で干戈を収む	蕪湖・湾止鎮付近より九江戦線へ出撃　１０１と共に戦う　雷鳴鼓刘では全滅寸前の死の決戦となり　熊本連隊では将校の三分の二を失った　南昌作戦ではまたも１０１と共に力攻一躍特設師団の声価を高からしめた　贛湘作戦等で辛酸を重ねたが進攻作戦一段落に伴い帰還途次南支に一時転用となる　汕頭掃討を最後の御奉公とし１５年４月復員　軍旗四旒を納む	満洲の現役８師団に代り北支出動　峨々たる山西中央部に軍靴を踏み入れ　堅城潞安を抜き太原を敗走した閻錫山の拠る要衝臨汾を屠る　以来中国戦線で最も山奥の警備駐屯で苦難の八路軍戦闘が続く　浮山・横嶺関等奥羽健児の足跡くまなき掃蕩が晋南・南部山西晋東の各作戦と寧日なし　此間多くの骨を黄土に埋め三年の征旅を終え戦塵の戎衣を濯う　時１４年晩秋
末藤　知文	（中井良太郎）	（谷口元治郎）
南　支　那	（南支那）	（山西省）

109	110	114
ナシ	鷺	ナシ
金　沢	姫　路	宇都宮
同	13年６月	12年９月
６９・富山 １０７・金沢 １１９・敦賀 １３６・鯖江	１１０・岡山 １３９・姫路 １６３・松江 （１４０・鳥取）	６６・宇都宮 １０２・水戸 １１５・高崎 １５０・松本
百号特設師団は連隊号も百を冠したが二桁が混じるのは何れも軍縮廃止の連隊軍旗を再下賜されたもの　編成時期・終末ともに僚友１０８師団と酷似の歴史　天津より南下石家荘より一部昔陽支隊山西進入　太原周辺警備　諸作戦に武勲重ね就中山口支隊は感状の栄山岡重厚・阿南惟幾の名将を得晋北に勇名の北陸師団酒井中将の時黄塵を洗い連隊旗と共に復帰復員	北支直隷平野の雄として知らる　冀西・晋察冀辺等大小作戦討伐・治安向上に心血を傾注　１８年春覇王城を攻略京漢作戦の火蓋を切る　登封を突破し戦車師団と協同洛陽の堅陣を攻略湯恩伯軍を撃滅す　その武勲は中原に普く「焼くな殺すな犯すな」は徹底し終戦帰国は特に第一船の便を敵将より与えられる　恩威並び行う出色の師団　その名も床し白鷺城師団	事変初期現役・予後備の兄弟両師団とも大陸で歴戦したのは熊本・金沢・姫路・京都並びに此の宇都宮の五師管区のみ　一方現役師団の損耗甚大予後備師団編成不能の名古屋・広島・四国があった　当師団は北支より徐州作戦　杭州湾上陸南京攻略等南船北馬転戦　特に南京雨花台中華門の突撃戦　東久邇軍麾下として徐州東北方よりの猛攻は精鋭を物語る　第三年目に復員
（酒井鎬次）	木村　経広	（沼田徳重）
（山西省）	洛　陽	（山東省）

116	15	17
嵐	祭	月
京　都	名古屋／京都	姫路／姫路
13年5月	13年4月	同
109・京都 120・福知山 133・津 （138・奈良）	60・名古屋 51・京都 67・東京 補充隊は京都師管内	54・姫路 53・大阪 81・竜山 補充隊は姫路師管内
中支の頸動脈兵站線基地の安慶付近警備　揚子江に馴染むこと六年余　此間春季皖南・皖浙・大別山各作戦に活躍　17年浙贛作戦出動　18年常徳城攻略兵団として師団の損害三割に達す大奮戦　湘桂作戦では長沙を屠り　衡陽郊外数次の突撃・夜襲で黒瀬連隊は武功抜群感状の栄に輝く　芷江飛行場覆滅作戦では大敵の包囲下死傷続出血闘の末軍命により中断引揚げた	武漢作戦に高品支隊が活躍　以来首都警備師団として長期間南京・蕪湖一帯駐屯　此間高郵・春季皖南・江南等の作戦に清郷工作に辛労重ね　浙贛作戦蘭谿戦闘指揮中の酒井直次師団長戦死　同中将は『赤子の輸血は受けられぬ』と真に忠勇　インパール戦では中央兵団突進死闘　雨煙るアラカン嶺を反転の他師団の行軍序列に入る67連隊瀬古大隊員は軍曹ただ一名　嗚呼	大正14年宇垣陸軍大臣時代の軍縮で整理された連隊号は概ね旧郷土性を尊重して復活された　師団は13・15・17・18の四箇が廃止何れも再編成された武漢攻略では鈴木支隊が武勲あり　蘇州・徐州を根拠とし宜昌・漢水・予南・魯南・浙贛等中支の作戦には常に参加の著名師団　マーカス作戦を経てブーゲンビル攻防に奮戦　ラバウルの防備強化中終戦となった
菱田元四郎	渡　左近	酒井　康
宝　慶	タ　イ	ラバウル

21	討	弘前／金沢	同	８２・弘前 ６２・善通寺 ８３・金沢 補充隊は金沢師管内	前記祭・月並びに討・旭の各軍旗の多くは軍縮奉還後宮中に長くあったものの再下賜である　討では６２の一旅　徐州駐屯の鷲津兵団として知らる蘇北・晋察冀辺区・魯南等作戦参加　中原会戦では黄河の濁流を渡り奮戦　石家荘で開戦次いで仏印転用　一部が永野歩兵団長指揮下に第二次バターン総攻撃に参加カボット台で激戦　大陸戦線対峙期間に於ける金沢の代表師団	三国　直福	仏　印
22	原	宇都宮／仙台	同	８４・宇都宮 ８５・仙台 ８６・羅南 補充隊は仙台師管内	中支杭州付近に駐屯　第三戦区軍を対手に江南・大湖西方・浙東・皖浙の大小各作戦に参加　真価を発揮したのは１７年浙贛作戦　衢県城・広豊・広信の堅塁を奪取横峰では浙贛を打通１１軍と相会す　金華を新占領地域とし１９年南支軍　大陸打通作戦では北上軍南寧・仏印に入り終戦　ベトミン軍で対仏独立戦争に貢献した者多く　今浦島帰国の話を時折紙上に知る	平田　正判	タイ・仏印
23	旭	久留米／熊本	同	６４・熊本 ７１・広島 ７２・久留米	北満ハイラルの騎兵集団が中国戦線へ出撃のため同地へ運命の転用となる　元来は中支へ充用師団　ノモンハン戦悲劇の小松原兵団として遍く知られる　燃える草原に東騎兵隊の壊滅で火蓋を切った鉄塊と肉弾相撃つ死闘がハラ・ノロ・バルシヤガルの各丘陵に展開今もなおハルハ・ホルステン両河畔に眠る九州・広島の英霊一万数千　再建比島では対米戦に二度目の玉砕	西山福太郎	ルソン島

24	山	満洲／旭川	14年10月	22・松山 32・山形 89・旭川	満洲の重点は東部国境地帯　此所に第３・４・５の三箇軍が展開し関東軍は厳然たり　１９年より南方・本土等に転用相続き僅か一年で戦力は急減往年の威なし第五軍下にあった当師団は１９年沖縄に転出翌年４月米軍上陸大激戦の攻防展開以来一カ月の連続戦闘に精兵の三分の二を失い弾薬大半を射尽し持久抵抗に移る　六月下旬牛島・長両将軍割腹　悲愴茲に終焉	雨宮　巽	沖　縄
25	国	満洲／大阪	15年７月	14・小倉 40・鳥取 70・篠山	師団内四歩兵連隊を三箇制に編制替が１４年より実施され概ね二年後には整った　転出した各師団の一を編合した新設師団が２０番台に多い　１５年夏当時在満の二個及び内地の一を以て編組　東満鶏寧に駐屯したが２０年春本土防衛のため九州に転用　師団の戦歴はないまま同地で終戦となったが　４０連隊は旧所属師団で進攻の戦歴あり　初代長は工兵科出身の桑原中将	加藤　怜三	南　九　州
26	泉	大同／名古屋	12年10月	独立歩兵 11・名古屋 12・岐阜 13・静岡	東条兵団が大同・内蒙を攻略し撤収後の同地担当兵団として新編成された日本最初の三単位制師団　後宮・黒田・柴山・佐伯の歴代長の下後套・中原等の作戦に或は黄塵万丈のオルドス砂漠を席捲　懸軍遠く小薗江歩兵団長麾下をして浙贛に戦旅麗水を攻略駐蒙軍の根幹として武勲赫々　レイテ島急派途次多くは海没　奮戦精魂尽く　独立歩兵の栄誉を克く保持す	山県栗花生	レイテ島

27	28	29
極	豊	雷
天津／東京	満洲／東京	満洲／名古屋
13年７月	15年７月	同
支那駐屯歩兵 １・佐倉 ２・東京 ３・甲府	３・東京 ３０・高田 ３６・鯖江	１８・豊橋 ３８・奈良 ５０・松本
前身は支那駐屯歩兵団（山下少将）として天津付近駐留　初代本間師団長の下に武漢作戦参加　１０６師団被包囲に陥り苦戦中を１７師団と共に救援解囲　瑞昌を抜き惹渓を攻略突進しつつ遂に粤漢線を確保す　以来長らく天津・山海関線警備　関東軍に暫時編入錦州駐屯　再出動は長駆湘桂作戦参加　京漢線長途行軍の末　醴陵付近で５８軍を撃破等偉功の古参兵団	三単位切替の結果転出した各一連隊の最期は旧僚友連隊に比し概ね悲運の終末　当師団は反対現象であった　運命を痛感される　当師団は機動予備師団としてハルピンに在った　１９年７月沖縄方面に充用された頃の構成は完全に東京師団に一新されていた　宮古島守備兵団として隣接沖縄の僚友２４師団の苦戦を切歯しつつ終戦を迎えた　連隊は何れも伝統ある古豪	支那派遣軍（３）・内地師団（１６）・関東軍（１４）の各師団より集めた異色の編成が興味深い　遼陽で戦略予備師団　１９年春グァム島に出陣したが７月には早くも米軍来攻　テニアンの５０連隊　主力はグァムで共に死闘　旧所属以来の栄光の軍旗の下　高品中将以下太平洋の防波堤として玉砕
落合甚九郎	納見　敏郎	（高品　彪）
南　　昌	宮　古　島	（グァム島）

32	33	34
楓	弓	椿
東京／東京	仙台／宇都宮	大阪／大阪
14年 2 月	同	同
２１０・甲府 ２１１・東京 ２１２・佐倉	２１３・水戸 ２１４・宇都宮 ２１５・高崎	２１６・篠山 ２１７・大阪 ２１８・和歌山
以下４１までの十箇師団は進攻作戦師団と交代のため泥沼の中国戦線に投入された乙編制師団である　楓・弓・鯨等の通称号で馴染まれた兵団　楓は１２軍基幹師団として山東省西部を固めていた　第一次二次の魯南作戦・魯中・東平湖西方各作戦参加　１８年ニューギニアに転進途中一箇連隊海没の戦力低下にも拘わらずモロタイ島逆上陸十二回等奮戦した	１４年春新潟出港武昌上陸　贛湘作戦後安義付近に駐屯冬季進攻・宜昌・錦江の各作戦に参加　１６年春山西省に移駐　１７年ラングーン攻略北ビルマ進攻を歴戦　南北に転々とし「さすらい兵団」ともじるは桜井省三中将なる故　インパール作戦左突進隊の勇名は天下の弓兵団　霧雨のアラカン山系を飢と病苦の難行軍に自決者も多く悽愴なる離脱であった	常設甲編制師団は動員すると二万五千に達し展開・行軍長経に弊あり故に軽快敏速を図って三単位とした　甲三箇切替で乙四箇を新編　爾後の創設は概ね三単位制　当師団は関中将の下中支南昌に軍旗を進め錦江作戦を再度敢行１９集団軍と奮戦　浙贛作戦では東進基幹兵団として突進横峯で原兵団と連絡打通　一号作戦でも各地を踏破衡陽大攻囲戦等武勲を重ねた
石井　嘉穂	田中　信男	伴　健雄
ハルマヘラ	タ　イ	南　昌

35	36	37
東	雪	冬
旭川／東京	弘前／弘前	久留米／熊本
同	同	同
219・東京 220・甲府 221・佐倉	222・弘前 223・青森 224・秋田	225・熊本 226・都城 227・鹿児島
黄河北岸新郷・衛輝付近駐屯　魯西・晋東・河南の各作戦に活躍　18年春ニューギニアへ出撃　歩兵連隊一と砲兵連隊を海上に喪失　マノクワリ進出　ビアク救援戦闘　ヌンホル　フォゲルコップ　サンサポールに対し執拗なる戦闘を米軍に強制　善戦敢闘　北支軍生抜きの伝統と名誉をよく保った　初代長前田中将　南方では池田浚吉中将	山西大行山塊の真只中潞安地区を108師団から中受け　以来五台・晋東・百団大戦の反撃作戦　中原・陵川・沁河・十八春大行等の各作戦参加　万岳重畳の僻地に在って重慶・共産両軍の精鋭部隊と連続交戦長く辛労に耐えた山西の鬼　18年末ニューギニアへ転進 葛目連隊はビアク島で大軍を迎え断乎死守壮烈鬼神を泣かしめる最期　米軍戦史も讃嘆した強剛師団	山西の九州男子兵団　連雲かすむ中条山脉周辺に布陣　黄河を距てて要衝函谷関を圧す　晋南・郷寧・西方等数次の作戦参加　一年間の戦闘回数二千三百回を数えた　中原会戦では師団と松本総三郎少佐指揮挺身隊に感状　京漢作戦では黄河を渡河第一戦区軍の堅陣を逐次撃破盧氏へ挺身する等随所に奮戦　其後国軍の長途行軍の記録を作る大陸縦断を敢行健脚師団の名も高い
池田　浚吉	田上　八郎	佐藤　賢了
ソロン	サルミ	タイ

38	39	40
沼	藤	鯨
名古屋／名古屋	広島／広島	善通寺／善通寺
14年6月	同	同
228・名古屋 229・岐阜 230・静岡	231・広島 232・浜田 233・山口	234・善通寺 235・徳島 236・高知
広東付近に駐屯　沼兵団と聞くと香港攻城戦　ジャワ攻略作戦　ガダルカナルの三点に尽きる　佐野師団としても周知の精鋭　若林東一中尉は香港二五五高地戦闘で著功ガ島では決死敢闘の末戦死　軍人最高の栄誉感状二回受けた　東海林支隊はバンドン要塞奇襲で武功抜群続いてルンガ飛行場夜襲では右翼隊として奮戦静岡連隊全滅（後混成3連隊として再建）	宜昌作戦の白河渡河戦闘に神崎大佐以下多数失う　宜昌城大反攻の時危険迫った13師団司令部を救援　戦場教育は派遣軍第一　村上・澄田両中将の下軍紀至厳前師団の半分兵力で宜昌継承　田中小隊は砲撃空爆七千発を喰い鼓膜破れ二昼夜三十数回白兵格闘雲霞の重慶軍を拒止羽黒山の激戦と称す　望まれ関東軍へ　ソ連抑留中も士気衰えず建制で屈しなかった精強師団	11師団の在支は短期であった　代って四国師団の強兵は鯨兵団として中支に歴戦　宜昌・予南・長沙・江北の各作戦に武勲を重ね　湘桂・遂贛両作戦では道県零陵より南雄等飛行場群を覆滅　精鋭青木兵団の名でも知られ感状授与される等の武功　遠く広西省西部に進出「南国土佐をあとにして　中支へ来てから幾月ぞ」は高知連隊の荒武者揃いにしては風流
影佐　禎昭	佐々真之助	宮川　清三
ラバウル	四平街	蕪湖

41	河	竜山／宇都宮	同	２３７・水戸 ２３８・高崎 ２３９・宇都宮	旗鼓堂々と山西省連枝山麓汾河流れる要衝臨汾に戦陣を進めて以来　晋南・郷寧・沁源等諸作戦参加特に中原作戦では歩騎協同よく随所に重慶軍を捕捉撃滅脱出渡河点を扼止する等清水兵団の威武は中原を圧した　五年に亘る荒寥の黄土を離れ勇躍南方戦線へ増援　ラエ・サラモア等累次の作戦に決闘　サラワケットの死闘など勇士斃るる多く２３８の生残り４０余名	真野　五郎	ニューギニア
48	海	海南島／熊本	15年11月	台湾歩兵 １・台北 ２・台南 ４７・大分	台湾混成旅団に6師団の一箇連隊を加えて海南島で編成　開戦直ちにリンガエン湾上陸一瀉千里忽ちマニラを陥した　此間バターン半島攻略は当初難戦が予想されず当師団はマニラ攻撃に向い容易に進入した　此の兵力運用に関して後に軍は苦境に立つこととなった　ジャワ攻略ではスラバヤを攻略する等土橋兵団で広く知られた熊本師団である　以後はチモールに長期滞留	山田国太郎	チモール

右の４９箇師団が太平洋戦争に至る迄の五年間、中国・満洲・朝鮮で活躍した師団であるが内５箇は途中解隊されたので４４箇師団が引続く大戦の基幹となった。

〔独立混成旅団等〕

旅団号	1	11
通称号	ナシ	ナシ
編成地等	近衛・1・2・5・6・9・11・12師団	近衛・1・2・11・14師団
時期	9年4月	10年1月
隷下大隊号留守担任部隊等	独立歩兵1連隊 戦車4大隊外	独立歩兵連隊 11・ 12・（上記）
編成の経緯・参加作戦活躍の状況	満洲事変一段落後公主嶺は当時の国軍機械化の中心であった　教育機関実験部隊等が集められた　日本陸軍最初の正式機械化兵団として誕生　要員は八箇師団から選抜集成　初代長藤田進少将　酒井鎬次中将の時事変勃発直後北京に出動　綏遠内蒙に歴戦朔県・殺虎口包頭を鉄脚快足を利し忽ち屠る精鋭兵団　短期で復帰間もなく発展的解隊（後年の島兵団とは別）	熱河独立兵団として誕生　事変直後酒井旅団と共に北京に進出　鈴木重康中将統率下居庸関・八達嶺の天嶮攻撃　灼熱の山岳で坂田支隊は断崖胸をつき軍馬谷にまろび落つ苦闘　大場支隊（5師団）と協同屍を乗り超えて突撃遂に長城線に日章旗を掲げた　両支隊に対し日支事変初の感状授与され独立歩兵の名高く　以後大同に進撃　旅団は解隊し26師団として再編成
最終長	酒井　鎬次	鈴木　重康
終戦地	（四平街）	（大　同）

支駐混旅（支駐歩兵団）	5・6・7・14各師団	11年4月	支那駐屯歩兵 1・北京 2・天津 後に 3・天津	義和団の乱で列国は駐兵権を得たが日本は昭11年従来の兵力を増強　支駐歩1（北京）同2（天津）を新編成基幹とし支那駐屯混成旅団が編合した　牟田口連隊演習中運命の数発は日本軍か中国軍か或は中共　永遠の謎か　当時の長は河辺正三少将　忻口鎮には萱島連隊出動激戦あり　13年初頭　同3連隊を新編加え支那駐屯歩兵団長山下少将統率27師団の母体を構成	山下　奉文	（天　津）
台湾混旅（台湾歩兵隊）	台湾／熊本	12年9月	台湾歩兵連隊 1・台北 2・台南	平時台湾守備隊として旅団程度の兵力があった　事変には重藤・波田歴代長が支隊として率い各地に転戦　南京・武漢両作戦に赫々の武勲を遺した　熊本管下の強兵集う屈指の強豪兵団であった　南支で塩田少将の時混成旅団を冠した　南寧では今村師団を救援共に孤立危殆に瀕したが激戦月余死守した　15年末師団に発展的解隊した（48師団）	塩田　定市	（海　南　島）
2 響	北支	13年2月	独立歩兵1大隊・同　4大隊 同　2大隊・同　5大隊 同　3大隊　（大阪師管）	張家口に終始駐屯した戌集団麾下の精鋭後套作戦では朱紹良軍を封殺す　留守担任は宇都宮・大阪と変更あり	渡辺渡	張家口
3 造	同	同	独立歩兵6大隊・同　9大隊 同　7大隊・同10大隊 同　8大隊　（仙台師管）	北京で関東軍独守隊を中心に編成　五台・中原等の諸作戦参加　北山西を警備担当した八路軍対手のベテラン兵団	山田三郎	崞　県

4	力	同	同	独歩11大隊・同14大隊 同12大隊・同15大隊 同13大隊（京都師管）	石太沿線警備百団大攻勢では重点的に狙われるが反撃　八路軍戦闘に辛酸山西各作戦参加　師団編成後沖縄で玉砕	片山省太郎	（平定）
5	桐	同	同	独歩16大隊・同19大隊 同17大隊・同20大隊 同18大隊（宇都宮師管）	山東半島で終戦後も共産軍と戦闘　春兵団等と共に対中共軍戦の熟練兵団2・3旅等と同じく旅団のまま終戦	長野栄二	青　島
6	秋	京都	14年1月	独歩21大隊・同24大隊 同22大隊・同25大隊 同23大隊（名古屋師管）	山東省南部警備　博西・二次魯南・二次魯中等作戦参加国共相剋に乗じ共産軍を或は于学忠軍を覆滅　師団に改編	山田鉄二郎	（莒県）
7	北	名古屋	同	独歩26大隊・同29大隊 同27大隊・同30大隊 同28大隊（旭川師管）	第二次魯南作戦等参加　特に京漢作戦では襄城攻略　大営では巧みに包囲捕捉潰滅せしめる偉勲　115師団改編	多賀哲四郎	（徳県）
8	春	宇都宮	同	独歩31大隊・同34大隊 同32大隊・同35大隊 同33大隊（東京師管）	河北省で長年対中共戦に辛酸を尽す古参兵は特に精強老練　旅団のまま終戦　一部はソ連に抑留される	竹内安守	古北口
9	谷	金沢	同	独歩36大隊・同39大隊 同37大隊・同40大隊 同38大隊（東京師管）	京漢沿線で直隷省の中心部の治安警備に尽瘁　遠く長沙作戦増援に出撃あり後冀東地区に移駐　同地で終戦	的野憲三郎	大　沽

10	衣	久留米	同	独歩４１大隊・同４４大隊 同４２大隊・同４５大隊 同４３大隊（久留米師管）	博西・二次魯南作戦で中共軍を宿敵とし山東省各地で角逐の戦闘に明け暮れる　後５９師団の基幹となる	河田槌太郎	（済南）
11	矛	広島	同	独歩４６大隊・同４９大隊 同４７大隊・同５０大隊 同４８大隊（広島師管）	蘇北・太湖西方・広徳各作戦参加　揚子江下流右岸の警備に任ず　１７年に至り６０師団に編制替となった	堤三樹男	（上海）
12	望	善通寺	同	独歩５１大隊・同５４大隊 同５２大隊・同５５大隊 同５３大隊（善通寺師管）	高郵・楊州・鎮江一帯に戦陣　蘇北作戦等参加　此間李長江軍五万を投降さす等活躍　６４師団に編制替	南部襄吉	（鎮江）
13	倭	熊本	同	独歩５６大隊・同５９大隊 同５７大隊・同６０大隊 同５８大隊（熊本師管）	淮南地区にあって新四軍対手に長年辛労　淮南作戦で蟠踞地を剔抉の奮戦あり　１８年６５師団に改編された		（蚌埠）
14	檜	姫路	同	独歩６１大隊・同６４大隊 同６２大隊・同６５大隊 同６３大隊（姫路師管）	冬季反撃作戦　浙贛作戦等に活躍　要衝九江付近を警備担当の藤堂兵団として名あり　６８師団に編制替	中山惇	（九江）
15	陣	北京	14年７月	独歩７７大隊・同８０大隊 同７８大隊・同８１大隊 同７９大隊（宇都宮師管）	１１４師団復員の際一部現地に残し編成した　冀東・冀察辺区等の作戦参加　６３師団に編成昇格　北京周辺駐屯	田中勤	（北京）

1	16	17	18	19	20
島	勝	峰	広	潮	槍
邯鄲	臨汾	上海	安義	汕頭	上海
同	14年11月	同	同	15年12月	同
独歩72大隊・同75大隊 同73大隊・同76大隊 同74大隊（金沢師管）	独歩82大隊・同85大隊 同83大隊・同86大隊 同84大隊（弘前師管）	独歩87大隊・同90大隊 同88大隊・同91大隊 同89大隊（東京師管）	独歩92大隊・同95大隊 同93大隊・同96大隊 同94大隊（熊本師管）	独歩97大隊・同100大隊 同98大隊・同101大隊 同99大隊（久留米師管）	独歩102大隊・同105大隊 同103大隊 同104大隊（善通寺師管）
109師団復員に当り新編成　旧独混1旅とは全く関係なし　京漢沿線の警備に終始此間諸作戦に参加活躍す	108師団内地へ復員のとき一部を以て現地で編成　沁河渓谷に中共軍を追い汾西作戦でも奮戦　師団に編制替	101師団残置部隊　蘇北作戦等活躍の頃は上海駐屯　18年武漢地区へ転用江南進攻作戦等に活躍す	106師団残置部隊　武寧・若渓警備次いで武昌・当陽の駐屯此間宜昌・江北作戦参加活躍　17年58師団	汕頭一帯の広正面を警備担当した遠藤兵団である　九州の精兵揃い　20年春二つの師団に吸収合併された	5師団機械化編制替に際し一部馬匹部隊を残し編成　錦江作戦参加後武昌・信陽駐屯　寧波移駐後師団となった
小松崎力雄	若松平治	谷実夫	野溝弐彦		野副昌徳
邯　鄲	（臨汾）	岳　陽	（皀市）	（汕頭）	（寧波）

第一独立歩兵隊	独歩66大隊・同69大隊 同67大隊・同70大隊 同68大隊・同71大隊	広東で14年1月編成　海南島作戦　デルタ地帯粛正等に活躍　後三箇大隊は香港警備隊となり残りは独混22旅に入る

右の表に列記した部隊のうち、多くは師団に編制のため司令部は解隊した。終戦まで引続き原編制のまま独立混成旅団として経過したのは結局7箇であった。

また此の外に旅団・旅団に準ずるものとして左記の部隊が16年12月迄の五年間に亘って各地に活躍したが、不詳部分が多い。

1　独立守備隊——遠く明治時代よりの独立守備歩兵大隊として数個あったものの外、満洲国建国前後第一より第五までの五箇（長は司令官と称し中将）があった。呼称は第2独立守備隊独立守備歩兵第8大隊等という。北支で新設された独混旅団の原型である。

2　国境守備隊と称し歩砲数箇大隊を基幹とする部隊がソ満国境に配備され専守防御に任じた。

3　琿春守備隊と呼ばれる間島省特別地域の警備部隊があった。13年隷下部隊が拡充されて、歩87・88の両連隊を有するに至り旅団程度の兵力を得た。因《ちなみ》に後年の71師団の母体である。

4　杭州湾上陸前後に後備旅団が編成され藤井兵団と称したが編成・解隊の経緯不詳。

5　砲兵の最高単位は旅団であり平時は四箇加えて12年事変以降に新設をみた。野戦重砲兵1旅団（内山英太郎・北島驥子雄）、同2旅団（前田治・平田健吉・木谷資俊・小林信男）、同3旅団（畑勇三郎）、同6旅団（石田保道・澄田睞四郎・酒井康）等があり、上海・南昌等で武勲があった。畑旅団はノモンハンで壊滅した。5旅団の細部は未調査。また外に独立野重・独立山砲の両連隊があり、歩兵も三舎を避ける勇猛を発揮したが小単位である故、主要部隊としての掲記を割愛す。

6　航空関係として飛行集団、飛行団があった。

7　騎兵として旅団以上の部隊を次頁に掲げるが歩兵砲兵における独立連隊はなく旅団騎兵以外はすべて騎兵連（大）隊、捜索隊（連隊）の名称で師団に属した。

名称	旅団	連隊	駐屯地	編成・解隊並びに活躍の状況
騎兵集団	１	１３・習志野 １４・同 ７１（１４年編成）	ハイラル付近	昭8年4月錦県で創設　興安嶺ホロンバイルに在った　１３年徐州戦参加のため満洲出発　帰徳・開封方面に活躍　黄河決潰のため行動を拒まれた　4旅団は武漢作戦参加後も中支で安陸・襄東・中原・京漢・老河口の各作戦参加偉功を重ね最後まで乗馬騎兵であった　1旅団は１４年集団司令部と共に蒙疆に移動自動車編制となり五原作戦等に活躍1旅団のみ１７年戦車3師団となる　在支間の歴代長は内藤・吉田・小島・馬場・西原の各中将
	４	２５・豊橋 ２６・同 ７２・（右同）		
短期間集団に	３	２３・盛岡 ２４・同	チャムス	昭１０年佳木斯駐屯次いで宝清へ移動　１２年１０月から１３年6月まで騎兵集団長の隷下に編入　２０年2月遂に解隊され歩兵部隊に改編軍紀厳正でソ連軍に対し動ぜず大打撃を与えた
	２	１５・習志野 １６・同	習志野	日支事変　太平洋戦争の間内地に在った　その活動状況は日露戦争まで遡らねばならない　専ら補充隊と教育実験部隊の任務に終始したようである

二、昭和十五年兵備大改正以降開戦迄の間内地で編成された師団

（結果的には対米英戦争の準備期間とも見られる時期に相当する）

〔師団〕

師団号	通称号	師管	設置（動員）	隷下歩兵連隊	編成・参加作戦等の経過	最終長	終戦地
51	基	宇都宮	15年9月（16年8月）	66・宇都宮 102・水戸 115・高崎	16年8月熱河省へ10月より一年間南支駐屯の上ラエ・サラモア等攻防戦に米軍の心胆を寒からしむ軍旗漂流守護の壮話あり　サラワケット死の踏破等人間の限界に長く耐え奮戦今も眠る数千の勇士悲痛	中野英光	ウエワク
52	柏	金沢	15年10月（18年8月）	69・富山 150・松本 107・金沢	50番台七箇は（除53）常設師団が満洲永久駐屯に出たので是等に代って内地常設として新設された優良装備師団であった　当師団は9師団の後の郷土部隊として親まれるべき師団　トラック島集団基幹	麦倉俊三郎	トラック
53	安	京都	16年10月（18年12月）	119・敦賀 128・京都 151・津	ビルマ増援出動　ミートキーナ付近戦　断・盤・イラワジ・メークテーラ等の戦闘参加　一部は雲南方面増援等随所に奮戦した　ビルマ戦各師団は壊滅等損傷多大であったが当師団は比較的軽く経過した	林　義秀	ビルマ

54	55	56	57
兵	壮	竜	奥
姫路	善通寺	久留米	弘前
15年8月 （18年2月）	同 （16年9月）	同 （16年12月）	同 （16年7月）
111・姫路 121・鳥取 154・岡山	112・丸亀 143・徳島 144・高知	113・福岡 146・大村 148・久留米	52・弘前 117・秋田 132・秋田
宮崎繁三郎中将は四箇師団を一手に引受け果敢強靱攻防正奇の術を尽す　桜井徳太郎少将は円陣地を力攻第7師団を蹂躪した　師団長歩兵団長とも屈指の闘将　勇将の下弱兵なし精強師団なる所以	一部堀井南海支隊はスタンレー山系を言語に絶する辛酸踏破　主力はビルマ進攻インデンに旅団長以下を殲滅の大戦果等歴戦はアキャブの華　花谷中将が統率　ビルマは猛将集ったが結局刀折れ矢尽きた感	雲南ビルマでの死闘は万巻も克く尽きず攻囲軍は蒋総統から日本軍を見倣えと督戦された　師団としての戦績は国軍否世界戦史最強の評価を呈したい　騰越拉孟等の玉砕は壮烈鬼神も粛然たり	関特演で内地から増強されたA級師団　解散した108師団の軍旗再下賜　黒竜江岸で昼夜転倒演習等猛訓練　師団対抗演習で孫呉付近で大勝し一躍関東軍の虎の子となった　20年4月内地防備帰還
宮崎繁三郎	佐久間亮三	松山祐三	矢野政雄
ビルマ	仏印	タイ	南九州

右は昭15年7月10日下命の「軍備改変要領其の二」により満洲移駐に決定した師団とは陰陽の関係にある師団である。是等の新態勢を昭和軍制と称された。開戦直前に於ける右以外の師管区の多くは留守師団のままであった。以上総纏めとして計51箇師団で太平洋戦争に突入した。

三、太平洋戦争開戦以降編成された師団等

1　支那派遣軍が編成した丙編制師団（何れも昭和十七年以降）

師団号	通称号	師管	時期	隷下歩兵部隊	編成・参加作戦等の経過	終戦時長	終戦地
58	広	熊本	17年2月	独立歩兵大隊 92 95 107 93 96 108 94 106	独混18旅改編　湘桂作戦では長沙・衡陽・全県等随所で奮戦6師団転出後の中支の熊本師団として精強を誇った　元来106師団の末裔であること興味深い	川俣雄人	全県
59	衣	東京	同	同 41 44 110 42 45 111 43 109	独混10旅改編　引続き山東省に駐屯猖獗を極める中共軍掃蕩に奔命その跳梁を封殺　終戦直前満洲に入り北朝鮮で終戦となり戦犯関係者が多かったのは不運	藤田　茂	咸興
60	矛	東京	17年4月	同 46 49 113 47 50 114 48 112	独混11旅改編　上海・蘇州一帯の警備粛正討伐に過す　18年秋広徳作戦に堤旅団が出動　19年梨岡支隊を編成温州作戦参加米人参加重慶軍に対し孤軍奮戦	落合松二郎	蘇州
62	石	京都	18年5月	同 11 14 22 12 15 23 13 21	独混4・6旅改編　京漢作戦では覇王城の攻略に偉功　随所に撃滅戦展開刮目すべき奮戦　沖縄戦に於て米軍に敢然と挑戦熾烈なる闘魂は歩兵の本領を発揮玉砕	藤岡武雄	沖縄

63	陣	宇都宮	同	同 24 78 81 25 79 137 77 80	独混15旅全部と同6旅団の改編 前身旅団時代より引続き北京周辺警備担任 洛陽城攻撃では戦車第3師団と共に彼我攻防を尽す大激戦の末遂に攻略の武勲	岸川健一	奉天
64	開	広島	同	同 51 54 132 52 55 133 53 131	独混12旅改編 19年春警備担任地域を第4野戦補充隊に引継ぐ 新郷・漢口経由 再度益陽を攻略す 芷江作戦では離脱の際急に反撃に出て窮鼠の快勝あり	船引正之	洞庭湖
65	専	名古屋	同	同 56 59 135 57 60 136 58 134	独混13旅改編 旅団時代から淮南地区で新四軍討伐に寧日なく中支・北支の中継地域の要地徐州に移駐した 兵員構成は熊本・東海	森 茂樹	徐州
68	檜	大阪	17年4月	同 61 64 116 62 65 117 63 115	独混14旅改編 大別山・常徳・湘桂・湘西の諸作戦参加 衡陽城攻撃では三次に亘り決死攻撃の凄愴なる様相を呈し勇戦奮闘した 長駆株州まで進出した	堤三樹男	衡陽
69	勝	弘前	同	同 82 85 119 83 86 120 84 118	独混16旅改編 臨汾で編成 十八春大行・十八秋大岳の各作戦参加 19年6月霊宝会戦では黄河渡河蝟集する大軍を撃破本村旅団長戦死等大奮戦	三浦忠次郎	嘉定

70	槍	広　島	同	同 102 103 104 105 121 122 123 124	独混20旅改編　浙贛・広徳・衢州・麗水・混州等の各作戦参加　杭州湾対米陣地構築　満洲転進途次終戦　衢州攻略では大軍に包囲せられるも奮戦勇名あり	内田孝行	嘉　興
114	将	弘　前	19年7月	同 199 200 201 202 381 382 383 384	独歩3旅団改編　69師団より臨汾周辺を継承警備討伐	三浦　三郎	臨　汾
115	北	旭　川	同	同 26 27 28 29 30 385 386 387	独混7旅団改編　京漢線新占領地の警備　老河口作戦参加	杉浦　英吉	郾　城
117	弘	東　京	同	同 203 204 205 206 388 389 390 391	独歩4旅団改編　12軍隷下に在ったが後関東軍増援となる	鈴木　啓久	大　賚
118	恵	京　都	同	同 223 224 225 226 392 401 402 403	独歩9旅団改編　大同付近警備一時中支に短期進出後蒙疆へ	内田銀之助	張家口
129	振武	金　沢	20年4月	同 98 101 278 279 280 588 589 590	独混19旅の半部が母体　恵州淡水地区警備粛正討伐	鵜沢　尚信	恵　州

130	鍾馗	京都	同	同 97 99 100 277 281 620 621 622	前身は潮混成旅団の半部で九州出身多し南支の警備討伐	近藤新八	番禺
131	秋水	金沢	20年2月	同 591 592 593 594 595 596 597 598	武漢地区周辺兵団より抽出編成　粤漢鉄道沿線警備	小倉達次	咸寧
132	振起	大阪	同	同 599 600 601 602 603 604 605 606	39・68等の師団の一部を合し編成藤師団の襄西地区継承	柳川悌	当陽
133	進撃	熊本	同	同 607 608 609 610 611 612 613 614	63・70両師団より抽出編成　従来の70師団任務継承	野地嘉平	杭州
161	震天	熊本	20年4月	同 328 475 476 477 479 480 481	在支兵団より抽出編成したが詳細不明	高橋茂寿慶	上海

2　内地・朝鮮・台湾で編成された師団

師団号	通称号	師管・編成地	編成年月	隷下部隊	参加作戦等活躍の状況・配備地	終戦時長	終戦地
近衛1	隅	東京	18年6月	近歩1・6・2・7	当時スマトラに在った近衛師団を第2とし留守近衛を動員して第1とした　此頃では昔の性格と異なり従来の第1師団に替って東京師団の位置をしめた	森　赳	東京
近衛3	範	東京	19年4月	同8・10・9		山崎清次	千葉
61	鵄	東京	18年3月	101・東京　149・甲府　157・佐倉	東京（近衛師管）で編成　15師団南進後の首都警備兵団として南京・蕪湖一帯に展開治安維持粛正討伐に18年秋広徳作戦参加等活躍す　20年上海付近縦深陣地構築の一翼を担う	田中　勤	上海
30	豹	平壌	18年6月	41・福山　74・咸興　77・平壌	スタンレー山脈を往復　飢餓を彷徨　蹌踉たる数十名が41連隊軍旗を守り平壌に帰る　運命は非情にも又もやレイテの死戦場へ投ぜらる　重火器の多く海没し鉄火十字の坩堝に血戦遂に再び軍旗還らず	両角業作	ミンダナオ
31	烈	東京	18年3月	58・高田　124・福岡　138・奈良	124旗手腹に巻きガ島より単独脱出連隊は全滅再建の上烈兵団へ編合　13師団より越後健児集う精鋭師団「如何に五八の兵とて山砲三発では如何せん」はコヒマの決戦　その栄光は世界戦史に不滅	河田槌太郎	ビルマ

42	43	44	46	47
勲	誉	橘	静	弾
仙台	名古屋	大阪	熊本	弘前
18年6月	同	19年7月	18年5月	同
129・若松 130・仙台 158・山形	118・静岡 135・名古屋 136・岐阜	92・大阪 93・大阪 94・和歌山	123・熊本 145・鹿児島 147・都城	91・秋田 105・弘前 131・弘前
2師団出動後の昭和軍制における仙台師管の郷土兵団である　母体であった独立歩兵団は16年7月既に設置され軍旗も下賜された　19年2月動員下令中千島守備派遣次いで北部北海道警備　優良装備	サイパン上陸　同島守備師団として鋭意陣地構築中工事整わざるに6月空爆艦砲撃の鉄火に晒され　米軍上陸　激戦決闘したが精魂糧食尽き斎藤義次中将以下玉砕祖国防衛の人柱となる	昭和軍制下における4師団に替る大阪師団であった一級装備の優良師団　本土防衛低装備師団が多い中にあって決戦用主力兵団であった　軍旗は15年解隊した106師団の連隊旗を再下賜　145連隊のみ硫黄島に派遣されて玉砕　主力はその後南方派遣特に目ざましい活躍ないまま終戦を迎えた		留守57師団で動員　中支へ出動　北支経由武昌に集結　芷江作戦参加　宝慶で大激戦の重広連隊は二割を失う　軍命で反転の上山東省転進　終戦後の正月祝宴中数倍の中共軍の攻囲受け一箇大隊全滅す
佐野虎太	(斎藤義次)	谷口春治	国分新七郎	渡辺洋
北海道	(サイパン)	茨城県	ジョホールバル	信陽

49	狼	京城	19年1月	106・153・168・（京城）	半島出身兵は各部隊に少数宛配されたが 当師団はかなり多数の半島兵構成であった 北ビルマ菊・竜・勇等の古豪の中にあって堂々伍して狼兵団の威名をあげた ビルマ劣勢後の各作戦に参加奮戦した	竹原三郎	ビルマ
109	胆	東京	同	混成2旅団 145 戦車26等（建制の隷下に非ず）	優勢なる米軍はローラー攻撃を反復し砲爆撃は耕すに似て我陣地を消し勇敢なる将兵の血臭砲煙は全島に漂った 絶望的な苦闘に屈せず栗林中将の下一致して戦い抜き魂魄となり祖国の安泰を祈りつつ玉砕	立花芳夫	小笠原
50	蓬	台湾	19年5月	301 302 303	南方輸送途次の滞留人員及び高砂族を充用する等の苦心を払い編成 71師団は琿春守備隊が母体で20年1月台湾へ転用された 台湾は外に9・12両師団で計五箇師団	石本貞直	台南
66	敢	台湾	19年7月	249 304 305		中島吉三郎	台中
71	命	満洲	17年4月	87 88 140		遠山登	台北
72	伝	仙台	19年7月	134 152 155	福島周辺に配備された	千葉熊治	福島
73	怒	名古屋	同	196 197 198	渥美半島迎撃師団 浜名湖付近海岸渥美半島に展開	河田末三郎	豊橋
77	稔	旭川	同	98 99 100	鹿児島に位置し南九州決戦兵団	中山政康	加治木

79	奏	羅南	20年 3月	289 291 290	朝鮮で編成直後関東軍へ編入ソ軍と交戦した	太田貞昌	図們
81	納	宇都宮	19年 7月	171 173 172	関東平野の決戦師団として配備された	古閑 健	土浦
84	突	大阪	同	199 201 200	沖縄配備決定も輸送の方途なく相模湾頭迎撃の決戦師団	佐久間為人	小田原
86	積	久留米	同	187 189 188	南九州志布志湾一帯に堅陣構築　米軍本土来攻の先陣師団	芳仲和太郎	鹿児島
88	要	旭川	同	25 306 125	樺太守備師団　一部ソ軍と戦闘の末停戦	峯木十一郎	豊原
93	決	金沢	同	202 204 203	東京決戦軍の根幹師団　九十九里湾上陸の際増援主力兵団	山本三男	柏
94	威烈	大阪	19年10月	256 258 257	特に記す戦闘もなく終戦	井上芳佐	マレー
96	玄	久留米	20年 2月	292 294 293	済州島は米軍上陸の公算大であった　同島陣地構築	飯沼 守	済州島
89	摧	旭川	同	独歩大隊 294 297 421 424 295 419 422 460 296 420 423 461	摧は南　先は北ともに千島守備師団　諸島点在のため	小川権之助	南千島

91	先	旭川	19年4月	同 282 283 284 285 286 287 288 289 290 291 292 293	独立部隊の数が多く特異の編制	堤不夾貴	北千島
100	拠	名古屋	19年6月	同 163 164 165 166 167 168 352 353	旧独混30旅団の改編ミンダナオで二カ月間頑強に抵抗逐次山中へ	原田次郎	セブ島
102	抜	熊本	同	同 169 170 171 172 173 174 354 355	旧独混31旅団の改編レイテより少数脱出セブ島で遊撃戦に移る	福栄真平	セブ島
103	駿	名古屋	同	同 175 176 177 178 179 180 356 357	旧独混32旅団の改編激戦の後単独で飢餓に耐えて転々と奮闘した	村岡豊	ルソン
105	勤	広島	同	同 181 182 183 184 185 186 358 359	旧独混33旅団の改編比島最後の複郭陣地に拠った兵力は約五千	津田美武	ルソン

3　終戦前満洲に於て編成された師団

師団号	通称号	留守	編成時期	隷下歩兵連隊	終戦時長	終戦地
107	凪	弘前	19年5月	90 177 178	安部孝一	索倫
108	祐	弘前	同	240 241 242	磐井虎二郎	錦県
111	市	善通寺	19年7月	243 244 245	岩崎民男	済州島
112	公	溝ノ口	同	246 247 248	中村次喜蔵	琿春付近
119	宰	東京	19年10月	253 254 255	塩沢清宣	ブハト
120	邁進	善通寺	19年11月	259 260 261	柳川真一	釜山 慶山
121	栄光	善通寺	20年2月	262 263 264	正井義人	済州島
122	舞鶴	東京	20年3月	265 266 267	赤鹿理	南湖頭

昭和二十年の関東軍の状況

昭和19年精鋭関東軍は相次いで南方に転用され 20年に入るや最後まで残った11・25両師団等も本土防衛として満洲を離れた 是等の穴埋めのため残留要員国境守備隊を改編し新師団を編成した 20年に編成の師団は在満邦人の召集によるもの多く未教育兵多数を占め重火器は不足する等その戦力低下は目を覆うものがあった 兵

123	松風	名古屋	同	268　269　270	北沢貞治郎	孫呉
124	遠謀	仙台	同	271　272　273	椎名正健	穆稜
125	英機	広島	同	274　275　276	今利竜雄	通化
126	英断	熊本	同	277　278　279	野溝弐彦	掖河
127	英邁	宇都宮	同	280　281　282	古賀竜太郎	間島省
128	英武	金沢	同	283　284　285	水原義重	樺皮甸子
134	勾玉	（満洲）	20年7月	365　366　367	井関仭	方正
135	真心	（満洲）	同	368　369　370	人見與一	掖河
136	不抜	（満洲）	同	371　372　373	中山惇	奉天
137	扶翼	（満洲）	同	374　375　376	秋山義兌	定平

器の不足は野砲四〇〇門銃剣約十万に及び徒手空拳集団　支那派遣軍より増加の四箇師団も焼石に水　往年の精鋭関東軍の威容は跡形もない姿に一変した　8月9日東部国境を突破したソ連軍に対し124・126・135・128・112等の各師団は各所に激戦を展開し肉弾を以て機甲部隊に砕けたが所詮は蟷螂の斧振うにも似て関東軍は悲愴なる最期をとげた　また在留邦人の避難は戦闘の急進展と交通杜絶のため徒歩に頼り飢と病に

138	不動	（満洲）	同	377 378 379	絶望の彷徨で多数が斃れた 其後長白山を利し立こもり一戦を試みる部隊もあった	山本 務	撫順
139	不屈	（満洲）	同	380 381 382		富永恭次	敦化
148	富嶽	（満洲）	同	383 384 385		末光元広	
149	不撓	（満洲）	同	386 387 388		佐々木到一	
158	不滅	（満洲）		389 390 391			

4 昭和二十年本土決戦のため編成された師団（一部は朝鮮防備）

師団号	通称号	動員	師管	隷下歩兵連隊				終戦時長	終戦地
140	護東	2月	東京	401	402	403	404	物部長鉾	湘南一帯
142	護仙	4月	仙台	405	406	407	408	寺垣忠雄	仙台北方
143	護古	4月	名古屋	409	410	411	412	鈴木貞次	浜松西北
144	護阪	2月	大阪	413	414	415	416	高野直満	潮岬付近
145	護州	2月	広島	417	418	419	420	小原一明	北九州
146	護南	2月	熊本	421	422	423	424	坪島文雄	薩摩半島
147	護北	2月	旭川	425	426	427	428	石川浩三郎	一宮付近
150	護朝	5月	姫路	429	430	431	432	三島義一郎	南朝鮮
151	護宇	2月	宇都宮	433	434	435	436	白銀義方	茨城海岸
152	護沢	2月	金沢	437	438	439	440	能崎清次	銚子西北
153	護京	4月	京都	441	442	443	444	稲村豊二郎	宇治山田

154	護路	2月	広島	445	446	447	448	二見秋三郎	南九州
155	護土	2月	善通寺	449	450	451	452	岩永 汪	土佐平野
156	護西	2月	久留米	453	454	455	456	樋口敬七郎	南九州
157	護弘	4月	弘前	457	458	459	460	宮下健一郎	西部青森
160	護鮮	5月	広島	461	462	463	464	山脇 正男	南朝鮮
201	武蔵	4月	東京	501	502	503		重信 吉固	立川付近
202	青葉	4月	仙台	504	505	506		片倉 衷	高崎付近
205	安芸	4月	広島	507	508	509		唐川 安夫	土佐平野
206	阿蘇	4月	熊本	510	511	512		岩切 秀	薩摩半島
209	加越	4月	金沢	513	514	515		久米 精一	金沢付近
212	菊池	4月	久留米	516	517	518		桜井徳太郎	宮崎県
214	常盤	4月	宇都宮	519	520	521		山本 募	両毛一帯
216	比叡	4月	京都	522	523	524		中野 良次	熊本周辺
221	天竜	7月	長野	316	317	318		永沢 三郎	鹿島灘岸
222	八甲	6月	弘前	307	308	309		笠原嘉兵衛	山形県
224	赤穂	5月	広島	340	341	342		河村 参郎	広島

225	金剛	6月	大阪	343	344	345		落合　鼎五	姫路
229	北越	6月	金沢	334	335	336		石野　芳男	金沢
230	総武	5月	東京	319	320	321		中西　貞喜	広島
231	大国	5月	広島	346	347	348		村田　孝生	山口
234	利根	5月	東京	322	323	324		永野亀一郎	八日市
303	高師	5月	名古屋	337	338	339		石田　栄熊	鹿児島
308	岩木	6月	弘前	310	311	312		朝野寅四郎	青森県
312	千歳	5月	久留米	358	359	360		多田　保	佐賀県
316	山城	7月	京都	349	350	351		柏　徳	神奈川県
320	宣武	5月	京城	361	362	363		八隅錦三郎	南朝鮮
321	磯	5月	東京	325	326	327		矢崎　勘十	伊豆大島
322	磐梯	7月	仙台	313	314	315		深堀　游亀	宮城県
344	剣山	5月	善通寺	352	353	354		横田豊一郎	高知県
351	赤城	6月	宇都宮	328	329	330		藤村　謙	北九州
354	武甲	5月	長野	331	332	333		山口　信一	館山付近
355	那智	7月	姫路	355	356	357		武田　寿	姫路

2百代師団は決戦用として機動力ある優良装備師団であったが、其の他は水際防楯の沿岸配備師団といわれたもので、根こそぎ大動員による兵員構成であり未熟、装備も最低、竹製水筒はまだしも軽機は単発発射、歩兵に小銃なく竹光帯剣、日本陸軍の最後の姿哀し。

5　其の他の主要部隊

〔戦車師団〕

師団号	通称号	編成地	編成年月	基幹部隊連隊号	編成事情・活躍の状況	終戦時長	終戦地
戦車1	拓	寧　安	17年6月	戦車1・3・5　機動歩兵1　機動砲兵1	1は本土防備のため帰還	細見惟雄	栃木県
戦車2	撃	勃　利	17年7月	戦車6・7・10　機動歩兵2　機動砲兵2	2は比島で対米戦闘に激戦の末壊滅　米軍重戦車の焼夷鉄甲弾は一瞬にして装甲を溶かした　わが戦車砲はM4の装甲を貫通不能　重見旅団長以下全戦車は群がる米戦車に突入壮烈な玉砕を遂げ米軍を震撼させた	岩仲義治	比　島
戦車3	滝	包　頭	17年6月	戦車13・14　機動歩兵3　機動砲兵3	3は京漢作戦で縦横に突破随所に重慶軍を鉄脚下に蹂躙し偉大な戦果をあげた	山路秀男	北　京
戦車4	鋼	津田沼	19年7月	戦車28・29・30（通信・整備・輜重・機関砲各中隊）	4は関東平野決戦師団であった	名倉　栞	千葉県

〔独立混成旅団〕

昭和十七年以降に於ても独立混成旅団は多数編成され各地に奮戦した。特に島嶼守備部隊では玉砕したものがあった。編成後間もなく師団に改編されたものが多数ある等存廃も複雑な経過があった。

〔独立歩兵旅団・独立警備隊〕

支那派遣軍地域に独立歩兵旅団（１９年十四個）並びに独立警備隊（北支で２０年十数個）が設置された。重火器が不足する等低装備に悩んだが作戦参加等よく活躍した。外に野戦補充隊（１９年十数個）が大陸で新設されたが、戦局はその本来の機能を許さず第一線兵力として独混旅団となった。

〔独立守備隊・国境守備隊〕

満洲の独守は師団に編制替或は派遣隊となったが、国境守備隊の一部は従来の編成を保ちソ軍侵入の際、奮戦よく拒止し、要塞兵の本領を発揮し遂に玉砕したものがある。内地に於て東京防衛軍隷下に警備第１・２・３旅団があった。

〔航空関係部隊〕

空軍兵力も太平洋戦に入るや急速に拡充され、飛行師団等が多数編成された。また内地では高射師団数個が初めて編成された。

［注］以上の表の中で、終戦時長（人名）、終戦地（地名）にカッコを付してあるものは、終戦以前に「玉砕」あるいは「解散」したものである。

解説

保阪正康

私の手元に、昭和四(一九二九)年十月に発行された『内務《ないむ》の躾《しつけ》』というポケット手帖《てちょう》型の印刷物がある。陸軍の一将校が執筆した初年兵向けの教育書といってもいい。二十歳になって徴兵検査を受け、甲種合格となり、そして実際に入隊する初年兵。彼らは軍隊とはどういうものかまったくわからないわけだが、そういう初年兵に向けて軍隊内の規則や約束ごとを教えようと企図して編まれている。

たとえば兵営生活とはどういうものかを説くのに、「諸氏の内務班(注・兵営生活に於《お》ける生活は、丁度我々の家庭に於《おい》ては母を中心として子女が教養されるやうに、内務班長を中心とする軍人の家庭を造つてゐるのである」とあり、さらに二年兵と初年兵の関係はどうかといえば、「同じく軍人となり、そして同じ連隊に入つた。それだけでさへ浅からぬ御縁があるからだ。我々一同は、同じ釜の御飯をたべながら同じ目的に向つて苦楽を共にし死生を同うする宿縁をもつてゐるのである」と記されている。とにかく心配することはない、家族のなかに入って楽しく暮らせるところというニュアンスで説明されている。

日本陸軍が太平洋戦争の敗戦によって、正式に解体したのは一九四五年十月のことである。それから現在（二〇〇八年）まで、六十三年がすぎたことになるのだが、かつての日本陸軍の内部の様子やその空間を支配した原理、原則などは、今や具体的に知る者は極端なまでに少なくなった。記憶をもつ人がいなくなるのだから、その伝承は困難な状態になっている。

ただし、現在の自衛隊とは共通点もあるのだろうという声もあるが、実際にはかつてのような徴兵制下の軍隊ではないし、主権者である天皇が大元帥《だいげんすい》として君臨する組織でもない。今の自衛隊とは何から何まで異なっていると考えたほうがいい。かつての軍隊で日常的に使われていた語も今はまったく使われていない。

ところが昭和史を調べる、あるいは検証するということは、日本陸軍を知らなければその理解は一歩も進まない。なにしろ昭和前期（昭和二十年九月二日の大日本帝国が降伏文書に調印した日まで）は、軍事主導体制の国家であり、その中心は陸軍だったからである。この陸軍が、あるときは中国に侵略し、あるときは東南アジアの国々にかなり強引に入っていったり、そして南方の島々でアメリカを軸とする連合軍と戦ったりしたのである。いやそれだけではなく、二十代の男子ならば昭和十年代半ばから太平洋戦争末期までには、大体が徴兵されて兵営生活を体験しているだろうし、また戦時下では実際に戦闘要員として戦場に身を置かざるを得なかった。

従って、私のように昭和史を調べて、そしてそこにある史実を抽出し、教訓を学んで次の世代に語り続けようとする立場の者は、改めて日本陸軍や日本海軍、さらには陸軍大学校や海軍大学校など軍事関係の知識を身につけなければならない。そのときに基礎的な文献はないか、あるいはわかりやすく説明している書はないのかと、私はさがし回ることになったのだが、これがあるようでいて、実際にはなかなかないのである。

私が昭和史の検証を自らに課したのは、一九六〇年代終わりのころだったが、軍事関係の基礎的な文献を求めて神田の古本街、各地の戦友会、さらには国会図書館などを訪ねて目的の書をさがしつづけた。このような折りに、冒頭に書いたように、軍内で配布されたさまざまな文書や小冊子、そして戦記作家だった伊藤桂一氏の幾つかの書などを見つけることができ、どの書も一気に読んだのである。とくに本書(『兵隊たちの陸軍史』)は、軍隊経験をまったくもたないでいる人たちや次の世代に向けて実にわかりやすく説明しているので必読の書といってもよかった。

本書を読んでから、あるいは本書の内容を理解してから、軍隊内部を解説した書にふれていくと、一見わかりづらい日本陸軍の内部も容易に理解できることに気づくのだ。伊藤氏も軍隊体験をもっていて、その空間では多くの辛苦を味わっていると思う。同時に、軍隊内部にあっても、作家や詩人としての客観的な目をもちつづけ、大日本帝国の軍隊がどのような空間なのかを多くの作品で語っている。日中戦争、太平洋戦争の戦場を兵士の目で語る作品は次代の胸を打つ。肩をはり、声高に批判するのではなく、この空間に身を置かなければならなかった自分たちの世代が、どのような体験をしたのかを正直に伝えているからだ。

むろん作家の目で、この空間にはさまざまな人生観や死生観をもった人たちがいることを明かし、そして〈戦闘〉という、他者と命のやりとりをするその行為のなかにひそんでいる「人間の本質」をえがいている。当然なことに、軍隊という組織のもつ非人間的な仕組みが浮きぼりになるが、そのなかで兵士たちがどう生きたかが、伊藤文学の重要なテーマのように私には思える。

本書はそういう伊藤文学の舞台となる「軍隊」という組織がどのようにできあがっているかを説いているわけだが、その説明には、たとえば兵士たちの一日の生活がどのようになっているかなどが明かされている。午前五時に起床ラッパで起こされて一日が始まるわけだが、午後八時三十分に消灯するまでに、演習を中心にした時間で区切られる生活がつづく。入隊からまもなくは、営内で軍人としての心得や軍人勅諭の精神が教育されるともいうのだ。

兵士の一日は、ラッパで始まりラッパで終わる。軍隊では被服の寸法を兵隊に合わせるのではなく、兵隊を寸法に合わせるのが当たり前であるとか、軍隊の外の一般社会人を地方人と呼び、兵士がこの国では特別な存在だということがくり返し教えられる。

さらに初年兵にはどういう教育が行われるか、そのカリキュラムなども本書は説明している。そのようなカリキュラムを検討していくと、一人の青年がどのようにして兵士として育っていくかがわかり興味深い。まさに兵士は被服に合わせて身体を変えていく如《ごと》く、軍隊内の非合理で特異な人生観（それはむろん兵士として死を受容する人生観ということだが）に、兵士たちの精神も合わせていかなければならないということでもあった。

本書には、軍人の給与も示されているが、いかに上に厚く、下に薄いかがわかる。二等兵や一等兵など、つまり徴兵検査で平均二年間の兵役期間をすごす兵士たちの待遇は、職業軍人（少尉《しょうい》以上）と比べると天地の違いがあることに驚かされる。昭和前期の農村では重要な働き手が兵役にとられることで、一家の生活が経済的な困窮におちいるケースも多かった。こうして軍内の給与があからさまに示されると、まさに兵士たちの命がいかに安かったかが実感されるのであった。

本書は、軍隊内と地方人の間にある、もっとも大きな違いとして、「軍隊では見つからない限り、いかなる悪い事をしてもかまわなかった」という事実を指摘している。員数合わせのために、たとえ他人の物を盗んだとしても辻褄《つじつま》が合っていればそれでいいとの意味である。むろんそうなれば、員数合わせの犠牲になる兵士もでてくる。それは要領がわるいということであり、本人のせいにされてしまうのであった。

こうした倒錯した論理が、日本軍を貫く一本の芯《しん》だと理解すると、たとえば太平洋戦争下での日本軍の筋道の通らない作戦（なにしろ戦死者の七割は餓死者だったというのだが、大本営参謀の思いつき作戦がいかに多かったかがわかってくる）は、決して参謀たちだけの責任ではなく、日本軍という組織のなかの宿痾《しゅくあ》として存在していたことがわかってくる。

私は、昭和史を検証するにあたって、本書などを眼光紙背に徹しながら読んだうえで、数多くの軍人たちに話を聞いてきた。昭和四十年代後半から平成に入るころまでである。むろん私は軍隊とはまったく縁のない世代であり、その仕組みなどなにひとつわからなかったのが、本書のような基本の書を土台に据えることでしだいにくわしくなった。そこでわかったのは、本書は職業軍人の知識よりもはるかに多くの軍隊内の仕組みについて記述していることだった。こうした書で、日本陸軍のほとんどのことが理解できるということがなんども確認できた。

その意味で、本書は私にとって「師」であった。いや昭和史を学ぶ者に一様に「師」となるように思う。

冒頭に紹介した私の手元にある初年兵教育のための小冊子（『内務の躾』）には、国家と個人の関係について、「国民が国家の要求に服従すること、とりもなほさず、国民自身の精神生活に満足を與《あた》ふる」といった教えが強調されている。昭和の陸軍ではこのことがしきりにくり返された。しかし本書は、そのことをとくべつの言葉で批判していない。そのかわりに軍隊のシステムとその空間での「人間」の扱いを綴るだけで、はからずも「国家」のもつ欺瞞《ぎまん》性を示している、と私には思えるのである。

（平成二十年六月、ノンフィクション作家）

この作品は昭和四十四年四月番町書房より刊行されたのち、平成二十年八月新潮文庫として刊行された。本書はこの文庫版を底本とし、最小限の訂正を施して新潮選書として刊行するものである。

なお本作品中、今日の観点からみると差別的ととられかねない表現が散見しますが、作品自体のもつ歴史性、また著者がすでに故人であるという事情に鑑《かんが》み、原文どおりとしました。

（編集部）

新潮選書

兵隊《へいたい》たちの陸軍史《りくぐんし》

著　者……………………伊藤桂一《いとうけいいち》

発　行……………………2019年4月25日
3　刷……………………2023年9月15日

発行者……………………佐藤隆信
発行所……………………株式会社新潮社
〒162-8711　東京都新宿区矢来町71
電話　編集部 03-3266-5611
読者係 03-3266-5111
https://www.shinchosha.co.jp
印刷所……………………三晃印刷株式会社
製本所……………………株式会社大進堂

ISBN978-4-10-603838-9 C0331

戦後史の解放Ⅱ
自主独立とは何か 前編
敗戦から日本国憲法制定まで
細谷雄一

なぜＧＨＱが憲法草案を書いたのか。「国のかたち」を守ろうとしたのは誰か。世界史と日本史を融合させた視点から、戦後史を書き換えるシリーズ第二弾。

《新潮選書》

戦後史の解放Ⅱ
自主独立とは何か 後編
冷戦開始から講和条約まで
細谷雄一

単独講和と日米安保――左右対立が深まる中、戦後日本の針路はいかに決められたのか。国内政治と国際情勢の両面から、日本の自主独立の意味を問い直す。
《新潮選書》

経済学者たちの日米開戦
秋丸機関「幻の報告書」の謎を解く
牧野邦昭

一流経済学者を擁する陸軍の頭脳集団は、なぜ開戦を防げなかったのか。「正確な情報」が「無謀な意思決定」につながる逆説を、新発見資料から解明する。

《新潮選書》

危機の指導者 チャーチル
冨田浩司

「国家の危機」に命運を託せる政治家の条件とは何か？ チャーチルの波乱万丈の生涯を鮮やかな筆致で追いながら、リーダーシップの本質に迫る傑作評伝。

《新潮選書》

戦前日本の「グローバリズム」
一九三〇年代の教訓
井上寿一

昭和史の定説を覆す！「戦争とファシズム」の機運が高まっていく一九三〇年代。だが、実は日本人にとって世界がもっとも広がった時代でもあった――。

《新潮選書》

日本はなぜ開戦に踏み切ったか
―「両論併記」と「非決定」―
森山優

大日本帝国の軍事外交方針である「国策」をめぐり、昭和16年夏以降、陸海軍、外務省の首脳らが結果的に開戦を選択する意思決定プロセスを丹念に辿《たど》る。

《新潮選書》

天皇と葬儀
日本人の死生観
井上亮

皇室がなくなる日
「生前退位」が突きつける皇位継承の危機
笠原英彦

文明が衰亡するとき
高坂正堯

地球システムの崩壊
松井孝典

つくられた縄文時代
日本文化の原像を探る
山田康弘

未完のファシズム
―「持たざる国」日本の運命―
片山杜秀

初めて火葬された持統、山中に散骨された淳和、葬儀もなかった後土御門、国民的行事になった明治、そして次なる儀式は……124代の「葬られ方」総覧。

《新潮選書》

今、何が本当に問題なのか、そもそも日本人にとって天皇とは何か？　有識者会議のヒアリング対象者が歴史の原点から繙き、その存在意義を徹底的に問う。

《新潮選書》

巨大帝国ローマ、通商国家ヴェネツィア、そして現代の超大国アメリカ。衰亡の歴史に隠された、驚くべき共通項とは……今こそ日本人必読の史的文明論。

《新潮選書》

このままでは、人類に一〇〇年後はない！　環境破壊や人口爆発など、人類の存続を脅かす問題を地球システムの中で捉え、宇宙からの視点で文明の未来を問う。

《新潮選書》

日本にしか見られぬ特殊な時代区分「縄文」は、なぜ、どのように生まれたのか？　最新の考古学的研究が明かす、「時代」と「文化」の真の姿――。

《新潮選書》

天皇陛下万歳！　大正から昭和の敗戦へと、日本人はなぜ神がかっていったのか。軍人たちの戦争哲学を読み解き、「持たざる国」日本の運命を描き切る。

《新潮選書》